泌丝昆虫学

王勇 刘微◎主编

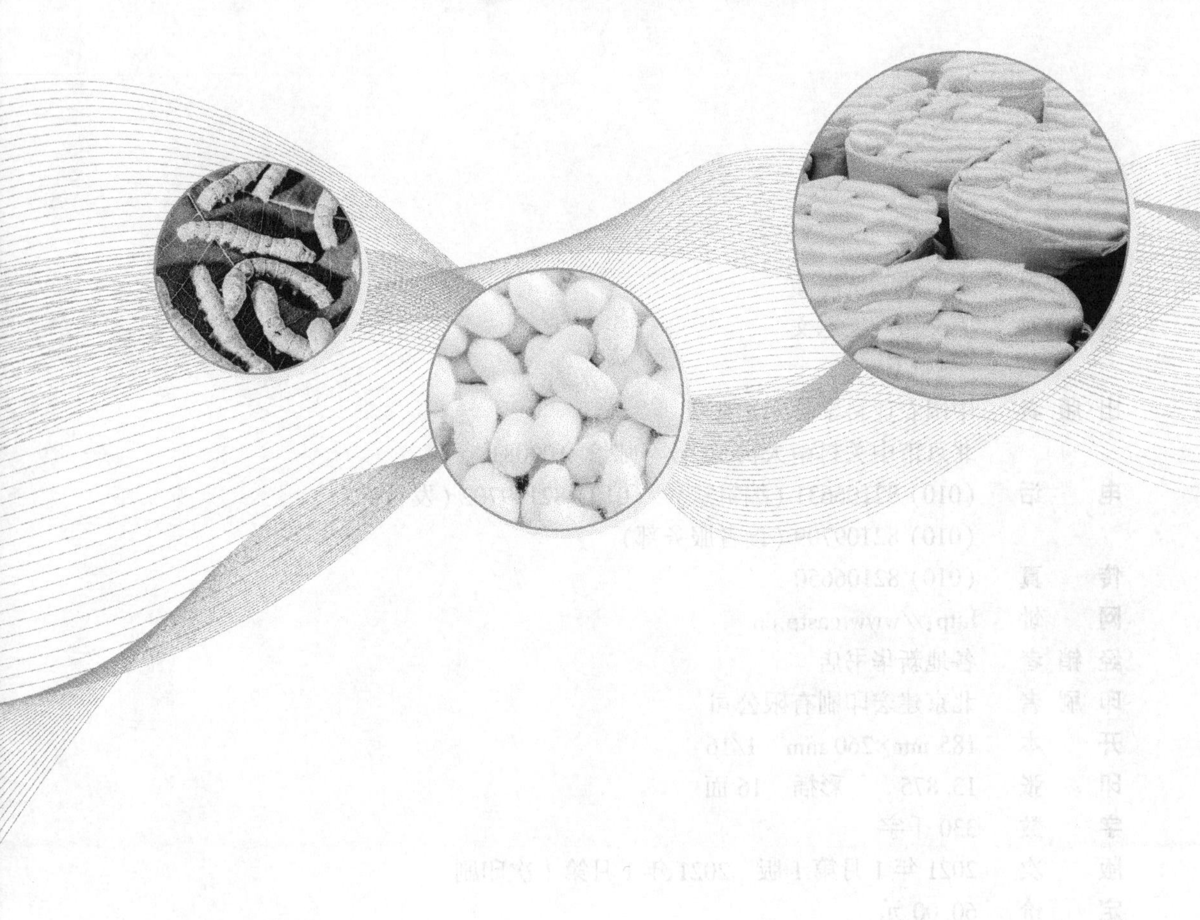

中国农业科学技术出版社

图书在版编目（CIP）数据

泌丝昆虫学 / 王勇，刘微主编. --北京：中国农业科学技术出版社，2021. 1
ISBN 978-7-5116-5061-0

Ⅰ. ①泌…　Ⅱ. ①王…②刘…　Ⅲ. ①昆虫学　Ⅳ. ①Q96

中国版本图书馆 CIP 数据核字（2020）第 188890 号

责任编辑　姚　欢
责任校对　李向荣　贾海霞
责任校对　姜义伟　王思文

出 版 者　中国农业科学技术出版社
北京市中关村南大街 12 号　邮编：100081
电　　话　(010) 82106631 (编辑室)　(010) 82109702 (发行部)
(010) 82109709 (读者服务部)
传　　真　(010) 82106650
网　　址　http://www.castp.cn
经 销 者　各地新华书店
印 刷 者　北京建宏印刷有限公司
开　　本　185 mm×260 mm　1/16
印　　张　13. 875　　彩插　16 面
字　　数　330 千字
版　　次　2021 年 1 月第 1 版　2021 年 1 月第 1 次印刷
定　　价　60. 00 元

《泌丝昆虫学》
编委会

主　编：王　勇　刘　微

副主编：姜义仁　历红达　屈达才　秦　利

编　委：王　勇　历红达　刘　限　刘　微
刘增虎　孙　影　李　俊　李　群
屈达才　钟　亮　姜义仁　秦　利
聂　磊

前　言

我国地域辽阔，泌丝昆虫资源丰富，野生、半野生及已经驯化家养的泌丝昆虫10余种。2 000年前我国最早的辞书《尔雅》中即有“蟓，桑茧。雠由，樗茧，棘茧，栾茧。蚢，萧茧。”的记载，可见我国对泌丝昆虫利用为时已久。

栽桑养蚕是我国先民最伟大的发明之一，至今已有5 000多年的历史，素有“农桑为立国之本”之称，柞蚕采集利用的历史也有3 000年左右。华夏民族能够在浩瀚历史长河中经久不息，屹立于世界民族之林，不能不说与“上半年靠蚕，下半年靠田”的农桑文明密切相关，使“农桑并举，耕织并重”为历代帝王的基本国策。而今我国部分农村仍然“吃粮靠种田，花钱靠养蚕”，家蚕和柞蚕生产是我国两大传统优势产业，以其丝绸作为重要输出商品和文明交流的“丝绸之路”举世闻名，尤其是中国科学家相继完成了家蚕、柞蚕、桑树、柞树等基因组序列研究，成为21世纪“一带一路”的新起点和里程碑。

为了弘扬传承传统的蚕桑文化，发展多元化的泌丝昆虫产业，我们编写了本书。泌丝昆虫包括家蚕蛾科、大蚕蛾科中的几十种昆虫，本书主要介绍家蚕、柞蚕、蓖麻蚕、天蚕、栗蚕、樟蚕、琥珀蚕、大乌柏蚕、樗蚕、柳蚕、印度柞蚕、波洛丽蚕、多音天蚕等已经被利用或正在被研究利用的泌丝昆虫种类，以此为我国泌丝昆虫的开发利用提供科学资料。本书出版得到了国家现代蚕桑产业技术体系及国家自然科学基金的资助。

组织编写涉及昆虫种类多、分支学科广泛的科普图书，对编写者是一个极大的挑战，虽几经加工平衡，也难以达到编写的初衷，书中难免存在值得商榷之处，还请读者不吝赐教。目前，蚕桑产业正面临从传统产业向现代新产业转型升级，如果本书能够为蚕桑产业及泌丝昆虫产业拓展提供更多的思路和科技支撑，则是编者最大的欣慰。

编　者

2021年1月于沈阳农业大学

目 录

第一章 家 蚕

家蚕（*Bombyx mori* L.）属节肢动物（Arthropoda）昆虫纲（Insecta）鳞翅目（Lepidoptera）蛾亚目（Heterocera）蚕蛾科（Bombycidae）蚕蛾属（*Bombyx*）的泌丝昆虫。家蚕的属名 *Bombyx* 由希腊文 bombos（绢鸣的意思）而来，种名 *mori* 由桑树属名 *Morus* 而来。家蚕是驯养最早也是最成功的泌丝昆虫，而养蚕和缫丝是我国古代的一项发明。

第一节 家蚕生产的历史和现状

中国是世界养蚕业的发祥地，浙江余姚河姆渡文化遗存中出土的原始纺织工具和“蚕纹”，彰显着5 000~7 000年前河姆渡人已经开始利用蚕丝了；河南荥阳清台村仰韶文化遗址中发现的碳化丝麻制品距今已有5 630年，1958年从浙江省吴兴县钱山漾新石器时代遗址中发现有丝线、丝带和绢片等许多蚕丝织品实物，经证明距现在4 700年±100年。从河南省安阳殷墟出土的甲骨文中有“桑”“蚕”“丝”“帛”等象形文字，殷代金文中有“蚕纹图”和“女蚕”（官职）等记载。这些都证明5 000多年前我国先民开始利用蚕丝，3 000多年前的殷商时代中国养蚕业就已相当发达了。

古代天子诸侯都重视种桑养蚕，经营桑田也是周代各国诸侯的大事之一。《诗经》中涉及蚕桑的共计39篇。《礼·祭义》：“古者天子诸侯必有公家蚕室”。《鄘风·定之方中》写道，卫文公在齐桓公帮助下，迁都楚丘，“望楚与堂，景山与京，降观于桑”“灵雨既零，命彼倌人，星言夙驾，说于桑田”，下到田地查看蚕桑水土，披着星光驾车停歇在桑田，说明了我国古代社会耕织结合的经济模式下，丝绸产业直接关系到国之兴旺。春秋战国时代，黄河中下游一带已普遍栽桑养蚕。六朝时代，丝、绢、绵已列为赋税范围，也是封建王朝对外贸易的重要货物。《唐律疏议》，斋禁物私渡关仪云：“锦绫、罗谷、绵绢、丝、布、牦牛尾、珍珠、金银、铁，并不得渡西边、北边诸关及至边缘诸洲与易。”宋代已设置蚕官管理蚕事。明代中叶后，中国蚕桑生产集中在长江流域的江浙和四川等地。1840年鸦片战争以后，上海辟为商埠，促使蚕桑生产进一步向商品经济发展，同时国际市场生丝价格猛涨，栽桑养蚕业经济效益大幅提高。目前，中国家蚕生产分布于除西藏以外所有的省、自治区、直辖市，产量较多为四川、浙江、江苏、广东、陕西、重庆、山东、安徽、湖北、湖南、广西、宁夏、新疆等地。随着经济发展和产业不断调整，我国蚕桑产业逐渐向中西部地区转移，广西已成为我国家蚕茧生产第一大省区，年产茧量约占全国的50%，2019年我国家蚕茧总产量约720.0×10^3t。

蚕丝（silk）是中国传统的重要出口创汇商品，中国是世界上最大的蚕丝输出国，丝绸远销世界100多个国家和地区，在国际上享有崇高的声誉。约在公元前2世纪以后千余年间，中国的蚕丝和丝织品经陆路源源西运，被誉为“丝绸之路”。“丝绸之路”

不仅向世界传播了丝绸文化，也成为东西方文明交流的纽带，为世界文明史做出了贡献。丝绸的魅力使中国赢得了“丝国”的美称，更是催生出陆上和海上两条“丝绸之路”。

第二节　家蚕的生物学特性

一、家蚕的生活史

家蚕属完全变态昆虫，在一个世代中，经过卵、幼虫、蛹、成虫4个形态完全不同的发育阶段。

（一）卵（eggs）

家蚕卵有滞育（diapause）卵和非滞育卵之分。非滞育卵产下后约经10d形成幼虫而孵化，滞育卵产下后约经7d胚胎进入滞育状态，必须在一定条件下解除滞育后才会继续发育和孵化。二化性（bivoltine）品种在15℃下低温催青，结合短日照处理（12h/d以下），促进产不滞育卵。25℃以上高温催青，结合长日照处理（16h/d以上），促进滞育卵的产生。如果采用中间温度催青（20℃），则小蚕期高温、长日照，大蚕期低温、短日照有利于滞育卵的产生；反之，小蚕期低温、短日照，大蚕期高温、长日照有利于不滞育卵的产生。家蚕胚胎滞育后，须经过60d以上的低温（5~9.5℃）处理，才能解除滞育继续发育。

（二）幼虫（larvae）

刚孵化的幼虫体色呈褐色或赤褐色，形似蚂蚁，称蚁蚕（newly hatched larvae）。蚁蚕通过取食迅速生长，体色逐渐变淡转为青白色。幼虫生长到一定程度时需蜕去旧皮，生长较为宽大的新皮再继续生长，称为蜕皮（molting）。在蜕皮期间，幼虫吐丝将足固定于蚕座上不食不动，称为眠。刚蜕皮的蚕称为起蚕。家蚕幼虫经历4眠5龄，通常1~3龄称小蚕期或稚蚕期（young silkworm stage），4~5龄称为大蚕期或壮蚕期（grown silkworm stage）。幼虫期经过为22~26d，幼虫发育到5龄末期，逐渐停止取食，蚕体收缩并呈透明状，此时称熟蚕（mature silkworm）。家蚕全龄食桑量13~21g（干物3~5g）。

（三）蛹（pupae）

熟蚕开始吐丝营茧，约经2d营茧结束，此时体躯呈纺锤形称为预蛹。再经2~3d在茧中化蛹，蛹期外观没有形态变化，但体内却发生着激烈的变化，包括幼虫器官的解离和成虫器官的产生，蛹期经过为10~15d。

（四）成虫（moths）

当蛹完成其发育后，即蜕去蛹皮羽化为成虫（蛾），成虫从茧内钻出，经交配、产卵后，约经7d自然死亡，完成一个世代。

二、家蚕的形态特征

(一) 卵

家蚕卵呈扁平椭圆形，一端稍尖，另一端较钝，卵稍尖一端为受精孔，胚胎的头部在受精孔处。初产下的卵为淡黄色，卵面比较饱满，随着胚胎的发育，卵内营养物质逐渐消耗及水分不断蒸发，导致卵面出现凹陷，称为卵涡（egg-dimple）。当胚胎发育至气管形成期时，卵壳（egg shell）再行鼓起，此时发出轻微响声，称为“卵鸣”。卵长径1.1~1.5mm，宽径0.9~1.2mm，厚度0.5~0.6mm。1g卵有1 800~2 100粒。如果是滞育卵，则卵色变成浓褐色，并形成各蚕品种的固有色，但在多化性中也发现有着不滞育卵的品种。

(二) 幼虫

幼虫呈长圆筒形，分为头、胸、腹3部分，共13个体节组成。

幼虫头部呈半球形，外壁高度骨化呈黑褐色，颜色随龄期经过而变淡表面密生对称的刚毛，头部着生有触角（antenna）、单眼（ocellus）和口器等。

胸部由前、中、后胸3个体节组成。每个胸节腹面各有胸足1对，其功能主要是食桑时夹持桑叶及在吐丝和爬行时起辅助作用。第1胸节两侧有气门（stigma）1对。

腹部由10个体节组成，第3~6腹节和第10腹节腹面各有1对腹足，腹足趾的内缘密生长短相同成双序排列的趾钩，用以抓住物体爬行和固定身体位置。第1~8腹节两侧各有气门1对。雄蚕腹面第8腹节后缘中央有一个白色的赫氏腺，雌蚕在第8和第9腹节腹面各有1对乳白色的石渡氏腺。

(三) 蛹

蛹体呈纺锤形，分头、胸、腹3部分。头部前端背方的白色部分为头顶，两侧有1对触角，触角基部有1对复眼。复眼下方是已退化的口器，外观有上唇、上颚和下颚。胸部由3个体节组成，每个胸节的腹面各生有1对胸足。触角、胸足和翅紧贴在蛹体上而成为被蛹。前胸两侧有隐蔽在翅下的1对气门。

腹部由9个体节组成，第1~7腹节两侧各有1对气门。雌蛹腹部肥大，在第8腹节腹面有“X”形线纹。雄蛹腹部较小，第9腹节腹面有1个褐色小点。

(四) 蛾

成虫全身有白色鳞片，头部两侧生有1对复眼（compornd eye），每个复眼约由3 000个小眼组成，为成虫的视觉器官。口器已显著退化，只有下颚较发达并能分泌溶茧酶。触角1对，双栉状。胸节3个，每个胸节各生1对胸足，中胸生有前翅1对，后胸生有后翅1对，翅上有白色鳞片。雄蛾腹部外观8个体节，雌蛾外观7个体节，其余体节已演化为外生殖器。

三、家蚕的生长发育

(一) 环境与家蚕生长发育

外界环境条件对家蚕生长发育影响较大，主要有温度、湿度、空气、气流、光线。

1. 温度

温度是影响家蚕生长发育的主要因素，家蚕最低发育起点温度为7.5℃，适温范围在20~30℃。通常1龄幼虫的适温以27~28℃为宜，随龄期增进每龄下降1℃左右，5龄幼虫以23~24℃为适宜。家蚕幼虫生长发育的适温因蚕品种、龄期、蚕期及营养条件而有差异，一般欧洲种比日本种、中国种，原种比杂交种，一化性种比二化性种等都表现为适温要求较低。一般温度高，就眠早而集中。

2. 湿度

湿度直接影响蚕体的水分代谢，同时又间接影响桑叶的新鲜度和蚕座病原微生物的繁殖。一般1龄湿度为95%，以后逐龄降低5%~6%，5龄为79%~75%。

3. 空气及气流

一般大蚕期对气流要求较高，食桑中比眠中要求高，高温多湿比低温干燥要求高。通常室内应保持0.2~0.3m/s的气流，大蚕期如遇高温多湿时，则要求0.5m/s的气流。

4. 光线

光线对蚕生长发育的影响，因龄期和饲育温度而不同。在高温条件下，暗饲育比明饲育龄期经过缩短。而在低温条件下，则明饲育促进蚕的发育。在24℃下饲育，小蚕明、大蚕暗促进蚕发育；反之，抑制发育。养蚕室要求光线均匀，避免强光、直射光。

（二）家蚕生长发育的激素调控

家蚕作为完全变态昆虫，其世代要经历卵、幼虫、蛹和成虫4个发育阶段，在此过程中形态和组织器官发生变化。家蚕变态发育主要受蜕皮激素（ecdyseriod，Ecd）和保幼激素（juvenile hormone，JH）等内分泌激素信号的协同调节共同作用。以家蚕为模式生物，家蚕基因组数据为阐明昆虫变态发育机制提供了更加全面的基因信息，有助于探究发育过程中的激素合成、细胞程序性死亡、细胞自噬等生物学过程。

1. 家蚕蜕皮激素

通过系统比较基因组分析发现，在家蚕基因组中共有85个基因编码P450蛋白，目前，鉴定到几个编码前胸腺特异性P450羟化酶的基因，包括同属于Halloween基因家族的*phantom*（*Phm*，*Cyp*306*a*1）、*shade*（*Shd*，*Cyp*314*a*1）和*shadow*（*Sad*，*Cyp*315*a*1）等，它们共同介导了蜕皮激素生物合成的关键步骤。利用家蚕精细图序列和SNP标记连锁图对突变体家蚕（幼虫1龄蜕皮激素滴度低无法蜕皮）的突变基因*nm-g*进行了定位克隆，该基因在合成分泌蜕皮激素的前胸腺和卵巢组织中高表达，并证实了*nm-g*基因编码的酶催化蜕皮激素合成。当昆虫血淋巴中的Ecd浓度达到一定阈值，幼虫开始合成新表皮，每个龄期初期，Ecd在蜕皮激素氧化酶（ecdysone oxidase）的作用下发生异构，从而使Ecd丧失活性。基于家蚕基因组预测基因，Yang等（2011）克隆了家蚕蜕皮激素氧化酶基因的全长cDNA序列，利用RNAi技术对目的基因进行表达沉默，验证基因功能。

Ecd属于甾醇类激素，通过与细胞质中的受体蛋白结合形成复合体进入细胞核，再与靶基因启动子区域的特异性DNA位点（激素反应元件）结合，实现信号转导。昆虫体内响应Ecd信号的是蜕皮激素受体EcR，属于一类核受体超家族成员，Cheng等（2008）对家蚕核受体基因进行了系统鉴定和分析，并将已知的核受体基因由11个扩充到19个，其中18个基因都能在果蝇、按蚊、赤拟谷盗和蜜蜂的基因组中鉴定到1∶1的直系同源基因。DBD和LBD是核受体基因家族的典型功能结构域，家蚕核受体结构域氨基酸序列的多序列比对分析发现，DBD是核受体中信号传递到靶基因的关键结构域，LBD是响应内外激素配体信号结构域。但在部分家蚕核受体基因中未检测到DBD或LBD，进一步研究发现，家蚕和果蝇的同一核受体中DBD的相似性普遍高于LBD，DBD在昆虫核受体基因在进化中的保守性显示核受体调控下游基因的转录机制具有相似性。LBD的序列保守性低于DBD，推测在进化过程中，家蚕核受体基因的LBD结构域分化明显。

2. 家蚕保幼激素

随着家蚕发育阶段的不同，保幼激素（JH）和蜕皮激素（Ecd）滴度发生规律性的变化，从而调控家蚕的蜕皮和变态发育。对JH作用机制的研究主要集中在JH受体和靶基因的鉴定，已在昆虫中鉴定了多种保幼激素结合蛋白（JH binding protein，JHBP）。保幼激素由咽侧体分泌到血淋巴后，先与JHBP结合，再将JH运送到靶组织或器官中，促进了靶细胞对JH的识别和吸收，同时，JH通过结合JHBP，避免被血淋巴中的酶类物质降解。昆虫中存在两个候选的JH受体，包括超气门蛋白（ultraspiracle，USP）和烯虫酯耐受蛋白（methoprene-tolerant，Met）。利用荧光报告系统在酵母细胞中表达，JH处理后，可以发现报告基因依赖USP蛋白的表达；而在USP配体结合区发生点突变后无法与JH结合，并且导致末龄期幼虫形成额外的幼虫表皮（刘云垒等，2016）。

Li等（2010）在家蚕基因组精细图预测基因中鉴定了一个*BmMet*，与果蝇*DmMet*相似度较高。该基因位于家蚕8号染色体，只有一个外显子，没有内含子。利用在线SMART程序结构域预测分析，发现家蚕*BmMet*序列中含有与其他昆虫的*Met*相一致的结构域，推测昆虫中的*Met*基因具有相似的功能。在家蚕基因组中发现一个与*BmMet*同源的*gce*基因，基因结构分析显示，家蚕和果蝇中的*Met*内含子较少，而在双翅目库蚊、伊蚊、按蚊，鞘翅目赤拟谷盗以及膜翅目蜜蜂中，内含子数目较多。分子进化分析结果发现，来自不同属的果蝇中*Met*和*gce*基因是单独聚类，再与其他昆虫聚类，由此推测*Met*和*gce*基因可能来自同一祖先。对家蚕*BmMet*基因在不同发育时期和幼虫5龄第3天不同组织器官中的表达特性分析结果表明，*BmMet*基因在家蚕整个发育时期持续表达，并且在不同组织中均有表达，这与家蚕JH滴度规律性变化没有明显相关。进一步研究认为，Met是连接JH和Ecd信号的转导分子，JH滴度高状态下，Met可以抑制Ecd；JH不存在时，Met则诱导Ecd。在家蚕基因组研究结果表明，Ecd、Met、USP等在家蚕发育的信号传递过程中发挥重要作用。

3. 家蚕变态发育相关神经肽

家蚕全基因组序列分析发现了多种神经肽激素基因，包括促前胸腺激素基因*PTTH*（prothoracotropic hormone，PTTH）、滞育激素基因*DH*（diapause hormone，DH）、羽化激素基因*EH*（eclosion hormone，EH）等（Roller等，2008）。

（1）促前胸腺激素

促前胸腺激素是从家蚕中鉴定出来的，是昆虫脑中分泌出的一种多肽类物质，能够促进前胸腺合成分泌蜕皮激素。从家蚕基因组文库中克隆出两个等位 *PTTH* 基因，全长 3kb，由 4 个内含子和 5 个外显子组成，2~5 外显子可编码成熟的 PTTH。家蚕 *PTTH* 基因不仅在脑组织中表达，在咽下神经节、胸神经节以及中肠中也有表达，但表达量明显低于脑部。免疫组化结果表明，PTTH 是由脑中侧到神经轴突，延伸至咽侧体进入血淋巴。而不同发育时期的家蚕血淋巴中的 PTTH 含量也有显著变化，并且其与蜕皮激素的滴度具有显著的相关性。此外，家蚕血淋巴中的 PTTH 含量可以随着光强度而变化。

(2) 滞育激素

滞育激素是昆虫咽下神经节分泌的神经肽类激素，可诱导家蚕卵的滞育。在滞育激素的作用下可以活化海藻糖酶等基因，卵母细胞将海藻糖作为葡萄糖来摄取，以增加卵内的糖原含量，用于在滞育期提供多元醇。滞育激素除了调节碳水化合物代谢，还参与脂质代谢和蛋白质代谢等，而这种调节作用也影响了蚕卵的滞育。为从分子水平阐明滞育激素的作用机制，徐卫华（1995）筛选并克隆了家蚕滞育激素基因，其 mRNA 不仅编码 *DH*，还编码 PBAN 及功能尚不明确的 3 个短肽 α-SGNP、β-SGNP 和 γ-SGNP，通过比较 DH、PBAN 及 3 个 SGNP 的氨基酸序列发现，它们具有保守的 C 端五肽结构，并且都具有滞育激素活性，这表明滞育激素分子在进化中的多态性。比较高温（25℃）和低温（15℃）催青与 *DH* 基因的表达关系，结果显示高温催青，胚期 *DH* 基因表达，次代卵滞育；低温催青，胚期 *DH* 基因不表达，次代卵不滞育，表明催青温度可诱导 *DH* 基因表达以致次代卵滞育。

(3) 羽化激素

羽化激素是由脑中枢神经细胞分泌的，位于心侧体中的肽类激素。能够触发昆虫羽化，也是昆虫最后一次蜕皮发育为成虫的触发激素。利用点突变技术，鉴定其在多个生物学活性中发挥重要作用。对烟草天蛾羽化激素 EH 的三维结构解析发现维持自身稳定结构的氨基酸残基和可能的受体结合位点。

四、家蚕基因组

西南大学向仲怀院士团队于 2003 年 10 月完成了家蚕基因组的测序、组装、基因预测和注释、基因组和基因结构及进化分析等工作，构建了第一张家蚕基因组框架图。2007 年中国和日本科学家合作完成了质量更高的家蚕基因组序列精细图，序列覆盖度达到 99. 6%。经精细注释获得 14 623 个预测基因，并以分子连锁图谱为基础，将 76. 7%的基因片段和 82. 2%的基因定位到了家蚕染色体上。家蚕是由中国野家蚕驯化而来，在自然选择过程中已形成了大量地理品系和突变基因系统。在家蚕基因组精细图的基础上，选取了具有代表性的 29 个家蚕突变品系和 11 个不同地理来源的中国野家蚕，分别进行全基因组重测序，共获得 63. 25Gb（1Gb = 10 亿碱基对）的原始序列，在基因组水平解析家蚕和野家蚕主要地理品系的遗传进化，阐释家蚕生物学性状形成的遗传基础和调控基础，所获数据代表鳞翅目昆虫中最多最完整的基因组序列。

（一）家蚕功能基因组学研究

家蚕基因组框架图的完成为进一步解析家蚕生物学性状形成的遗传基础研究提供帮助，我国科学家在相关计划的支持下启动家蚕功能基因组研究，集中致力于家蚕丝腺生长发育、免疫应答、性别鉴定、变态发育等生物学过程的分子调节机制的阐释，以推进蚕丝产业发展和应用基础研究。

1. 家蚕基因组框架图

全基因组序列框架图测序是一个物种基因组计划的出发点，在完成家蚕转录组的大规模 EST 测序，建立家蚕基因表达信息的基础上，实施家蚕全基因组测序。EST 作为基因表达序列，是生物基因组中最有价值的基因结构信息。通过构建生物特定组织、器官或细胞的 cDNA 文库并进行大规模 EST 测序分析，直接获得大量功能基因结构及表达特征，以此构建各组织器官的基因表达谱，有助于家蚕基因组的注释。程道军等（2003）对家蚕丝腺、生殖腺、中肠、脂肪体、血液、卵（胚胎期）和卵巢培养细胞等 12 种不同发育阶段的组织器官的 cDNA 文库进行了大规模 EST 测序分析，共获得 81 625条 EST 序列，拼接后共得到 24 678 个非冗余基因（UniGene）。序列比对分析发现，7 944 个 UniGene 与已知基因序列同源，其中，具有功能注释的有 3 899 个 UniGene，包含 32 605 条 EST；无功能注释的有 4 045 个 UniGene，共有 16 078 个 EST。进一步的信息分析发现许多参与家蚕性别决定和生长发育调控，或者与细胞分化、信号转导、组织发生等密切相关的重要功能基因信息。对家蚕未受精卵 cDNA 文库的构建和 EST 测序研究，经生物信息学分析发现母性基因、卵黄受体基因、热激蛋白基因、转录调控延长因子等功能基因的表达信息。

通过比较家蚕和果蝇基因组数据发现，从家蚕基因组（428. 7Mb）到果蝇基因组（116. 8Mb）增大了近 3. 67 倍，其中基于基因的数量和大小增加因素引起的占 86%。除了在数目上比果蝇多，还由于基因内含子里插入了大量转座子。家蚕基因的外显子数量多于果蝇基因，平均每个基因有 1. 15 个。家蚕预测基因共有 8 947 类功能域，其中 2 565类在黑腹果蝇和冈比亚按蚊等昆虫间是共有的，家蚕特有的占 1 793 类，这与家蚕基因组中转座子（transposable element，TE）数量扩张相一致，在家蚕预测基因中与 DNA 转座相关的反转录酶、整合酶和转座酶的功能域非常普遍（Xia 等，2004）。

2. 家蚕基因组精细图

家蚕基因组精细图的构建基于中日双方家蚕基因组数据资源，重新组装的家蚕基因组精细图序列总长度为 431. 8Mb。2008 年，Yamamoto 等构建了含有 1 577个 SNP 分子标记的连锁遗传图谱，通过将家蚕 SNP 分子标记连锁遗传图谱和基因组物理图谱进行整合分析，183 条 Scaffold 序列可定位到家蚕的 28 条染色体，序列长度为 420. 0Mb，占家蚕基因组精细图序列的 87. 4%。家蚕共有 28 对染色体，其中 27 对为常染色体，1 对为性染色体，雄性个体的性染色体组成为 ZZ 型，雌性为 ZW 型。在所有家蚕染色体中，最小的一条是 2 号染色体，大小为 7. 9Mb；最大的一条是家蚕第 1 号染色体，即 Z 染色体，大小为 20. 3Mb。染色体上的基因数量存在差异，其中数量最多的是 11 号染色体，大小为 19. 6Mb，包含 798 个基因，平均基因间距为 24. 6kb。

家蚕基因组中的重复序列有 1 686 种，序列总长是 188Mb，占家蚕基因组精细图序列的 43. 6%。其中有 827 条序列为转座子（TE），通过比较已知昆虫基因组的重复序列所占比例，家蚕具有比其他昆虫更为丰富的重复序列。将重复序列元件过滤之后，对剩余的基因组精细图序列进行基因预测，共鉴定了 16 329 个蛋白质编码基因。经基因预测模型整合，在家蚕基因组精细图中共有 14 623 个基因，约 47%的基因具有 EST 表达证据，38%有 GO 功能注释，13 784 个基因定位到家蚕染色体，占全部基因的 94. 3%。在 3 223 个家蚕特异的基因中，1 073 个属于多基因家族，包含表皮生长因子、免疫球蛋白 2 型、低密度脂蛋白等结构域。基于家蚕基因组精细图，研究人员可以更加深入认识吐丝、食性、发育以及变态等家蚕特异的生物学过程。已在家蚕基因组精细图序列中鉴定到 441 个 tRNA 基因，其中 1/3 呈串联分布，且同一个串联重复群内的基因都具有相同的启动子序列，这说明在家蚕吐丝结茧过程中，tRNA 基因拷贝数增加对蛋白质的合成具有重要调控作用（Xia 等，2009）。

3. 家蚕基因组遗传变异图

在基因组中，不同个体的 DNA 序列上单个碱基的差异被称为单核苷酸多态性（SNP，single nucleotide polymorphism）。在人的基因组上，大约有 300 万个单核苷酸多态性位点。基因组遗传变异图反映的是近缘物种不同品系间的基因组 DNA 差异。在家蚕基因组框架图和精细图的基础上，通过构建高精度遗传变异图谱，可以解析家蚕和野家蚕之间基因组 DNA 的遗传变异，也有助于基因组水平上阐释家蚕进化（人工驯化）过程中遗传学水平上的变化。SNP 还可用于对经济性状的筛选，实现快速的分子育种。

在家蚕遗传变异图构建研究中，研究人员收集了 40 个不同地理来源的代表性家蚕品系和野家蚕，其中 29 个家蚕品系主要来自中国、日本、欧洲和热带地区，一化性品系 18 个，二化性品系 8 个，其余为多化性，野家蚕主要来源于中国的不同地理区域。将所有 29 个家蚕品系和 11 种野家蚕的基因组数据分别汇总分析，发现家蚕与野家蚕群体的 SNP 数分别为 1 400 万个和 1 300 万个。将家蚕和野家蚕作为不同表现型的两个群体，再将每一个鉴定的 SNP 进行关联检测，发现 1 347 个 SNP 位点在家蚕和野家蚕间存在显著差异。此外，还存在 31 万个小片段插入缺失和 3. 5 万个结构变异。其中，超过 3/4 的结构变异与转座元件重叠，暗示蚕的结构变异很大程度上由基因组转座事件造成。

构建家蚕基因组遗传变异图谱的主要目标是鉴定家蚕驯化选择过程中人为选择压力在其基因组上的印迹（genomic regions of selective signal，GROSS），而位于 GROSS 区域的基因，被认为是与家蚕驯化过程中受到选择的生物学性状相关基因。在家蚕中共鉴定了 1 041 个 GROSS，序列总长 12. 5Mb，基因组覆盖比例为 2. 9%。在 GROSS 区域中，共包含 354 个蛋白质编码基因，GO 功能注释表明，家蚕驯化相关的候选基因大多具有结合和催化功能，主要参与丝蛋白合成、能量代谢、生殖特性、飞行能力等调控。有 159 个 GROSS 基因在家蚕幼虫期 5 龄第 3 天不同组织中表达，分别有 4、32 和 54 个基因在丝腺、中肠和精巢中大量表达。在丝腺中高表达的基因，丝腺因子（*Sgf*-1）与家蚕丝腺中丝胶蛋白的合成和分泌相关。中肠中富含的 32 个基因主要参与食物蛋白消化、碳水化合物代谢、物质运输及脂类代谢相关，在精巢高表达的基因主要参与精子的发生和能动性（Xia 等，2009）。蚕类基因组重测序，在全基因组水平上揭示了家蚕的起源进化，阐释了驯化过程对家蚕生物学影响的基因组印记，有助于对家蚕重要经济性状相关基因进行筛选和功能研究，有助于家蚕的分子改良。

（二）家蚕基因组结构和进化

家蚕基因组由两部分组成，即核基因组和线粒体基因组。核基因组（nuclear DNA，nDNA）是决定物种生物学特性中最本质的部分。核基因组与线粒体基因组关系密切，一方面，线粒体基因组的转录、复制和翻译需要核基因组的参与；另一方面，二者在能量代谢、生物合成等方面相互协调，并且具有遗传信息的交换。

1. 家蚕核基因组

（1）家蚕核基因组的基本特征

染色体数目、核基因组大小、基因数目和碱基组成是核基因组最重要的特征。核基因组是由一系列的线性 DNA 分子构成，每一条 DNA 分子就是一条染色体。家蚕体细胞为二倍体，共有 28 对染色体，体细胞染色体总数为：$2n=56$，其中，1 对性染色体，27 对常染色体。

其次，是核基因组的大小。基因组的大小可以通过单倍体基因组 DNA 的量来比较，即 C 值（C value）。随着生物复杂性的增加，生物的 C 值呈升高趋势，但并不完全成比例，这也是 C 值悖论（C value paradox）。通过 DNA 溶解曲线分析估算出家蚕细胞核的 C 值为 0.53pg（Gage，1974）。采用流式细胞术，以爪蟾的精子和红细胞中的细胞核作为参比样品，测定家蚕精子和血细胞中的细胞核大小，估算结果为家蚕的精子细胞核中 C 值为 0.52pg，血细胞细胞核的 C 值为 0.5pg（Rasch，1974）。基于六倍体家蚕全基因组测序数据估算出基因组大小为 428.7Mb（Xia 等，2004），Mita 等通过所测的三倍体家蚕全基因组测序数据估算的基因组约为 530Mb（Mita 等，2004），对这两个小组的数据交换后共同组装完成了家蚕基因组精细图，图谱估算显示家蚕基因组大小为 432Mb。以 1pg 约等于 978Mb 来估算，Gage 及 Rasch 实验测得的家蚕基因组大小为 489~518Mb。家蚕基因组区域内，基因组碱基组中 A+T 含量占比为 62.4%，高于黑腹果蝇（58%）、冈比亚按蚊（56%）。

（2）家蚕核基因组的组成

生物基因组可划分为编码区和非编码区。家蚕精细图数据显示，14 623个预测基因的编码区总长度为 17.9Mb，仅占基因组的 4.1%，其余绝大部分区域属于非编码区。家蚕基因组中非编码区主要由重复序列、非编码基因、基因间区、内含子等构成，其中重复序列占全基因组的 43.6%（图 1-1）。家蚕基因组中的非编码基因包括 miRNA 基因、rRNA 基因和 tRNA 基因，早期人们认为非编码区序列为无用的“垃圾 DNA”，研究发现，miRNA 基因在基因表达调控中发挥重要作用，说明非编码区序列参与维持染色体结构和功能。

在家蚕精细图谱的绘制中，利用分子标记将绝大多数的已知序列与传统连锁图谱进行了对应，共有 420Mb 的基因组序列定位到家蚕 28 条染色体上，表 1-1 列出各个连锁群所在染色体的基因信息，包括序列长度、A+T 含量、基因数目等信息。在所有家蚕染色体中，最短的是 2 号染色体，长度约 7.9Mb；最长的是 1 号染色体，即 Z 染色体，长度约 20.3Mb。不同染色体的基因密度存在差异，密度最高的是 11 号染色体，大小为 19.6Mb，该染色体上分布了 798 个基因，平均基因间距为 24.6kb；而 27 号染色体的平均基因间距 44.2kb，是 11 号染色体的 1.8 倍（表 1-1）。

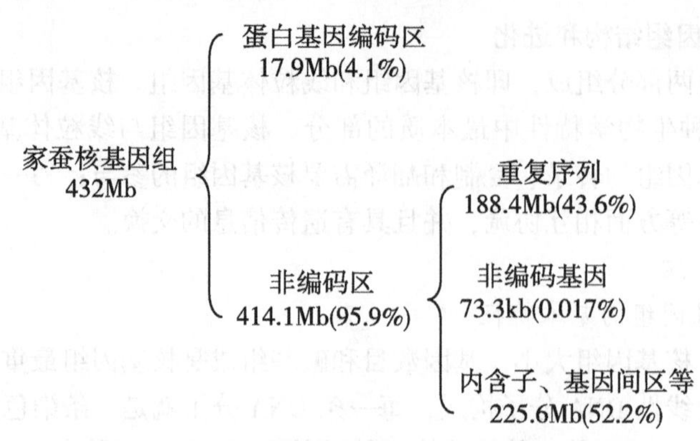

图 1-1 家蚕核基因组序列构成（段军，2008）

表 1-1 家蚕每条染色体的大小和基因数量（段军，2008）

染色体编号	长度/Mb	A+T 含量/%	基因数量	平均基因间距/kb
Chr. 1	20. 3	64. 0	654	31. 0
Chr. 2	7. 9	60. 9	304	26. 0
Chr. 3	14. 7	62. 7	484	30. 4
Chr. 4	17. 9	63. 1	657	27. 2
Chr. 5	18. 4	63. 3	646	28. 5
Chr. 6	5. 9	63. 1	476	33. 4
Chr. 7	12. 7	62. 5	434	29. 3
Chr. 8	15. 4	62. 9	513	30. 0
Chr. 9	16. 5	63. 0	448	36. 8
Chr. 10	17. 2	63. 0	604	28. 5
Chr. 11	19. 6	62. 5	798	24. 6
Chr. 12	16. 5	63. 0	509	32. 4
Chr. 13	17. 5	63. 1	508	34. 4
Chr. 14	12. 6	62. 2	344	36. 6
Chr. 15	18	63. 0	683	26. 4
Chr. 16	13. 7	62. 1	531	25. 8
Chr. 17	14. 3	62. 7	472	30. 3
Chr. 18	15. 2	63. 0	388	39. 2
Chr. 19	13. 2	62. 7	467	28. 3
Chr. 20	10. 6	61. 7	419	25. 3
Chr. 21	14. 9	62. 6	394	37. 8
Chr. 22	17. 4	63. 2	548	31. 8
Chr. 23	20. 1	62. 4	659	30. 5
Chr. 24	14	61. 2	473	29. 6
Chr. 25	14. 1	62. 5	515	27. 4
Chr. 26	10. 8	62. 1	327	33. 0
Chr. 27	10. 4	61. 9	241	43. 2
Chr. 28	10. 3	61. 6	288	35. 8
总计	420. 1		13. 784	
平均		62. 6		31. 2

(3) 家蚕W染色体的结构特征

为便于基因组序列组装，选择雄性个体（基因型为ZZ型）作为家蚕基因组测序材料。目前已知的家蚕基因组组装结果中并没有W型染色体的相关序列。W染色体主要由大量重复序列组成，是一个基因“荒漠化”区域，但W染色体上仅有的少数基因中，包含了对家蚕性别起决定作用的基因。经典遗传学研究推测，W染色体上存在一个*Fem*（female-enriched PIWI-interacting RNA）基因，并因该基因的存在而分化成雌性，但目前仍没有确切的研究结果。在常染色体上发现一个与性别有关的基因Bmdsx（Doublesex），其性别决定的原始信号为M，性别决定的关键基因为F，有活性的F选择雌性分化，而M具有抑制F活性的作用，从而选择雌性分化（Raymond等，1998）。Abe等（1998）采用RAPD方法鉴定到4个雌性特异片段（W-Kabuki、W-Samurai、W-Kamikaze和W-Yamato），推测这4个片段来自家蚕W染色体。

通过构建噬菌体文库，并对噬菌体进行克隆测序结果显示，家蚕W染色体上累积了大量的反转录转座子、DNA转座子等重复序列，这些反转录转座子密集地分布在W染色体上。以筛选出的一个含有W-Kabuki克隆的片段为例，对18.1kb插入片段的DNA进行测序，结果显示该片段中主要为重复序列，含有7种元件，其中3个为反转录转座子、2个为DNA转座子、1个为未知功能片段，以及一段重复序列。从进化学角度分析造成这种分布特征的原因，首先，可能是由于W染色体上功能基因较少，插入重复序列对生物学功能的影响较小；其次，家蚕W染色体不能和常染色体及Z染色体发生重组，这些因素使转座子未被有效清除，并不断积累在家蚕W染色体上。类似现象也不同程度地出现在其他动物的性染色体上。

(4) 家蚕基因组共线性

基因组共线性（synteny或collinarity）是指染色体上基因数量及顺序的保守性。通过比较不同物种之间基因组序列线性排列的关系，有助于理解基因组整体结构。作为鳞翅目昆虫的代表，家蚕与其他鳞翅目昆虫在基因组结构上存在显著的保守性。比较家蚕和红带袖蝶（*Heliconius melpomene*）的连锁遗传图谱，分析发现位于4个连锁群上的13个直系同源基因存在共线性关系。

蝴蝶的Cr位点可以控制黑色素在前翅和后翅中的分布，邮差蝴蝶（*Heliconius erato*）Cr位点附近420kb序列区域与家蚕基因组片段*nscaf* 2829中的一个区段存在共线性关系，二者在核苷酸水平的相似度在70%~85%，并且在基因顺序和间距上均存在显著的保守性。对家蚕和偏瞳蔽眼蝶（*Bicyclus anynana*）中462对直系同源基因序列比对分析，结果同样显示两者存在显著的共线性。已明确大多数家蚕染色体都能在果蝇、按蚊、蜜蜂中找到多个同线型染色体，说明昆虫在进化过程中染色体间发生过大范围的重组，并且家蚕与果蝇、按蚊间具有更多的同线型基因。有趣的是，家蚕与鸡、人类间的同线型染色体数量多于家蚕和蜜蜂间，这说明家蚕有可能保留了部分在脊椎动物和昆虫分化前的原始染色体。

(5) 家蚕核基因组多态性

基于Solexa测序技术对40种蚕（29个家蚕和11个野蚕品种）的核基因组测序结果显示，40个蚕的基因组序列之间存在明显差异，群体内共发现了1 600万个单核苷酸多态性（SNP）位点，其中42.3万个（2.64%）SNP位点位于外显子区域，350.5万个（21.90%）SNP位点位于基因区域。其中在外显子中，由单核苷酸多态性造成的同义突变与非同义突变的比率是2.91∶1。

进一步统计分析发现，家蚕群体的SNP数量和野蚕略高于野蚕群体，但对样本归一化处理后的突变率θ_s，家蚕θ_s（0.011）显著低于野蚕θ_s（0.013）。一般研究认为家蚕的遗传变异比野蚕小，分析造成家蚕群体SNP数量多于野蚕的原因，可能是样本量的差异引起的，并且突变率分析结果也支持传统观点。同时，家蚕基因组的杂合度（0.003 2±0.001 5）显著低于野蚕的杂合度（0.008 0±0.001 9），因此，认为家蚕的基因组多态性低于野蚕，这也反映出有效群体大小和人工驯养及人工选择的影响。统计基因组中基因编码区、内含子区、非编码基因及转座子等不同功能元件的SNP突变率发现，同样，就每一个独立的功能元件而言，野蚕群体的θ_s值均高于家蚕。分析短的插入删除（Indel，最长3bp）发现，家蚕Indel的θ_s值同样低于野蚕，说明家蚕的变异水平低于野蚕（Xia等，2009）。

（6）家蚕核基因组中的重复序列

重复序列在维持染色体端粒结构中发挥重要作用，以真核生物端粒中一段保守序列$(TTAGG)_5$为探针进行杂交，在家蚕基因组文库中分离出一段含有（$TTAGG)_n$的重复序列。借助荧光原位杂交和*Bal* 31外切酶试验结果表明，这段序列位于家蚕染色体的末端。$(TTAGG)_5$是主要分布在脊椎动物和无脊椎动物中的一段重复序列，在调查的11种昆虫中，有8种可与（$TTAGG)_5$进行杂交，说明该重复序列在昆虫中具有保守性。利用家蚕基因组精细图对家蚕串联重复序列进一步统计，提取长度≥15bp的重复序列进行分析，结果表明家蚕基因组中至少存在6.8Mb的串联重复序列，占家蚕基因组的1.6%，而果蝇和赤拟谷盗中的串联重复序列分别占基因组的4.2%和4.9%。此外，家蚕中串联重复序列的平均密度为182loci/Mb，小于果蝇的1 253loci/Mb和赤拟谷盗的939loci/Mb，这可能导致家蚕以串联重复序列为分子标记的应用受到一定限制（Okazaki等，1993）。

转座子是一类散布在基因组中的重复序列，可以从基因组中发生“跳跃”导致基因组发生变异。已在家蚕基因组中鉴定到1 690种重复序列，至少有868种属于转座子，总长度达153Mb，占家蚕基因组的35.4%。其中含量最丰富是反转录转座子，家蚕中DNA转座子占比较小，仅占基因组的3%。自2000年来，Tamura率先利用*PiggyBac*转座子进行家蚕转基因，已成为家蚕转基因研究中最为成功的载体（Osanaifutahashi等，2008）。

2. 家蚕线粒体基因组

（1）家蚕线粒体基因组基本特征

区别于核基因组，线粒体基因组是双链环状分子，采用母性遗传方式，非编码区较少，基因间比较紧凑，线粒体基因组还具有突变率高、进化快的特点，广泛用于系统进化和分类学研究。截止到2020年，NCBI中上传的家蚕各品种线粒体基因组序列共42个，野家蚕线粒体基因组也有10余个（表1-2）。中国野家蚕的线粒体基因组大小与家蚕比较接近，但日本野家蚕与中国野家蚕和家蚕间存在较大差异，且家蚕不同品系间的线粒体基因组的组成变化很小。与其他昆虫相比，家蚕与蝗虫、冈比亚按蚊的线粒体基因组大小相当，与黑腹果蝇和蜜蜂存在一定差异。

表 1-2 部分家蚕和野家蚕线粒体基因组大小

材料		基因组大小/bp	研究者	登录号
家蚕	Backokjam	15 643	Lee（1998）	AF147968
	夏芳	15 664	刘运强（2001）	AY048187
	Aojuku	15 635	Itoh（2002）	AB083339
	C108	15 656	Yukuhiro（2002）	AB070264
	chunyun	15 659	Zhang（2015）	KP192478
	BaiyuN	15 655	Li（2018）	MG797555
野家蚕	日本野家蚕	15 928	Yukuhiro（2002）	AB070263
	青州野家蚕	15 717	贡成良（2004）	FJ384796
	安康野家蚕	15 682	潘敏慧（2008）	AY301620

（2）线粒体基因组的结构特点

线粒体基因组的结构较为紧密，以“夏芳”品种为例，该基因组为 15 664bp 双链闭合分子，由两条链组成，即轻链（L 链）和重链（H 链），两条链均有编码功能。基因组中共包含 13 个蛋白质编码基因、22 个 tRNA 基因和 2 个 rRNA 基因，以及一段长度为 498bp 的 A+T 富集区域。其中 L 链上有 4 个蛋白质编码基因、2 个 rRNA 基因和 8 个 tRNA 基因，其余位于 H 链上。基因组中共有 20 处基因间隔区，加上 498bp 的 A+T 富集区域，非编码区总长度 869bp。与其他昆虫相比，家蚕线粒体基因组在结构上具有高度的保守性，只有部分基因的排列顺序发生变化（鲁成等，2002）。

线粒体基因组和核基因组分属不同的遗传体系，但在家蚕核基因组中能找到线粒体基因组的插入片段，说明家蚕线粒体基因组与核基因组间存在遗传物质交换，类似现象在很多生物中被发现，这些序列以假基因的形式存在，称为 NUMT（nuclear mitochondrial-like sequence）。将家蚕线粒体基因组和核基因组进行序列比对，在核基因组中至少存在 16 个 NUMT，其中 8 个插入内含子区域，另外 8 个插入基因间区，这些序列相似性可达 83%~98%。线粒体基因组属于母性遗传，进化速率高于核基因组。NUMT 插入核基因组后进化速率随之降低，可被视为线粒体基因组的原始形式，也被看做线粒体基因组的“分子化石”，研究者利用这一特点将 NUMT 作为系统发生分析外群。

（3）家蚕线粒体基因组多态性

线粒体基因组的多态性一般大于核基因组。家蚕线粒体基因组的多态性分析发现，中国野蚕群体具有最大的有效群体大小；中国家蚕受到近亲交配和人工驯化的影响，其有效群体大小较中国野家蚕小；日本野家蚕群体大小介于中国野家蚕和家蚕之间，这可能与日本野蚕地理分布狭小有关。

随着家蚕核基因组和线粒体基因组全序列的测序完成，在蚕类核基因组及线粒体全基因组遗传变异图谱的基础上，研究人员可以准确、全面地了解遗传多态性信息，这些信息将为探究家蚕起源进化及群体结构演化等奠定基础。

五、家蚕丝蛋白的合成

家蚕的丝腺是合成、分泌绢丝物质的外分泌腺，也是幼虫5龄末期体腔内最大的器官，是蚕丝业的生物学基础。家蚕的蚕丝是由丝胶包裹两根平行的单丝黏合而成，单丝主要成分是丝素，因此蚕丝的主要成分是丝素和丝胶蛋白。关于家蚕茧丝性状遗传规律的研究，以1928年沈敦辉提出的“四对基因”控制假说为基础，近百年来众多研究者在不同层次上开展了大量研究。家蚕丝腺的发生主要由同源异型基因 *Scr* 基因（转录因子）控制，该基因在产卵后的48h开始表达，并且其表达部位和丝腺的形成部位及时间是一致的。*Scr* 负责调控丝腺特异因子 *SGF*-1 基因，后者参与家蚕中部丝腺丝蛋白基因和后部丝腺丝素基因的转录调控（Kokubo 等，1997）。

（一）丝蛋白基因表达及转录调控

1. 丝胶蛋白

丝胶蛋白主要在中部丝腺及食桑期特异性表达，在眠中受到抑制，这种时间特异性与丝素基因的表达相似。目前已鉴定了 *Ser*1、*Ser*2、*Ser*3、*Ser*4 和 *Ser*5 等5个丝胶蛋白基因，通过转录不同 mRNA 产生不同种类的丝胶蛋白。*Ser*1 是丝胶蛋白的主要表达基因，全长约23.6kb，以单拷贝形式存在，通过可变剪切可以形成4种不同长度的丝胶蛋白 mRNA（Michaille，1986）；*Ser*2 基因为16.2kb，初级转录本通过不同的剪切途径形成2种不同长度丝胶 mRNA（Kludkiewicz 等，2009）。利用家蚕基因组序列染色体定位技术将 *Ser*1、*Ser*2、*Ser*3 基因定位在11号染色体上。*Ser*1 基因在家蚕中部丝腺的中后部表达，在丝蛋白的最内层，外层是由 *Ser*2、*Ser*3 基因表达合成。吐丝孔最外层的丝胶蛋白 *Ser*3 比 *Ser*1 亲水性和流动性更好，因为外层所承受的剪切力更强。

2. 丝素蛋白

丝素蛋白是由3种不同分子构成的复合体，包括丝素重链（fibroin heavy-chain，*fib*-H）、丝素轻链（fibroin light，*fib*-L）和 P25 蛋白，由二硫键按照6∶6∶1比例连接。已明确3种丝素基因的全序列，基因表达主要受到转录水平的调控，现已分离到了9种反式作用因子（Inoue 等，2000）。丝素轻链基因（*fib*-L）位于14号染色体，全长约13.5kb，包含7个外显子，其成熟的 mRNA 长度约1.2kb，编码262个氨基酸，其中前18个氨基酸为信号肽，蛋白分子质量为25.8kDa。丝素重链基因（*fib*-H）位于25号染色体，全长为17kb，有2个外显子和1个内含子，其 mRNA 长16kb，编码5 263个氨基酸，蛋白分子质量为391kDa。重链基因的中心区域包含一个由12个具有多态性的重复区和11个高度保守的无定形区。P25 蛋白是丝素蛋白复合体内最重要的组分，通过疏水作用将丝素重链和丝素轻链相连，其作用类似分子伴侣，参与丝蛋白复合体的折叠。*P25*基因全长4 877bp，包含5个外显子和4个内含子，其成熟mRNA长1 173 bp，可编码220个氨基酸，前17个氨基酸为信号肽，包括3个糖基化位点。已经在家蚕基因组数据中检测到8个类P25蛋白，均位于14号染色体，这8个*P25*基因有导向的成簇排列，推测它们由重复拷贝而来。这些基因的表达特征存在明显差异，其中一类基因仅在中部丝腺表达，推测其与中部丝腺蚕丝形成过程有关，另一类基因仅在脂肪体中高表达，推测它们除了参与丝素蛋白合成，还与其他生理过程有关。

家蚕丝腺在胚胎期分化完成，5龄后期开始大量合成和分泌丝蛋白，由中部丝腺合成并分泌丝胶蛋白，后部丝腺分泌丝素蛋白，这种时间与组织特异性表达主要是通过转录水平的调控实现。SGF-1是丝腺特异转录的关键因子之一，家蚕精细图谱检索发现，*SGF*-1基因位于家蚕的25号染色体，全长3.4kb，只有一个外显子，无内含子，编码359个氨基酸残基。SGF-1在家蚕丝腺的各个发育时期及中部和后部丝腺中均有表达（Mach等，1995）。FMBP-1是丝腺特异性表达的另一转录因子，该基因位于家蚕的10号染色体，全长1.5kb，有一个外显子，编码218个氨基酸残基。体外结合实验中发现的FMBP-1分子量为32kDa，克隆的cDNA序列编码25kDa，推测这与FMBP-1翻译后修饰有关。FMBP-1可参与调节*fib*-H的转录，FMBP-1蛋白质的结合活性与*fib*-H表达相一致，即在5龄眠起后以及*fib*-H上游序列结合活性较高，而在中部丝腺和眠期，FMBP-1的结合能力较低。此外，FMBP-1对另2个丝素基因*fib*-L和*P25*也具有转录调控作用。丝腺中的转录因子还包括SGF-3和BMFA，目前研究认为，家蚕丝腺的发育和转录主要受这4类转录因子的调控，并且家蚕丝腺的转录调控与家蚕胚胎发育相关基因及激素调节有关（Takiya等，2005）。

（二）家蚕丝腺基因组表达谱

家蚕丝腺作为一种高度特异化的器官，其合成蛋白质的能力和效率是已知所有生物组织器官中最强的一种。这种高效合成蛋白质的作用机制要求基因具有高度组织和时间特异性并相互协调。通过对5龄第3天家蚕不同组织表达芯片的分析，发现了185个在丝腺中特异表达的基因，主要包括蛋白酶抑制剂、转录调控因子、转运蛋白、激素代谢相关蛋白等。家蚕丝腺从5龄第4天开始合成并分泌丝蛋白，在中部丝腺内储存到上蔟时以蚕丝的形式分泌到体外。为了防止蛋白酶对丝蛋白的降解，丝腺组织特异表达出多种蛋白酶抑制剂抑制蛋白酶对丝蛋白的降解，其中丝氨酸蛋白酶抑制剂主要对丝氨酸蛋白酶和半胱氨酸蛋白酶的活性起抑制作用。丝腺在幼虫5龄中后期合成DNA和RNA，需要从血淋巴中摄取大量的氨基酸残基、葡萄糖等能量物质，也需要氨基酸转运蛋白、葡萄糖转运蛋白、金属离子转运蛋白的参与（Xia等，2007）。

丝蛋白基因的特异性表达需要不同的转录调控因子对基因进行调控。家蚕丝腺组织中有两个特异性表达的转录因子，具有bHLH结构域且能够与DNA序列特异结合，编号为sw15083对应的转录因子与果蝇的一个含bHLH结构域的蛋白*Sage*基因同源性最高。*Sage*基因在果蝇唾液腺基因的特异表达中起重要的协同调控作用，而且果蝇的唾液腺与家蚕的丝腺被认为是同源器官，基因在同一组织内不同部位特异表达。bHLH蛋白具有与DNA结合的能力，bHLH蛋白家族主要分为3类，包括能与E-box增强子序列结合的bHLH蛋白、能与N-box抑制子序列结合的bHLH蛋白、不与DNA结合的

bHLH 蛋白。推测 sw15083 对应的 bHLH 转录因子对家蚕丝腺特异表达基因的调控发挥作用。除了丝腺特异表达基因的参与，其他基因也参与了茧丝分泌过程。通过基因组数据筛选，获得 4 993个非丝腺组织特异表达的基因，这些基因主要调控合成维持细胞正常生理活动所需的蛋白，包括维持细胞基本形态、DNA 复制转录、蛋白质合成及修饰等。

利用基因芯片数据对前部、中部和后部丝腺的差异表达基因进行分析，获得了前部、中部丝腺表达上调的基因 412 个，后部丝腺上调基因 109 个。前部、中部丝腺转录上调的基因主要包括几种蛋白酶、脱氢酶、11 个蛋白酶抑制剂基因、转运蛋白、5 个表皮蛋白、4 个转录因子及部分功能未知蛋白。后部丝腺表达上调的基因包括丝素基因 *fib-L*、*P25*、激素及信号转导相关蛋白、糖转运蛋白及功能未知蛋白。由于丝素蛋白基因转录需要更多的脱氧核糖和能量，在糖代谢途径中会产生大量的脱氧核糖和 ATP，表达量上调的是糖和葡萄糖转运蛋白。丝腺腔中的丝蛋白由后部丝腺的可溶凝胶状水溶液运输到前部、中部丝腺浓缩为凝胶状溶液，为通过前部丝腺而从凝胶状转变为溶胶状，这种转变依靠丝腺细胞以转运蛋白为载体对金属离子浓度的调节。在前部、中部丝腺中，检测到大量离子及钙结合转运蛋白的特异表达，而且在后部丝腺中发现了果蝇唾液腺黏蛋白转运相关的转运蛋白，丝素蛋白合成组装后从高尔基体转运到腺腔内，转运蛋白主要负责运输丝素和丝胶蛋白。

（三）家蚕丝蛋白的改良

以丝腺为生物反应器表达外源蛋白主要涉及两方面的应用：一是利用转基因技术改良蚕丝的颜色和韧性，二是利用转基因技术在家蚕丝腺中表达有用的蛋白。

1. 转基因技术培育彩色茧

家蚕的茧色主要分为黄红茧色和绿茧两个色系。黄红茧色包括淡黄、金黄、红色、肉色等，茧色主要来自桑叶中的类胡萝卜素和叶黄素类色素，这部分色素分布于丝胶中；绿茧的色素则来自黄酮类色素，主要分布于丝胶及丝素中。天然彩色茧中的色素多存在于丝胶，在缫丝过程中丝胶中的色素随着脱胶过程而流失。蚕丝的结构致密，人工染料与蚕丝的结合并不稳定，易造成褪色和脱色现象，且染整工艺中的试剂和染料多为酸碱化学物质，影响蚕丝的质地。通过转基因技术可以在白茧家蚕品系的中肠和丝腺表达胡萝卜素结合蛋白（CBP），使其茧色因类胡萝卜素的结合而呈黄色（Sakudoh 等，2007）。利用丝素轻链突变体与高产丝量的中系和日系品种杂交，可获得分别表达丝素轻链-绿色荧光蛋白和丝素轻链-红色荧光蛋白的绿色和红色茧品系。利用有色茧的转基因技术，在现行推广的实用家蚕品种的丝素中大量表达丝素-绿色荧光蛋白融合蛋白，同时，开发出适合新型绿色实用新品种的大规模缫丝技术，为转基因有色茧的实用化生产奠定基础（Zhao 等，2010）。

2. 转基因技术对家蚕丝机械性能的改造

通过比较家蚕数据库和蜘蛛数据库发现，参与丝纤维形成的 4 种过氧化酶基因具有高度的同源性，而蚕丝和蜘蛛丝不仅在结构上相似，并且具有相似的吐丝系统。蜘蛛丝也属于蛋白质纤维，因其独特的机械性能和生物相容性在国防、医疗等多方面具有实用价值。利用家蚕丝腺表达蜘蛛丝可以形成具有不同特性的蜘蛛家蚕杂交丝纤维，在蚕丝中增加蜘蛛横丝的成分改造家蚕丝纤维的机械性能，使转基因家蚕丝更加坚韧柔软。利用家蚕丝腺生物反应器合成分泌“黑寡妇”蜘蛛牵引丝蛋白3种不同倍数重复单元的重组蛋白1和一种重组蛋白2的复合丝纤维，其一级结构中各种蛋白基序及单一种类的蛋白基序且足够长的蛋白分子链是提升蛋白类丝纤维机械性能的必备条件，并获得16个转蜘蛛基因家蚕品系，与野生型相比，转基因家蚕丝的韧性最高提升2.317倍，应力最高提高1.719倍（钟伯雄等，2011）。谭安江研究组利用编辑工具TALEN完全敲除了决定蚕丝纤维机械性能、占比70%以上的丝素重链（fibH）编码区，同时保留了编码区上下游完整的调控序列。在此基础上定点整合了含有部分蜘蛛丝基因和荧光标记的DNA片段，实现了完全去除内源性丝蛋白fibH的表达，并利用fibH的内源性调控序列来调控外源性蜘蛛丝基因的表达。在转化个体的丝腺和蚕茧中均可检测到蜘蛛丝蛋白的表达，其含量在纯和个体的茧层中可达35.2%，远远高于转基因方法（0.3%～3%）。因转入的蜘蛛丝蛋白片段分子量较小（约70kDa），获得的嵌合型蜘蛛丝与对照品种蚕丝相比，在强度上有所下降，但在延展性上有了显著提高（Xu等，2018）。

3. 家蚕丝腺蛋白表达系统的应用

目前，基于转基因技术分别建立丝素表达系统（fibrion expression system）和丝胶表达系统（sericin expression system）表达外源蛋白。丝素表达系统主要有fib-H表达系统、fib-L表达系统和P25表达系统，已成功表达出包括EGFP、人胶原蛋白、人碱性成纤维细胞生长因子和猫干扰素等重组蛋白（Kurihara等，2007）。研究人员通过克隆fib-H、fib-L和P25等丝腺编码基因的启动子，以丝腺编码基因的上游调控序列为启动元件，启动报告基因在家蚕丝腺反应器中的表达。但与哺乳动物所具有的复杂修饰系统相比，家蚕的丝腺修饰系统存在一定的物种特异性限制，并非所有的外源蛋白都适合在家蚕丝腺中表达。而且尽管丝素表达系统具有外源蛋白表达量高的特点，但由于丝素蛋白难溶于水，由该系统表达的蛋白难以分离纯化、活性易被破坏并且技术复杂，严重制约产业发展。

丝胶作为一种在家蚕中部丝腺特异合成的复合蛋白质，呈层状分布在丝素的外围，占蚕丝蛋白的25%。丝胶中存在大量具有亲水基团的氨基酸残基易溶于水，因此丝胶表达系统生产的外源蛋白水溶性强、易分离纯化、活性易保持。已知编码丝胶蛋白的基因主要有*ser*1、*ser*2和*ser*3。目前已利用家蚕*ser*1基因启动子在转基因家蚕中部丝腺表达出绿色荧光蛋白EGFP和重组鼠单克隆抗体（Tomita等，2007）。

六、家蚕细胞系的建立

高尚荫（1957）将家蚕卵巢细胞培养了30代以上，建立了第一个家蚕性腺上皮细胞系，并首次应用单层细胞培养在体外对家蚕核型多角体病毒的细胞病理学变化进行详细研究。现在生物学研究和家蚕杆状病毒表达载体系统中广泛使用的BmN细胞系由Grace（1962）建立。自20世纪90年代初期，华中师范大学陈曲侯教授和日本研究人员Imanishi分别建立了家蚕胚胎细胞系Bm-21E-HNU5和SES-BoMo-J125，此后，已建成家蚕细胞系16个（表1-3）。

表 1-3 家蚕细胞系及其特性

细胞系	来源	细胞类型	病毒敏感性
BmE21-HNU5	4d 早期胚胎	悬浮或轻微贴壁	VHA-273、AcNPV、PcrNPV、PxGV 敏感，对同源 BmNPV 不敏感
NISES-BoMo-15AHe	胚胎	梭形贴壁	BmNPV 和 BmCPV 敏感
NISES-BoMo-J125K1 SES-BoMo-J125K1 SES-BoMo-J125K5 SES-BoMo-J125K6	3d 胚胎	悬浮球形	BmNPV 和 BmCPV 敏感
NISES-BoMo-J125K2	3d 胚胎	悬浮球形	BmNPV 和 BmCPV 敏感
SES-BoMo-J125	3d 胚胎	悬浮球形	BmNPV 敏感
SES-BoMo-15A	3d 胚胎	悬浮球形	BmNPV 和 BmCPV 敏感
SES-BoMo-c129	3d 胚胎	悬浮球形	BmNPV 和 BmCPV 敏感
Bm-N	5 龄卵巢	类球形	对 BmNPV 敏感
Bm-N4	5 龄卵巢	球形，贴壁性差	对 BmNPV 敏感
NISES-BoMo-Cam1	5 龄卵巢	贴壁，球形	对 BmNPV 敏感
Bm-E	5d 胚胎	贴壁，短梭形、近圆形	对 BmNPV 敏感
Bm-Em-1	5d 胚胎	贴壁短棒状	对 BmNPV 敏感
BmSG-SWU1	蚁蚕丝腺	贴壁长梭形	—

这些细胞系主要由家蚕胚胎和卵巢建立，其中有 11 个由 3~4d 的胚胎组织建系，有 3 个由 5 龄幼虫卵巢组织建立。体外培养家蚕细胞虽然在生长、发育和分化方面不完全相同于活体细胞，但是由于其本质和基本机制不因生长环境而变化，可用于研究家蚕的基础生物学理论，同时，体外培养的家蚕细胞生长环境比体内更为简单，易于排除一些干扰因素，在研究家蚕组织和胚胎发生和发育过程中的诱导现象、发育潜能等方面更具优势。

家蚕细胞被广泛应用于细胞工程中各种外源蛋白基因的高效表达，储瑞银（1994）以家蚕核型多角体病毒为载体，在家蚕体内高效表达天花粉蛋白基因，首先从栝楼（*Trichosanthes kirilowii*）基因组分离到天花粉蛋白基因（*TCS*），将该基因插入到家蚕核型多角体病毒转移载体质粒 pBm-1 的多角体蛋白基因启动子下游，构建重组质粒 pBmTCS，将重组质粒 DNA 和野生型 BmNPV DNA 共转染家蚕培养细胞 BmN，通过同源重组和筛选，获得了无多角体的重组病毒 BmTCS，该病毒感染家蚕后在家蚕血淋巴中测得的表达产物天花粉蛋白占总蛋白的 5%。此外，利用家蚕细胞表达乙型肝炎病毒（adr 亚型）表面抗原基因、人尿激酶原 cDNA 基因、β-半乳糖苷酶、人骨形态形成蛋白 2 等。

BmNPV 作为杆状病毒表达载体系统（baculovirus expression vector system，BEVS）的主要载体之一，由于其宿主个体大、易饲养且表达量高，更适合产业化水平的发展要求，在生产外源重组蛋白方面有着广阔前景。且 BmNPV 表达系统的寄主专一性强，重组病毒构建只能依赖家蚕细胞。目前常用的家蚕细胞系 BmN 对 BmNPV 10d 的感染率为72.2%，潘敏慧团队建立的Bm-E-SWU1和Bm-E-SWU2对BmNPV 96h的感染率分别是84%和56.17%。家蚕核型多角体病毒是引起家蚕严重感染的主要致病因子，建立对BmNPV高度敏感的细胞系，将为家蚕的生理学、病理学和基因功能组学的研究提供理想的离体材料。

第三节 家蚕的饲养

一、家蚕的饲料

家蚕的饲料主要为桑树（mulberry），桑（*Morus alba* L.）是荨麻目（Urticales）桑科（Moraceae）桑属（*Morus* L.）植物。桑树为落叶乔木或灌木，为深根性树种，树体富含乳浆，树皮黄褐色，叶片为卵形至广卵形，叶端尖，叶片基部圆形或浅心脏形，边缘锯齿粗钝，叶片表面鲜绿色，无毛，叶背面沿叶脉有梳毛。雌雄异株，葇荑花序，花期4—5月；聚花果卵状椭圆形，成熟时红色或暗紫色，果期5—8月。喜温暖湿润气候，稍耐荫，气温12℃以上开始萌芽，生长适宜温度25~30℃，超过40℃生长受到抑制，低于12℃停止生长。耐旱，耐贫瘠，不耐涝，对土壤的适应性较强。

桑树种植分布广泛，原产于我国华北及中部地区，现全球约有16个种，分布于北温带、亚洲热带和非洲热带及美洲地区，其中在中国长江流域有11种桑属植物。2016年中国桑园面积约80万hm^2，是世界上桑树种植面积最大的国家，中国有8个省（区）桑园面积超过3万hm^2，依次是广西、四川、云南、重庆、陕西、浙江、江苏和安徽等，总面积占全国比例为82.4%。林奈（1753）在《植物种志》中把桑属植物分为5个种：白桑（*Morus alba* L.）、黑桑（*M. nigra* L.）、赤桑（*M. rubra* L.）、鞑靼桑（*M. tatarica* L.）、印度桑（*M. inaica* L.）。目前在我国大陆境内已发现和收集到的桑树植物共计15个种和1个变种，桑树种质资源主要包括鸡桑（*M. australis*）、华桑（*M. cathayana*）、蒙桑（*M. mongolica*）、山桑（*M. diabolia*）等10余个种和变种。桑叶中主要营养成分有脂类、蛋白质、糖类、维生素、有机酸、矿物质等，此外，还含有色素、有机酸、黄酮、生物碱、多糖等生物功能成分（表1-4）。

表1-4 每百克干桑叶中的化学组成（朱琳，2017）

成分	含量
脂类	6.15~9.8g，其中饱和脂肪酸49.31%，不饱和脂肪酸43.87%
蛋白质	16~34g
糖类	可溶性碳水化合物25g，可溶性膳食纤维52.9%
有机酸	3.5g（延胡索酸、柠檬酸、酒石酸）
矿物质	钙2 699mg、钾3 101mg、锌6.1mg、铁44.1mg、钠39.9mg、磷238mg、镁362mg等
维生素	维生素B_1（0.59mg）、维生素B_2（1.35mg）、维生素B_5（3~5mg）、维生素B_{11}（0.5~0.6mg）、维生素E（30~40mg）、维生素C（31.6mg）、胡萝卜素（7.4mg）、视黄醇（0.67mg）

二、收蚁

收蚁（beginning of silkworm rearing）是把刚孵化的蚁蚕收集到蚕匾（rearing tray）里开始给桑饲养的过程。收蚁当天除去蚕卵上的遮盖物开始感光，促使孵化齐一，同时采摘收蚁用桑。在自然光线下，蚁蚕4：00—5：00开始孵化，经1~2h开始取食，春蚕在8：00左右收蚁，秋蚕以7：00收蚁为好。

散卵一般采用网收法和棉纸引蚁法，现以网收法介绍收蚁方法。

在卵面上覆盖两张收蚁网，在网上撒一层切碎的桑叶，待蚁蚕爬上桑叶后，把上面一张网提到垫好白纸（或防干纸）的蚕匾内，然后给桑叶，叶量为蚁蚕重量的4~5倍。收蚁后的第二次给桑之前进行蚁体消毒，即在蚁体上撒一层防僵粉，经10min左右再撒焦糠，然后给桑叶，经3~4次给桑后去网或去纸，然后进行整座、匀座等工作。

三、家蚕饲养

1. 桑叶准备

采叶在早晨或傍晚采摘，尽量不采摘雨水叶。小蚕用叶标准见表1-5，春4龄蚕用叶标准为三眼叶、枝条下部的脚叶及小枝叶，5龄蚕开始伐条，整枝叶均可。采摘的桑叶若不马上喂蚕，则需在低温多湿的环境中贮藏，温度越低越好，湿度要求在90%以上。

表1-5 小蚕期用叶标准

龄期	叶色	叶位
收蚁当时	黄中带绿	芽梢顶端由上而下的1~3片叶
1龄	嫩绿色	芽梢顶端由上而下的3~4片叶
2龄	浓绿色	芽梢顶端由上而下的4~5片叶
3龄	浓绿色	三眼叶

2. 给桑

饲养1~2龄蚕时，采用切桑机将桑叶切成正方形或长方形，叶片大小以蚕体长的1.5~2倍见方为标准；饲养3~4龄蚕时，将桑叶切成较大的叶片再给桑（feeding），5龄直接给芽叶或片叶（图1-2、图1-3）。给桑时期主要根据蚕的食叶情况而定，小蚕期以上次给桑将近食净时即为给桑时期，大蚕在上次给桑食尽1~2h后给桑。小蚕每日给桑3次，大蚕每日给桑4次。一般1龄给桑1.5~2层，2龄为2~2.5层，3龄2.5~3层。4~5龄给桑量占全龄总叶量的95%以上（表1-5）。同一龄期不同发育阶段给桑量也不同，从收蚁到饷食（蜕皮后第一次给桑）后约1d时间为少食期，给桑量应少；少食期过后1d为中食期，给桑量应偏多；中食期过后为盛食期，约占该龄的3/8时间，应多给桑；盛时期过后，为催眠期，应少给桑。给桑应使蚕座（rearing sest）各处给桑量均匀一致，各处蚕都能饱食良叶。通过给桑要不断地扩大蚕座面积，小蚕扩座可用蚕筷、鹅毛将蚕拨向蚕座四周，大蚕扩座直接通过给桑拨向蚕座四周。

图 1-2 芽梢顶端由上而下的 1~3 片叶

图 1-3 芽梢顶端由上而下的 3~4 片叶

3. 除沙

除沙（bed-cleaning）分为眠除（bed-cleaning before molting）、起除（bed-cleaning after molting）和中除（bed-cleaning in feeding stage）。眠除是在每龄眠前进行除沙，目的是使眠座清洁干燥，促进蚕整齐就眠（molting）。起除是每眠蜕皮后的第一次除沙，通常在饷食（first feeding after moltiong）前经蚕体消毒后撒焦糠加网，给 2 次桑后除沙。中除是指起除和眠除之间进行的各次除沙。除沙通过加网进行。家蚕各龄蚕饲养的温湿度，1~2 龄蚕，温度为 26~28℃，相对湿度为 85%~90%；3~4 龄蚕，温度为 25~27℃，相对湿度为 75%~80%；5 龄蚕，温度为 23~24℃，相对湿度为 70%。饲养小蚕时，因小蚕呼吸量小，通过给桑即可达到换气的目的；饲养大蚕时，要注意适当通风换气。保持室内光线分散，明暗一致。

4. 眠起处理

为了保持蚕座清洁干燥，在就眠前应加网（bed-cleaning net）除沙。通常 1 龄蚕可不进行眠除，将蚕座扩大，撒一些焦糠（charred husk）即可。1 龄盛食后期，少数蚕胸部膨大，食桑行动呆滞时加眠网；2~3 龄蚕，见少数蚕体色由青转白，出现体壁紧张发亮呈透明的将眠蚕时加眠网；4 龄蚕，有个别蚕就眠时加眠网。为使眠中蚕座干燥、防止病害发生和早起蚕食残叶，当蚕就眠后，在蚕座上撒布焦糠或焦糠混合石灰粉等。

5. 眠中保护

在正常温度下，春蚕 1~2 龄眠中经过 20~22h，3 眠约 24h，4 眠为 40~45h。眠中温度比饲育中降低 1℃，眠中前期干湿差为 2~3℃，眠中后期干湿差为 1.5~2℃。当起蚕（silkworm immediately after ecdysis）头壳由灰白色变为淡褐色时为饷食适期。饷食用桑，要求新鲜、适熟偏嫩。

6. 饲养形式及饲养要点

小蚕期一般采用防干育形式，既能保持桑叶新鲜，使小蚕饱食良叶，发育整齐，又能减少给桑量和除沙次数。小蚕防干育方法有覆盖育（防干纸、塑料薄膜）、炕床育和炕房育等。现主要介绍常用的覆盖育。

一般 1~2 龄采用全防干育，3 龄用半防干育，收蚁前将防干纸垫在蚕匾里，将蚁蚕放在防干纸上，给桑后再覆盖一张防干纸，将上下两层纸四边折转使之封闭，减少桑叶水分的蒸发，保持叶质新鲜。3 龄采用只盖不垫的半防干育。眠中不覆盖，使蚕座干燥。

大蚕可采用蚕匾、蚕台或地面饲育。蚕匾式饲育需用梯形架或用竹、木搭成 8~10 层的蚕架插放蚕匾，在匾内给桑叶养蚕。地面饲育则选择地势高燥，通风良好的房屋，经漂白粉等消毒后，在地面撒一层新鲜石灰粉，再铺一层约 4cm 厚的短稻草等，然后将 4 龄或 5 龄饷食后的蚕连叶一起放到地面上饲养。蚕座放置形式有两种：一是畦式，畦宽 1.3m 左右，长度视房间大小而定，两畦之间设宽约 0.6m 的通道；二是满地放蚕，然后搭跳板进行操作。大蚕期也可采用条桑育（rearing with mulberry shoots），条桑育省工、省叶，同时能较长时间保持桑叶的新鲜，可以减少给叶次数。准备条桑育的桑树，小蚕期不可采叶，保持叶量。条桑育给叶按蚕座垂直方向排列桑条，也可平行排列。5 龄地面条桑育不需要除沙，蚕台条桑育，可在盛食期抽去下层残桑。条桑育在见熟蚕前一天给芽叶，填平蚕座，以防止熟蚕在桑条里营茧。此外，也可将大蚕放到屋外饲养，采用土坑式、蚕台式或地面式。

四、上蔟及采茧

1. 上蔟

5 龄末期，蚕食欲减退，体躯缩短，胸部透明，并排出绿色软粪，前半身昂起并左右摇摆，即为适熟蚕（mature silkworm）。此时即可上蔟（mounting the silkworm for spinning）营茧。蔟具有蜈蚣蔟、折蔟、方格蔟（partitioner cocooning frame）、伞形蔟和竹花蔟，其中以方格蔟为最优，同时便于机械化采茧。

熟蚕上蔟要掌握适当的密度。上蔟过密，营茧位置少，湿度增加，双宫、柴印、黄斑等下茧增多，茧质下降。上蔟过稀，则蔟室、蔟具利用率低。一般方格蔟每个蔟片上熟蚕 150 头左右，每盒蚕种约需 155 片；蜈蚣蔟为 350~400 头/m^2；折蔟为 350~400 头/m^2。

上蔟时，逐头拾取熟蚕放到蔟具上。也可先拾去初熟蚕，见有约 40%熟蚕时，先给一次桑，然后将蔟具直接放到蚕座上，熟蚕就会自动上蔟。熟蚕上蔟后，寻找适当的营茧（cocooning）场所，然后排出粪尿，吐丝营茧。熟蚕经 2~3 昼夜吐丝结束，再经 2d 左右即可化蛹。上蔟初期温度为 24.5~25℃，营茧后期温度为 24℃。熟蚕上蔟后要排泄大量粪尿，造成蔟中多湿，影响茧丝质量，因此蔟中相对湿度应为 70%~75%。上蔟室要通风换气，充分排出茧内湿气，提高蚕茧解舒率。熟蚕有背光性，上蔟室光线要均匀，以自然光线较好。

2. 采茧

采茧（harvesting cocoons）在蚕化蛹后体壁已转为黄色时进行。春蚕期在上蔟后 6~7d，夏、秋蚕在上蔟后 5~6d，晚秋蚕在上蔟后 7~8d 采茧。先拾去蔟中的死蚕和烂茧，以免污染好茧。要分批采茧，轻采轻放，防止损伤蛹体，采下的茧以 2~3 粒厚薄摊在蚕匾中。

五、家蚕人工饲料及养蚕

采用人工饲料养蚕可不受季节、不受桑园限制，还可实现无毒饲养。家蚕人工饲料饲养是养蚕业由劳动密集型产业向技术密集型产业转变的重要途径，也是养蚕业未来发展的方向。为摆脱桑树生长期对养蚕生产的限制，实现全年养蚕，提高产业经济效益，关于家蚕人工饲料早在1930年开始就已经有相关的研究实验。日本在1953年报道蚕可以借助人工饲料养到3龄。1960年福田纪文和伊藤智夫分别借助人工饲料育完成了家蚕全龄饲育，1967年伊藤配制了全部以氨基酸为氮源的不含天然成分的全合成人工饲料，1975年日本完成了稚蚕人工饲料育实用化的研究，1977年开始在生产上推广；20世纪90年代日本报道了可饲育广食性蚕的颗粒饲料。我国研究家蚕人工饲料始于20世纪70年代初，中国农业科学院蔡幼民等于1974年用人工饲料养蚕获得成功。随后，国内其他蚕业研究机构相继开展了家蚕人工饲料的研究，并在相关理论和实践应用方面取得进展。山东、广西、浙江等省份研究院所在人工饲料的配方及家蚕、桑树品种的筛选中成绩显著，包括“广食1号”“杂A”“优食1号”“桂蚕5号”“桂桑6号”等实用性品种。2018年12月，浙江巴贝集团投资3.5亿元开展工厂化养蚕项目，量产1万吨的一期工程正式投入生产，实现了家蚕饲养的集约化、规模化、标准化、常年化和工厂化。

1. 家蚕人工饲料组成

家蚕人工饲料必须具备4个基本要素：适合家蚕的食性，满足家蚕生长的营养需要，具有适宜取食的物理性状，以及较强的防腐性能。

（1）适合家蚕的食性

在人工饲料的组成成分中，桑叶粉、蔗糖、肌醇、没食子酸等对蚕的摄食具有较强的促进作用，并且这几种促食物质的促食效果具有累加效应，因此需要在人工饲料中加入此类摄食刺激物质，比如一定比例的桑叶粉可以消除家蚕对人工饲料的厌恶味道，同时提供促进家蚕生长发育的营养物质。桑叶以春季适熟叶为宜，桑叶粉含量在30%左右为宜。

家蚕对人工饲料的摄食性也与其品种个体的差异而不同。对大量研究总结发现，日系蚕一般优于中系蚕和其他系蚕，杂交种优于原种（张国政，1982；吴大洋，1998）。雌蚕的摄食性优于雄蚕，蚁蚕对饲料的摄食性要求最高，随着蚕的发育，蚕的食性会逐渐变宽，对摄食刺激因子的依赖性也降低，对忌避因子的耐受性随之提高（崔为正，1998；Cui，2001）。

家蚕在食物选择时其苦味受体基因 *GR66* 起到决定性作用。在利用转基因和CRISPR/Cas9等基因编辑手段获得的 *GR66* 纯合突变体和对照组野生型家蚕对比饲养下，GR66突变体的食性发生了显著变化。不仅取食桑叶，还取食苹果、梨、玉米、大豆、花生，甚至面包等，而野生型家蚕只取食桑叶或含桑叶成分的人工饲料（Zhang等，2019）。家蚕可以利用嗅觉和味觉来感知周围环境，完成生命活动，这两种化学感受系统对其至关重要。家蚕的嗅觉灵敏度比味觉强，并且在不同环境、不同种类、不同个体之间，即使同一种物质引起的嗅觉与味觉的阈值也不同（彩万志，

2001）。此外，气味结合蛋白（odorant binding protein，OBP）、化学感应蛋白（chemosensory proteins，CSPs）、气味降解酶（odor degrading enzyme，ODEs），以及感觉神经元膜蛋白（sensory neuron membrane protein，SNMP）等共同参与完成其他化学感觉生理活动。

（2）营养成分

家蚕人工饲料的蛋白源最初是以价格较高的大豆酪蛋白或精制脱脂大豆粉为主，国内配方普遍以豆饼粉或豆粕粉代之。脱脂大豆粉含有抑制摄食的阻食物质和抗营养因子，1~2龄蚕对阻食物质较为敏感，经甲醇、乙醇或水提取后，可以提高家蚕的摄食性。小蚕饲料中添加维生素和无机盐混合物可以明显促进家蚕的生长发育，而大蚕饲料中不加入维生素和无机盐对家蚕体质和茧质没有显著的影响，但缺少维生素C会抑制蚕的生长发育。在糖类方面，含糖比率以4%为最适，5龄蚕以5%最佳。将桑叶粉、蔗糖、肌醇等促食因子同时加入到饲料中，对家蚕的取食具有协同促进作用。磷酸铁、碳酸钙、绿原酸、桑色素、没食子酸、β-谷甾醇、强力霉素等有促进家蚕摄食或生长发育的作用。

崔为正团队已研制出饲养广食性家蚕品种的含10%桑叶粉的M10饲料配方、饲养适应性家蚕品种的含25%桑叶粉的M25饲料配方，以及饲养普通家蚕品种的含35%桑叶粉的M35饲料配方。比较膨化颗粒饲料加工工艺对饲料中营养成分的影响，以及家蚕不同配方颗粒饲料的消化吸收和饲料效率，并针对不同饲料配方完善了家蚕膨化颗粒饲料的加工工艺，建成每天生产1t膨化饲料的中试生产线。膨化颗粒饲料与粉体蒸煮饲料相比优势在于：加工生产过程实现了机械化和工厂化，减少了湿体饲料调制、蒸煮、切饵等繁琐的加工环节，同时有助于保持饲料中的营养成分；经过灭菌包装或无菌真空包装，方便贮存和运输，不易污染变质；膨化颗粒饲料不需要添加琼脂等特殊成型剂，降低了原料成本；饲喂过程中，只需在饲料中加入定量的无菌水浸泡后给饵，可以减少养蚕工时，提高工效。用M35颗粒饲料饲养1~2龄家蚕幼虫，幼虫的摄食性、发育整齐度和起蚕率均优于目前日本市售的粉剂饲料，但蚕体质量稍低；用M10饲料饲养广食性家蚕品种，也能够满足实用化要求。又开发了人工饲料切料机具、人工饲料自动给饵装置等，这些将有助于降低饲料成本，实现家蚕人工饲料的商品化生产。

在小蚕人工饲料育眠期处理和消毒防病技术研究中，研究人员发明了人工饲料育专用的蚕体蚕座消毒及饲料防腐药剂，研发推广了多种小蚕人工饲料育专用蚕具，通过比较不同小蚕人工饲料育饲育形式对养蚕效果的影响，建立了半封闭式的饲育方法，使养蚕工效比桑叶育提高5倍以上。

（3）物理形状

家蚕人工饲料通常以琼脂、纤维素或淀粉作为成型剂，如添加适量甘薯粉既能够代替淀粉作为成型剂又能取代蔗糖，并且加入少量稻草粉和玉米芯粉也可以改善人工饲料的物理性状，在稚蚕的人工饲料中加入30%~40%的玉米粉能够取代琼脂和淀粉，在降低成本的同时促进蚕的生长发育，桑绿枝粉同样可以作为优良的稚蚕人工饲料成型剂。

（4）防腐成分

家蚕人工饲料防腐组分中，已筛选出山梨酸、丙酸、氯霉素等防腐剂和抗生素作为无菌条件下人工饲料的添加剂。综合比较发现，山梨酸是效果最好的人工饲料防腐剂，其次是丙酸和巴豆酸；而饲料中添加适量的多菌灵既具有防病效果又可以防止腐败。此外，人工饲料呈酸性时可提高饲料的防腐效果，减少营养成分的分解。根据蚕的不同发育时期对营养需求存在差异，小蚕期，饲料中加入2.5%柠檬酸调节pH值在5.0为宜；大蚕期，饲料的pH值范围应在4.3~6.1。为达到最佳的防腐效果，以琼脂为成型剂的人工饲料含水率应保持在75%左右；而以淀粉或玉米粉为成型剂，饲料的含水率在65%时养蚕效果最佳。

家蚕人工饲料配方分蚁蚕饲料、小蚕人工饲料和大蚕人工饲料（表1-6）。

表1-6 家蚕人工饲料配方

蚁蚕配方		小蚕配方		大蚕配方	
组成成分	含量	组成成分	含量	组成成分	含量
干桑叶粉	75.0g	干桑叶粉	50.0g	干桑叶粉	50.0g
马铃薯淀粉或甘薯粉	5.0g	脱脂大豆粉	25.0g	脱脂大豆粉	25.0g
柠檬酸	1.8g	马铃薯淀粉	10.0g	马铃薯淀粉	10.0g
蔗糖	5.0g	柠檬酸	3.0g	柠檬酸	1.0g
山梨酸	0.3g	桑色素	0.2g	维生素C	2.0g
琼脂	7.5g	蔗糖	5.0g	蔗糖	5.0g
氯霉素	50.0mg	没食子酸	0.4g	山梨酸	0.3g
维生素B_1	20.0mg	维生素C	2.0g	氯霉素	50.0mg
维生素B_2	20.0mg	山梨酸	0.3g	维生素B_1	10.0mg
维生素B_6	30.0mg	琼脂	10.0g	维生素B_2	10.0mg
叶酸	4.0mg	无机盐混合物	1.0g	维生素B_6	10.0mg
泛酸钙	150.0mg	氯霉素	25.0mg	烟酸	20.0mg
烟酸	200.0mg	维生素B_1	20.0mg	叶酸	2.0mg
蒸馏水	370.0ml	维生素B_2	20.0mg	泛酸钙	20.0mg
		维生素B_6	30.0mg	蒸馏水	200.0ml
		烟酸	4.0mg		
		叶酸	150.0mg		
		泛酸钙	200.0mg		
		蒸馏水	240.0ml		

2. 人工饲料的调制

按上述配方，将除维生素C和维生素B之外的所用原料混合均匀后，以95℃蒸煮15~20min，或在117℃下高压灭菌40min，然后拌入维生素C和维生素B，冷却后用聚乙烯薄膜包装成块，低温贮藏备用。

3. 人工饲料饲养方法

收蚁时将人工饲料切成条状或薄片状，1~3龄为片状或棒状，4~5龄为块状。饲养方法参照桑叶养蚕法。

在饲料因素的基础上，决定摄食性和发育整齐度的外在因素在于饲养环境和饲养方法。在适温状态下，温度升高可以提高蚕的摄食性和发育整齐度；而相同环境条件下，人工饲料饲喂的蚕体温低于桑叶育蚕 1~2℃，所以人工饲育时的环境温度一般比桑叶育高 2℃。湿度也是影响摄食性的重要因素之一，一般小蚕期相对湿度在 85%~90%，过湿会影响蚕体的水分代谢，在眠期会降至 60%~70%。而光照会影响饲料品质和保质期，同时对家蚕食性和生长发育有直接影响，一般采用黑暗饲育。

在饲养技术方面，适当增加蚕座面积和给饵量，可以减轻蚕粪对取食的影响，提高摄食性；而增加给饵的次数虽然能维持饲料的新鲜度，提高摄食性，但会降低养蚕工效。一般用蒸煮饲料饲育 1~2 龄稚蚕时，每张蚕种的给饵量 1.0~1.1kg，食下率 65%~68%，1 龄的蚕座面积 $0.7m^2$、2 龄 $1.4m^2$为宜；用颗粒饲料饲喂时，给饵量和蚕座面积均大于蒸煮饲料饲育。

第四节　家蚕种繁育

我国的家蚕种繁育根据蚕种用途分为原原种（super elit silkworm）、原种（elit silkworm eggs）、普通种（eggs for silk production）三级制。

一、制种

羽化（发蛾）制种的时间短、技术性强，必须做好周密的计划，保证并提高蚕种质量。

1. 制种准备

一方面要准备好产卵材料，框制种和平附种的产卵材料为蚕连纸（egg-card），蚕连纸必须标上品种名、批次、生产日期和号码；制散卵的蚕连纸或散卵布要上浆，人工孵化种的蚕连纸如果采用浸酸脱粒的可不上浆。蚕连纸的上浆可用毛刷蘸上浆液均匀涂抹，晾干并压平后备用。蚕连布的上浆则直接将布放在浆液中浸透后取出抹取多余的浆液晾干即可，浆液可人工调制，也可采用羧甲基纤维素。另一方面要准备好制种用房和用具等。

2. 羽化

家蚕蛾羽化（emergence）习性，因系统和品种不同而异，中国种羽化时刻早而齐，4：00—6：00 为羽化盛期，雄蛾先出，雌蛾后出，同批种在 24℃和相对湿度 75%条件下，羽化持续 5~7d。日本种和欧洲种羽化日数长，羽化时间晚，一般在 5：00—8：00。在有效温度范围内，温度偏高，则羽化早而齐；温度偏低，则羽化迟而不齐。湿度高，则羽化早而齐；湿度低，则羽化迟而不齐；在自然光线条件下，羽化齐。

3. 捉蛾

捉蛾（moths gathering）可先捉雌蛾或雄蛾，也可同时捉。雄蛾羽化后，行动活泼，寻觅雌蛾交配，此时雄蛾已成熟，可进行捉蛾；雌蛾羽化后鳞毛干燥，两翅伸展，并开始伸出尾端的产卵器，原地停伏，便可捉蛾。每匾放雌蛾 200 头左右。

4. 交配

雌雄蛾羽化后即可进行交配（mating），但羽化后经过 4~5h 交配，能增加产卵量，产卵速度也快。交配时，向雌蛾匾投放比雌蛾数量多 5%的雄蛾，任其配对，经 10~20min 进行理对，提出未成对的单蛾另行配对。一般理对 2 次，将多余的雄蛾放在 5~10℃的低温中冷藏，如雄蛾不足时，可将经冷藏的雄蛾进行 2 次交配。理论上交配 1~2h，即可完成 2 次射精，可供全部蚕卵完成受精，生产上交配时间为 4~6h，因为交配时间长能提高产卵量及产卵速度。

5. 拆对、产卵

拆对时，将雄蛾稍向上抬起，雌雄蛾转向分离，不可强拉，以免损伤生殖器。雄蛾如需 2 次交配，可放在低温室内冷藏。雌蛾放在蚕匾内，轻轻振动，促使雌蛾排尿，以减少对蚕连纸的污染。

雌蛾产卵（oviposition）时，伸出产卵器，将蚕卵产下。产下的卵依靠卵壳表面由黏液腺分泌的胶状物质黏附在产卵材料上。一般当日的产卵量约占总产卵量的 90%，第 2 日、第 3 日分别为 7%、3%，每头雌蛾产卵量为 500 粒左右。产卵环境温度以 24℃、相对湿度以 75%为宜，保持产卵室黑暗，适当换气。

6. 袋蛾收种

为了进行雌蛾的显微镜检查，防止微粒子病的胚种传染，制种中要对产卵的雌蛾进行袋蛾（collection of female moths after oviposition）。袋蛾过早，产卵量少；过迟，不良卵率高。一般在产卵当日 21：00—23：00 即可袋蛾。原原母种和原原种袋蛾，先将爬附在铅圈上的雌蛾捉回卵面上，然后移去铅圈，按顺序将雌蛾放入袋内，封住袋口，防止雌蛾爬出。原种和普通种参照上述方法进行。

收种（collection of female moth after oviposetion）要按品种、批次进行。春用种送保卵室穿挂或插架保护，收种过程中要防止蚕卵堆积、震动或相互摩擦等。散卵待卵色达到固有色时即可收种、称量。收种后应在产卵的翌晨送出，即时浸酸种（common acid-treated eggs）应在翌日上午送到浸酸地点；冷藏浸酸种于产卵后 40h 左右进行冷藏。

即时浸酸种的雌蛾直接进行显微镜检查（inspection of pebrine by microscope），淘汰患病蛾区；冷藏浸酸种的雌蛾袋或雌蛾盒应妥善保管，待雌蛾死亡后，在 70℃的温度下干燥后进行显微镜检查。

二、催青

1. 催青准备

催青（incubation）是将经过越冬解除了滞育的蚕卵或经人工孵化法处理后的蚕卵，以及不越年卵保护在合理的环境条件下，使胚胎顺利发育孵化的技术。由于蚕卵在孵化前一天卵色变青，因此称催青。

从冷库中取出蚕种，当胚胎由丙 1 发育至丙 2 时开始催青。催青时应注意丙 2、戊 3、己 3、己 4 四个胚胎发育时期，其中丙 2 是催青加温的起点胚胎；戊 3 是发育的重要阶段，需用较高温度保护；已 3 决定发种日期；已 4 为点青期，要准确掌握遮光适期。

催青以桑树开放 3~4 叶时为催青适期。以叶柄与新梢构成 30°角，叶面展开有缩皱为开叶标准。催青过早，桑树生长跟不上蚕的发育，各龄蚕吃不到适熟叶；催青过迟，桑叶过老硬，影响取食及生长发育，而且 5 龄期易受高温袭击等。

2. 催青中的温湿度标准

胚胎不同的发育阶段对温度的反应不同，如丙 1 最适宜发育温度为 15℃，丙 2 最适发育温度为 20℃等。一般催青的有效积温为 120~140℃。催青的温湿度标准见表 1-7。

表 1-7　春期蚕种催青温湿度标准

催青日序	胚胎发育阶段	温度/℃	干湿差/℃	相对湿度/%	光线
出库	丙 1（最长期前）	15.5~17	1.5	80~81	自然光线
第 1 天	丙 2（最长期）	19~20	2~2.5	74~79	
第 2 天	丁 1~丁 3（肥厚期至突起发生期）	22	2.5	75	
第 3 天	戊 1（突起发达前期）	22	2.5	75	
第 4 天	戊 2（突起发达后期）	24	2.5	76	
第 5 天	戊 3（缩短期）	25	2~2.5	79	自然光线或每日感光 18h
第 6 天	已 1（反转期）	25	2~2.5	79	
第 7 天	已 2（反转终了）	25.5	2.0	81	
第 8 天	已 3（气管显现期）	25.5	1.5	84	
第 9 天	已 4（点青期）	25.5	1.5	84	30%点青时全黑暗
第 10 天	已 5（转青期）	25.5	1.5	84	
第 11 天	孵化	25.5	1.5	84	收蚁当日 5：00 感光

催青温度对化性有很大的影响，从胚胎戊 3 到已 4 期间，温度对化性影响较大。二化性品种蚕卵采用低温 15℃催青，则向不越年性的方向发展；用高温 25℃催青，则向越年性方向变化，即高温催青可引起二化性种变为一化性。所以戊 3 胚胎后，催青温度应保持在 25℃。催青期间要保持室内空气新鲜，适当调换蚕种位置，使蚕卵感温均匀。

夏、秋季蚕种经过即时浸酸、冷藏浸酸或复式冷藏种出库后到孵化期间的保护过程，即为催青过程。其温湿度标准为：浸酸后 3d 内为 18.5~21℃，浸酸后 4d 为 23.5~24℃，从胚胎反转开始至孵化，温度为 26.5~27℃；湿度在催青前半期（1~5d）为 80%，后期（6d 至孵化）为 85%。开始点青时遮光。

第五节 家蚕免疫及病害防治

为害家蚕的病害可分为传染性病害和非传染性病害。传染性病害有病毒病、细菌病、真菌病和原虫病；非传染性病害是由节肢动物侵害、理化因素刺激、生理障害等原因引起的病害。

一、家蚕免疫

家蚕作为重要的经济昆虫，其病害防治是蚕业生产的重要环节。已知的家蚕主要病害包括病毒病、微粒子病、真菌病和细菌病等。免疫相关基因主要参与识别、调节和效应机制，以应对连续不断的微生物感染。家蚕免疫系统与昆虫先天免疫系统一致，主要包括细胞免疫（Cellular immunity）和体液免疫（Humoral immunity）两个方面。其中，细胞免疫主要包括对病原物的吞噬（Phagocytosis）、集结（Nodulation）及包被（Encapsulation）作用，是由血淋巴中的浆细胞（Plasmatocyte）、粒细胞（Granulocytes）和拟绛色细胞（Oenocytoids）发起。体液免疫主要包括活性氧（ROS）的产生和抗菌肽（AMP）的生成。从模式识别蛋白的有效识别到后续产生免疫效应因子，这是一个一系列的反应途径。不同的病原物会激发不同的信号通路，如 Toll 通路、Imd 通路和 JAK-STAT 通路。在实际的免疫反应中，并不能严格的将细胞免疫和体液免疫区分开来，往往两者相互协同作用。下面以家蚕组织或系统作为整体研究对象所开展的研究进行描述。

1. 家蚕的肠道免疫

肠道是昆虫进食并获取营养的唯一通道。在进食的过程中也伴随着病原物的摄入，所谓“病从口入”就反应出肠道在抵抗病原物入侵上的重要性。肠道首先由很好的物理屏障，包括围食膜、粘液层和肠道细胞组成。其中围食膜和粘液层可以阻止细菌或毒素与肠道的接触，从而降低肠道内免疫反应的强度。除了物理屏障外，还有肠道细胞介导的活性氧反应和抗菌肽组成的防线。细菌感染会引起家蚕肠道内 ROS（H_2O_2 和 NO）浓度的上升，并能够调控双氧化酶（Duox）和过氧化氢酶（Catalase）等基因的转录（Zhang 等，2015）。细菌和 BmNPV 感染家蚕幼虫肠道后中肠 Duox 的表达量上升，将 *Duox* 敲除后发现家蚕肠道内的细菌数目显著增加（Hu 等，2013）。NO 是非常活跃的自由基气体，可以直接杀死病原物，一氧化氮合成酶（NOS）在家蚕幼虫的脂肪体、血细胞和中肠持续低水平表达，注射脂多糖（LPS）能够引起 NOS 表达量显著升高（Imamura 等，2002）。家蚕硫氧还蛋白过氧化物酶（TPx）在脂肪体和中肠中表达，可以还原 H_2O_2，将杆状病毒注射到幼虫体内，TPx 在脂肪体中的表达量升高（Lee 等，2005）。ROS 是一种快速的免疫响应，在感染初期扮演着重要的免疫角色（Ha 等，2005），但过量的免疫反应也会对虫体产生伤害。过氧化物酶（Peroxiredoxin）家族利用硫氧还蛋白作为电子供体清除过量的 ROS（Storr 等，2013），将外源 H_2O_2 注射到家蚕体腔后发现 *Prx5* 的转录水平上升，重组表达的 Prx5 能够降解过多的 H_2O_2（Zhang 和 Lu，2015）。清除超氧阴离子的超氧化物歧化酶（SOD）、清除 H_2O_2 的过氧化氢酶

（CAT）和过氧化物酶（POD）能够协同作用，对抗生物体内的氧化压力，避免对宿主的的伤害。当昆虫的表皮受到损伤时（包括肠道细胞），抗菌肽作为防御病原菌入侵的第二道防线发挥作用。有研究认为这种局部性免疫应答产生的抗菌肽主要依赖于 IMD 途径，其中 PGRP-LC/LE 作为模式识别受体在其中发挥重要作用，并通过激活下游核转录因子 Relish 来实现（Basset 等，2000；Tzou 等，2000），也有研究认为 Toll 途径和 JAK/STAT 途径也参与了肠道免疫（Hoffmann，2003；陈康康，2016）。当然，PPO 途径激活的黑化反应也会参与到肠道免疫当中，是一场“协同作战”。抗菌肽是一类分子量小、理化性能稳定和广谱抗菌的防御性蛋白。第一个抗菌肽从惜古比天蚕（*Hyatophora cecropia*）中诱导分离出来，被命名为天蚕素（Cecropin）（Boman 等，1972）。1990 年，从家蚕中分离纯化了 4 个 cecropins 抗菌肽，cecropin 家族共有 12 个成员，分为 5 个亚族（Cheng 等，2004）。后期又陆续发现了 Attacin、Enbocin、Gloverin、Lebocin、Moricin、Defensin 等 40 多种抗菌肽。按照结构可以分为 3 类：具有 α 螺旋结构并且缺乏半胱氨酸的线性抗菌肽、富含脯氨酸或甘氨酸的组成型抗菌肽、富含半胱氨酸的环形抗菌肽（孙伟等，2009）。

2. 家蚕的黑化免疫

黑化免疫反应经常会发生在“围剿”病原菌的各组织当中，也会发生在表皮损伤、黑化和硬化过程中。黑化反应是从头合成途径和黑色素沉积的结果，在免疫防御中起重要作用，如创伤、包囊、微生物的吸收等，产生的毒素也能够杀死入侵的病原物（Soderhall 等，1998）。黑化反应是无活性的酚氧化酶原（prophenoloxidase，proPO）受到激活以后变成有活性的酚氧化酶（phenoloxidase，PO）的一系列级联反应的过程。活化的酚氧化酶催化苯酚生成苯醌，苯醌具有毒性可以直接杀死病原物。醌类还能聚集在入侵的病原物周围形成黑色素，或沉积在伤口部位，促进伤口愈合并控制病原物的繁殖。微生物寄生能够引起昆虫的胞吞作用，但如果入侵者较大，则会诱导宿主产生集结或包囊反应。主要由浆细胞、粒细胞和拟绛色细胞的参与完成（Hillyer 等，2003）。家蚕的凝集素（hemocytin），在血淋巴中起到止血作用并对外源异物具有包囊作用（Kotani 等，1995）。Koizumi 等（1997）鉴定一种新的 C 型凝集素，对家蚕血细胞集结的形成具有重要作用。昆虫黑色素是通过酪氨酸羟化酶（TH）和多巴脱羧酶（DDC）催化色素代谢途径产生的。甘露聚糖、肽聚糖（PGN）和脂多糖（LPS）均能诱导家蚕血淋巴产生黑化反应，添加 DDC 酶抑制剂（卡比多巴）能够抑制家蚕体液的黑化（李黎，2013）。在一些家蚕的突变黑蛹个体中，黑色素合成通路中的 *yellow* 和 *laccase*2 基因的表达量上调（何松真，2016）。黑化作用需要一系列酶的作用，也涉及细胞免疫，因此要将体液免疫和细胞免疫绝对的分开似乎有些困难（Strand，2008；吴姗和凌尔军，2009）。

3. 基于大数据背景下的家蚕分子免疫研究

随着家蚕基因组的测定和高通量测序技术的发展，产生了大量的测序数据。如何运用并挖掘数据中与生物学特性紧密联系的基因信息，成为从生物信息学角度系统性研究家蚕分子免疫的重要方向。

（1）非病原细菌的免疫应答

大肠杆菌和苏云金芽孢杆菌是昆虫免疫研究常用的细菌菌种。全基因芯片扫描结果显示，家蚕分别感染这两种细菌 2h、4h、12h 和 24h 后产生不同的免疫应答，共有 210 个基因上调表达，200 个基因被抑制下调表达。通过对差异表达基因功能注释，发现诱导上调表达的基因主要参与免疫防御反应和免疫系统过程。在上调表达的基因中，主要包括家蚕的模式识别受体基因、抗菌肽基因、丝氨酸蛋白酶及其抑制剂，黑化反应相关基因。下调基因中，主要是参与能量代谢和抑制氧化还原酶活性，包括细胞色素 P450、表皮蛋白、激素相关基因。在家蚕的免疫相关基因中，按照表达模式可分为三类，包括急性诱导表达（大于 5 倍）、诱导表达（2~5 倍）及基础表达。通过比较家蚕免疫相关基因的诱导表达模式，家蚕抗菌肽基因在细菌感染后急性上调表达，对大肠杆菌比苏云金芽孢杆菌感染的诱导表达更早，而前者诱导表达的最大峰值低于后者，对大肠杆菌和苏云金芽孢杆菌的免疫应答反应的差异可能与家蚕病原模式识别和信号转导途径的不同有关。

家蚕先天免疫的病原模式识别依赖微生物表面抗原与宿主识别蛋白的相互作用。检测到家蚕的 7 个肽聚糖识别蛋白 *PGRP* 基因被诱导表达，*PGPR*8-11 属于急性诱导表达基因，其中 *PGPR*8-10 属于 S 型家族，与果蝇 *PGRP* 基因高度同源，且诱导表达模式相似，表明其在昆虫免疫应答中具有相似的生物学功能。在家蚕中鉴定到 4 种革兰氏阴性菌结合蛋白（GNBP），其中 *GNBP*1、*GNBP*4 基因均可被微生物诱导表达，*GNBP*3 属于急性诱导表达模式，暗示其参与识别病原模式分子。

家蚕黑色素形成过程中，两个关键基因（多巴脱羧酶基因和酪氨酸羟化酶基因）被急性诱导表达，同时，诱导两个与蚊子多巴色素转化酶同源的 yellow 蛋白的表达，暗示其与黑化反应有关。黑化反应过程中，两个氧化还原系统相关的基因（一氧化氮合酶和硫氧还蛋白）被诱导表达，有可能是微生物刺激作用下，一氧化氮合酶可以诱导 NO 形成抑菌作用。

在家蚕免疫应答反应中，20 个丝氨酸蛋白基因和 11 个丝氨酸蛋白酶抑制剂基因表达，约 10 个丝氨酸蛋白基因上调表达，6 个丝氨酸蛋白酶抑制剂基因急性诱导表达，这说明丝氨酸蛋白酶及其抑制剂可能参与胞外免疫信号的传递。

微生物感染同时抑制了部分基因的表达，如细胞色素 P450 超家族基因、6 个表皮蛋白基因、6 个激素相关基因，以及与发育代谢有关的酶基因，推测家蚕在微生物感染状态下会抑制生长和非必要代谢途径，从而合成抗菌肽等免疫效应因子。

（2）病原细菌的免疫应答

黑胸败血芽孢杆菌（*Bacillus bombysepticus*）是家蚕的重要病原菌，能产生芽孢和伴孢晶体，是家蚕黑胸败血病的病原物，也是家蚕细菌性病害抗性较强的细菌。黑胸败血芽孢杆菌感染家蚕 5 龄第 3 天幼虫后 3h、6h、12h 和 24h，全基因芯片扫描结果显示家蚕寄主基因表达出现剧烈变化。在 2 倍诱导表达标准下，有 2 436 个基因被诱导表达，表现在感染 24h 诱导水平最为剧烈，分别有 1 063 个和 980 个基因表达量上调或下调。组织诱导表达谱分析表明，感染黑胸败血芽孢杆菌可诱导中肠、脂肪体、马氏管等组织免疫应答，在中肠组织中表达的 886 个基因中有 66 个中肠特异表达基因，占组织特异表达基因的30.56%，推测该结果与中肠作为病原菌食下感染的直接部位有关。对家蚕感染芽孢杆菌诱导的家蚕基因进行KEGG分析，共有6个代谢通路被激活，包括遗传信息的加工和转录、核酸代谢、辅因子和维生素代谢、外源物质的生物降解、氨基酸和氮代谢及糖类代谢相关基因参与应答。芯片分析结果显示，体液免疫相关基因包括肽聚糖识别蛋白和多种抗菌肽在家蚕感染黑胸败血芽孢杆菌24h上调表达，JAK/STAT通路中*hop*、*dome*、*stat*1基因被诱导上调；细胞免疫相关基因，包括凝集素、溶菌酶及部分免疫球蛋白相关基因也检测到表达变化，说明黑胸败血芽孢杆菌感染会诱导家蚕的细胞免疫和体液免疫应答。同时，检测到保幼激素合成与代谢相关基因上调表达，保幼激素是昆虫变态发育的调节因子，这种表达变化也反映了家蚕对病原菌感染的抵御策略。

(3) 家蚕核型多角体病毒的免疫应答

全基因组芯片扫描显示，家蚕核型多角体病毒感染家蚕细胞系后，35个基因明显表达上调，17个基因被抑制表达，其中诱导表达水平较高的包括与家蚕胚胎滞育相关的转录因子家族基因BmEts、识别双链DNA并诱导抗病毒反应的BmToll10-3等。BmNPV感染2h抑制了热激蛋白HSP20.1和HSP90，其表达量分别为对照组的50%和23%，BmNPV能够导致细胞凋亡加速，HSP20.1能够抑制细胞凋亡，该结果证明BmNPV可通过抑制HSP20.1加速细胞凋亡。通过对BmNPV敏感性不同的2株家蚕细胞株系进行全基因组表达谱分析，鉴定到25个表达差异较为显著的基因，对其中BmGTP binding protein等基因的病毒抗性相关功能的分析证明其具有明显的抗病毒作用；对感染BmNPV不同时间点的家蚕细胞和病毒的动态变化进行深入分析，鉴定的BmNPV病毒基因级联调控模型有助于探究病毒和宿主间的相互作用。

二、家蚕病害及防治

（一）病毒病

20世纪中叶德国科学家Bergold鉴定了家蚕血液型脓病的病原为家蚕核型多角体病毒（*Bombyx mori* nuclear polyhedrosis virus，BmNPV），杆状病毒的病毒粒子呈杆状，子代病毒粒子在细胞核组装完成后会被包埋在形成的多角体中，根据包涵体的形态和诱导的细胞病理学特征，杆状病毒又分为核型多角体病毒属（nucleopolyhedrovirus，NPV）和颗粒体病毒属（granulovirus，GV）等。

1. 核型多角体病毒病

(1) 病原

核型多角体病毒病又称脓病，病原为杆状病毒科（Baculovirudae）、α杆状病毒属（*Alphabaculovirus*）的家蚕核型多角体病毒（BmNPV）。多角体病毒在光学显微镜下呈三角形、四角形和不规则形状，有较强的折光性。侵入脂肪组织、真皮细胞、血细胞、气管及丝腺等多种组织器官增殖，在这些器官组织的细胞核内形成蛋白质结晶状的多角体。幼虫在壮蚕期的病症一般是在体节间膜部分肿胀，病蚕皮肤破裂，血淋巴呈乳白色，被感染的组织器官在细胞中形成多角体。家蚕核型多角体病毒病多发生于壮蚕期，尤其是近熟蚕期间发病。

（2）传染途径

传播途径主要是食下传染和创伤传染。食下传染，多由于蚕食下附有病毒或多角体的桑叶引起，被食下的多角体在消化道内经强碱性消化液溶解，其中所含的大量病毒粒子释放后，自中肠组织进入体腔侵染其他组织。创伤传染，病毒由体壁伤口处侵入引起。

（3）防控

家蚕核型多角体病毒病是剧烈的传染性疾病，必须从阻断病毒传染、改善饲养条件和增强蚕体抗病力等方面综合防治才能保证防治效果。首先选用抗病品种，选择抗病性强、发育健壮的蚕种；卵面消毒，切断传染途径；小蚕抓伤是蚕期发生核型多角体病的主要原因，应及时收蚁，防止抓伤传染；蚕期及时淘汰病蚕，控制传染源，防止蚕期扩大传染；注重科学饲喂，及时移蚕，良叶饱食。

2. 质型多角体病毒病

（1）病原

家蚕质型多角体病毒病又称中肠型脓病，病原为呼肠弧病毒科（Reoviridae）质型多角体病毒（*Bombyx mori* cytoplasmic polyhedrosis virus，BmCPV）。病毒球形二十面体，直径 60~70nm，无囊膜，外围是双层结构的蛋白质衣壳，遗传物质是双链的核糖核酸（dsRNA）。质型多角体病毒只侵染中肠肠壁细胞，病蚕的其他组织均不发生病变。主要病症是中肠发白，出现乳白色皱纹，发病初期中肠后部出现病变，病毒在中肠后部的圆筒形细胞中寄生，在细胞质内形成病毒发生基质，并向前肠扩散，后部逐渐糜烂，肠道内只有少量残留的桑叶碎片和乳白色质型多角体及细胞碎片混合。质型多角体病蚕血淋巴澄清，体壁有弹性，无异状，与核型多角体病蚕相区别。该病潜育期和发病期都比核型多角体病周期长，潜育期受龄期、病毒毒力和数量因素影响，一般为 2 个龄期左右，通常蚁蚕感染后在 2 龄眠中或 3 龄发病，2 龄起蚕感病在 3~4 龄发病。

（2）传染途径

质型多角体病毒病主要通过食下传染和创伤传染，病蚕少食桑或停止食桑，发育迟缓，蚕体瘦小，排乳白色稀粪，不能吐丝结茧，虽为慢性病，在蚕的各个龄期均有感染，且交叉感染较为严重。

（3）防控

结合质型多角体病的发病特点，应根据不同养蚕季节和不同蚕龄时期，建立健全科学、严格的养蚕消毒制度，并且保证养蚕户周围环境卫生及病蚕和带病蚕沙的深埋处理，减少病原；对已经发生质型多角体病的农户或蚕室，要隔离病原，控制蚕病扩散，避免交叉感染。

3. 病毒性软化病

（1）病原

病毒性软化病又称传染性软化病，病原为家蚕软化病病毒（*Bombyx mori* infectious flacheric virus，BmFV 或 BmIFV），该病毒的遗传物质为单链核糖核酸（ssRNA）。其传播的主要途径是通过食下传染，病毒对环境抵抗力强，在自然环境下可保存几年。家蚕病毒性软化病的主要症状是“空头”和“起缩”，此外，还出现食桑减少，发育不良，眠起不齐；蚕体瘦小，体色灰黄不见转青，体壁多皱，排念珠状蚕粪，或下痢吐液，尸体软化。发病严重时，蚕座及蚕室有异常臭气。该病害通过肉眼诊断法较难与 BmCPV 和细菌等病原微生物引起的家蚕病害相区分，组织化学诊断法可以通过吡咯宁甲基绿染色中肠上皮细胞后观察是否有吡咯宁嗜染的球状体做出判断。

（2）传染途径

家蚕感染 BmFV 的主要途径是食下传染，组织病理学研究表明 BmFV 感染家蚕中肠组织后，首先感染中肠前端的杯状细胞，逐渐向后扩散，杯状细胞将退化或崩溃，在细胞质中可观察到周边存在病毒粒子和大小为 100～400nm 圆形或椭圆形特异性小胞体。BmFV 对不同家蚕品种的感染率和病毒在体内的增殖速度未见明显差异，但病症上存在差异，并且同一家蚕品种中雄性个体抵抗性高于雌性。家蚕对 BmFV 的抵抗性主要是通过脱落被感染的杯状细胞，高温处理（35～36℃）感染 BmFV 家蚕可以抑制病毒增殖，加快被感染杯状细胞的脱落和新生细胞再生，新生细胞具有较强的补充和平衡能力。

（3）防控

在病毒性软化病的防治上，首先要考虑消灭病原，在养蚕前、饲育中、结束后都要做好消毒；采用适温的饲育环境，加强桑树管理，提高桑叶质量，满足蚕的生长发育要求，增强蚕体质和抗病力；饲养中注意淘汰病弱蚕，避免蚕座内混育传染，适当添食氯霉素可抑制软化病的传播。

4. 脓核病

（1）病原

家蚕脓核病与病毒性软化病病症相似，病毒形态也相似，但脓核病毒比软化病病毒略小，病原为细小病毒科（Parvoviridae）的脓核症病毒属（*Densovirus*）家蚕脓核病毒（*Bombyx mori* Densonuclopsis virus，BmDNV），病毒粒子直径为 21～23nm，是无囊膜的球状颗粒，为一种单链 DNA 病毒。病蚕头胸突出呈空头状，重症蚕停止食桑，向蚕座四周爬行，蚕体色锈黄；中肠变薄、平滑易破，消化管内充满半透明消化液无食下的叶片，起蚕萎缩，排稀粪“湿尾”等病症。

（2）传染途径

主要经口食下传染，多在夏秋高温季节发生，属于慢性病害。

（3）防控

病毒病的防治主要采用 1%的石灰浆、1%有效氯的漂白粉液、毒消散及优氯净等对蚕室、蚕具消毒；同时加强饲育管理，做好蚕座消毒，保证幼虫饱食良叶，提高蚕的体质；要进行病蚕的早期诊断，及时剔除迟眠蚕及病蚕；防治野外昆虫，防止交叉感染。

（二）真菌病

真菌性病害是由病原真菌经体壁侵入蚕体而引起的，由于患病蚕死亡后，尸体有硬化现象，因此又称为硬化病或僵病。

1. 白僵病

（1）病原

病原为白僵菌（*Beauveria bassiana*）。白僵病由白僵菌经体壁侵入蚕体，病死后蚕体被白色的分生孢子所覆盖。生长周期为分生孢子、营养菌丝和气生孢子 3 个阶段。繁殖体为分生孢子，聚集时呈白色，分生孢子发芽的最适温度在24~28℃。

(2) 传染途径

白僵病的传染途径主要是经表皮接触传染，其次是创伤传染，真菌的分生孢子通过空气、蚕室、蚕具等附于蚕的体壁，在适宜条件下萌发，形成芽管进入蚕体内，形成营养菌丝寄生繁殖，最后在蚕的体壁上形成粉被式的分生孢子。真菌的分生孢子多在寄主外部形成，质轻随风飘落到适应的环境下可发芽增殖，发生过家蚕真菌病的病蚕及蚕沙处理不当会形成新的传染源。桑园里的昆虫感染真菌后，病虫的排泄物及尸体形成的分生孢子可污染桑叶继而引发蚕病，白僵菌等微生物农药也会污染桑叶感染家蚕。白僵病的发病时间短，从感染到发病死亡平均在2~5d。

(3) 防控

白僵病的防控需要加强蚕室通风排湿，及时除沙；选择有效药剂适时防治桑园害虫，防止桑园害虫感染真菌病后污染桑叶；根据幼虫期的发育阶段不同，给桑老嫩一致，适度采叶，注意桑叶保鲜，稀饲薄养，饱食促眠。

2. 黄僵病

(1) 病原

家蚕黄僵病的病原曾被认为是粉棒束孢 *Isaria frinosa*，现在多数学者将黄僵病的病原菌与球孢白僵菌共用，区别在于血清学的特征上。家蚕黄僵病发病过程中的气生菌丝除一般形状外常有呈束状伸长，分生孢子比球孢白僵菌小，致病力也较球孢白僵菌更弱。黄僵病病原菌丝在生长过程中，同样能分泌白僵菌毒素。发病后期体表出现黑褐色油渍斑或针尖黑点；死后蚕体伸展，头胸部突出，肌肉松弛，蚕体柔软，略有弹性，体色灰白或桃红色。死后1~2d体壁长出白色束状气生菌丝，菌丝顶为淡黄色粉末状分生孢子，随着分生孢子覆盖周身尸体呈淡黄色。

(2) 传染途径

传染途径主要是经表皮接触传染，其次是创伤传染，真菌的分生孢子通过空气、蚕室、蚕具等附于蚕的体壁，在适宜条件下萌发，形成芽管进入蚕体内，形成营养菌丝寄生繁殖，最后在蚕的体壁上形成粉被式的分生孢子。

(3) 防控

对黄僵病的防治措施与白僵病基本相同，养蚕前注意消毒，使用防僵病药剂对蚕体蚕座进行除菌消毒，控制蚕室湿度，注意保持蚕体蚕座的卫生。

3. 曲霉病

(1) 病原

该病是由曲霉属菌寄生引起的，对蚕有致病性的菌种达10多种，如黄曲霉（*Aspergillus flavus*）、寄生曲霉（*A. parasiticus*）、棕曲霉（*A. ochraceus*）等。侵染家蚕的曲霉菌，其分生孢子表面性状和致病力之间关系密切，分生孢子表面性状有突起状、颗粒状和平滑状等。一般以细粒状分生孢子致病力最强，粗粒状次之，微粒状致病力较弱，表面平滑的致病力较差。

(2) 传染途径

传染途径为接触传染，节间膜比其他部位更易被侵入，感染部位呈黑色，蚕的血液出现黑化，脂肪组织、肌肉先后被寄生，并在丝腺、气管上皮、马氏管细胞、生殖腺、消化管细胞等出现寄生菌丝。家蚕表皮脂质对曲霉菌具有抵抗力，即脂质含量少的蚕体后半部和肛门更易被曲霉菌侵染，并随龄期增进蚕体抵抗力增强。蚁蚕最易感，刚蜕皮化蛹的嫩蛹次之，通常蛹体、蛾比蚕期更容易患病。

(3) 防控

曲霉病防治区别于白僵菌，分生孢子对福尔马林、漂白粉等水溶液具有较强的抵抗力，需使用渗透性杀菌剂，如 PCP（五氯酚）等对深入蚕具内的曲霉菌具有较好的杀菌效果。

4. 绿僵病

(1) 病原

绿僵病是由莱氏野村菌（*Nomuraea rileyi*）寄生引起的病害。因病蚕尸体呈绿色而得名。传染途径为接触传染。

(2) 防控

控制饲育湿度，注意蚕座卫生；彻底消毒，消灭外在传染源；采用防僵药剂（如防病1号、防僵灵2号、优净氯或漂白粉）进行蚕体消毒。

(三) 细菌病

细菌病（bacterosis）是家蚕的常见病害。由于细菌寄生后蚕体软化腐烂，又称软化病。

1. 猝倒病

家蚕猝倒病是蚕食下苏云金杆菌（*Bacillus thuringiensis* Berliner）所产生的伴孢晶体而引起的中毒症。病原属芽孢杆菌属，苏云金杆菌猝倒变种（猝倒杆菌），该菌能产生α-外毒素、β-外毒素、γ-外毒素及δ-内毒素。传染途径为食下感染。中毒蚕头胸颤动，停止取食，蚕体吐液拉稀粪，蚕死后1~2腹节伸长，胸部及尾部缩小。

2. 败血病

家蚕细菌性败血病是指病原细菌侵入蚕体、蛹和蛾的血淋巴大量繁殖，随着血液循环分布周身，进而表现为严重的全身性症状。病原主要有沙雷氏菌（*Serratia marcescens*）、黑胸败血病菌（*Bacillus* sp.）、青头败血病菌（*Aeromonas* sp.）、链球菌（*Streptococcus* sp.）。主要传染途径是创伤传染，与养蚕技术及饲养温湿度有关。高温多湿条件下，细菌大量繁殖，败血病的发生明显增多。病蚕出现暂时的尸僵现象，腐烂变臭，显微镜下观察血液中有大量杆菌、短杆菌存在。

家蚕细菌性败血病的防治需要避免创伤传染和消杀病原。在保持蚕座卫生，消毒防病的同时，需加强桑叶的采摘贮藏，以免湿叶长期贮藏或堆放滋生细菌，每3~5d用0.5%漂白粉消毒一次；在饲养及上蔟时避免粗暴操作，饲养过密易导致抓伤感染，发现败血病蚕要及时清理，蚕具消毒，以防病原扩散。

3. 细菌性肠道病

(1) 病原

肠球菌（*Enterococci*）是该病的主要病原，在正常家蚕发育过程中，肠球菌作为家蚕消化道主要菌群参与宿主生理代谢，同时是一种潜在致病菌，在宿主体质较弱或饲育条件较差的状态下产生致病作用。由发病时期和消化管内增殖的优势菌群种类不同，病症的表现有差异，常见有起缩（起蚕发病）、空头（眠前发病）和下痢（软粪），起缩为饷食后不食桑，体色黄褐色，体躯缩皱；空头在饷食和盛食期发病，消化管前半部无桑叶充满体液，胸部呈半透明状，部分病蚕缓慢死于眠中，尸体软化；后期排稀粪或念珠状、不成形蚕粪，濒死前常伴有吐液现象。

（2）传染途径

传染途径主要是食下传染，蚕通过取食污染的饲料而感染。

（3）防控

细菌病的防治，首先，保持蚕座卫生，加强饲育管理，做到适熟优质适量给桑，规范饲养，重视小蚕良桑饱食，确保蚕体强健；其次，做好消毒工作，及时隔离并消灭病原，避免病虫尸体及粪便污染桑叶，饲养中加强通风排湿，保持蚕座干燥；最后，添食氯霉素等抗生素类药物进行防治，发病初期及时添食盐酸环丙沙星溶液直至蚕体恢复正常，及时淘汰蚕座中的病死蚕。

（四）原虫病

（1）病原

由原生动物寄生引起的病害称为原虫病，主要为由微粒子原虫引起的微粒子病（pebrine）。病原为家蚕微孢子虫（*Nosema bombycis*）。

（2）传染途径

传染途径为通过胚种传染和食下传染。胚种传染可能造成蚕种和蚕茧严重损失，防控策略主要是利用家蚕母蛾微粒子病检测加以控制；食下感染主要通过隔离、清洁和消毒等。幼虫期食下感染的家蚕微孢子虫一般以孢子的形式进入家蚕的消化道，在环境条件刺激下弹出极管，孢内原生质体通过极管进入中肠上皮细胞，再以裂殖的方式增殖，通过胞内发芽的方式感染其他细胞或组织，随着感染程度加深蚕体细胞或组织破裂。感染微孢子虫家蚕母蛾所产蚕卵中，部分个体可孵化成幼虫并引发蚕座内的微粒子病传播，所产蚕卵的感染率和被感染蚕卵的感病程度与其在蚕座内传播的规律及危害程度有关。

（3）防控

家蚕微孢子虫虽具有较强的环境适应性，但含氯制剂和甲醛等药物具有显著的消杀作用。该病的防治主要通过制种期间加强雌蛾显微镜检查，杜绝胚种传染；同时做好蚕室、蚕具消毒工作；实施迟眠蚕检查，防治桑园害虫，切断外来传染源；采用药剂消毒桑叶，避免食下传染等。

第六节 家蚕育种

家蚕育种经历了从表型选择到育种值选择，再到基因型选择的过程。表型选择是依据性状，如全茧量、茧层量、茧层率、缫丝后丝质性状等作为表型性状进行选择的过程，但选择方法效率低，效果不稳定；育种值选择是借助统计学方法，对性状的表型值进行剖析估算出可以真实遗传的部分，即育种值，从而提高选种的准确性和效率，如配合率测定等；基因型选择是通过确定性状所对应的基因型进行选种，以分子育种为典型代表。根据家蚕遗传和变异的规律，通过杂交育种、抗病育种、诱变育种等传统育种方法，结合现代分子生物技术手段，改良家蚕群体遗传结构，培育出优质易繁、抗病抗逆性强的高产家蚕新品种，同时对现行生产用种加以改良，以适应不断发展的产业格局，促进产业增效、增收和行业的可持续发展。

一、杂交育种

生物连续近亲交配获得的纯系生命力弱，但两个生命力弱的系统交配，生命力和生产力都可恢复并显示出超过双亲平均水平，这种现象称为杂种优势（Heterosis）。2个品种或系统进行交配，使各自的优良基因组合在一起从而改良目标性状的方法称为杂交育种法。20世纪20年代我国已开始推广家蚕一代杂交种（hybrid F_1）。家蚕一代杂交种普遍具有产卵数比原种增加、发育整齐、抗性强、全茧量和茧层量高、茧丝纤度变粗、丝长增长等特点。杂种优势的大小因品种组合而异，一般通过计算一个品种与其他所有品种交配子代的平均值来衡量该品种的普通交配能力。我国现代家蚕育种专家孙本周教授提倡以同品种异品系的互交原种代替单品系原种制成双交杂种，既保持原有一代杂种的优点（杂种优势及均一性），又提高原蚕的强健性与产卵量，可以在一定程度上克服一般单交杂种的问题。杂交后代中为了使目标改良性状快速固定，常用优良品种进行回交（back cross）。回交比同系杂交效率高，理论上回交6代，回交品种的基因99.3%已组合进回交后代。

二、抗性育种

蚕病的发生流行是影响蚕桑生产效率的主要原因，研究家蚕及其病原微生物之间的相互关系，育成对病原物具有一定抗性的家蚕新品种，是控制蚕病发生提高茧丝产量的有效途径。蚕的抗性是由基因型决定的，同时需要一定的内部生理条件和外部环境调节，蚕的抗性受到多重因素影响，从遗传方式上分为单基因抗性和多基因抗性。从宿主与病原物种类的互作关系角度，蚕抗病性分为垂直抗性和水平抗性：垂直抗性是由单基因或少数主基因控制，水平抗性是由多基因控制。

我国对家蚕的抗性鉴定研究自20世纪60年代至今，已对部分品种的家蚕核型多角体病毒NPV、质型多角体病毒CPV、软化病毒FV、耐氟、抗高温等特性进行鉴定。多数情况下，家蚕对CPV、NPV、FV的抗性受微效多基因控制，某些品种对CPV、NPV的抗性受显性主基因控制，对DNV的抗性多数受隐性基因控制。家蚕对核型多角体病毒经口感染的抵抗性与抗高温多湿呈极显著的正相关，且与全茧量、茧层量、茧层率等没有相关性（高一陵等，1962）；家蚕对CPV抗性与发育经过呈显著的负相关，与生命率呈显著正相关，与全茧量、茧层量、茧层率等无相关（林晶麒等，1984）；家蚕对FV的抗性与幼虫期长短呈极显著的负相关，与抗高温多湿、生命力呈极显著的正相关，与茧层量、茧层率不相关（吕鸿声，1998），这为选育出茧质优良的抗病毒品种提供了理论基础。目前，由中国农业科学院蚕业研究所培育的“华康系列”耐BmNPV家蚕品种得到了广泛应用。

通常利用抗病资源与优质高产资源进行杂交，把两个或多个具有抗性且优质的不同遗传型亲本的优良性状结合在同一杂交品种，并对其后代进行累代选择鉴定，选育出优质抗逆新品种。例如，对家蚕抗 DNV 品种选育，根据遗传学原理认为其抗性是由一对隐性基因控制，将抗病基因导入实用品种，采用回交和自交方法，分离固定隐性遗传的抗性基因，以抗病性品种和感病品种为 F_1 代杂交，从 F_2 代开始添食病毒，利用存活个体继代，F_4 代鉴定抗病性纯化抗病基因，再加强其后代的经济性状选育（黄龙全等，1986）。杂交育种产生的子代抗性、茧丝量和丝质等性状虽优于双亲，但此方法工作量大、育种周期长、性状较分散。

家蚕起源于野桑蚕，野蚕长期在自然条件下繁衍，推测其抗性基因较为丰富。用家蚕与野桑蚕进行远缘杂交育种，育成了具有特色的品系，但由于家蚕和野桑蚕杂交后代分离复杂，要经多代杂交后从中筛选性状优良且稳定遗传，育种周期较长，并且对亲本的选择存在盲目性。随着转基因技术的发展和日趋成熟，可筛选野蚕中高于现有家蚕品种的抗性遗传资源，构建野桑蚕抗病基因数据库，实现远缘种间的抗性基因转移。

三、辐射育种

诱变育种是借助物理或化学技术诱发突变，并在育种过程中可直接或间接利用并稳定遗传的育种方法，包括物理诱变和化学诱变。

物理诱变在早期家蚕育种中已取得了较大成就，田岛（1941）利用 X 射线获得了斑纹限性蚕品种和卵色限性蚕品种；木村（1971）以 ^{60}Co γ 射线 6 000R 照射雌蛹使第二染色体上的黄血基因（Y）易位到 W 染色体，诱发出黄茧限性系统；Strunnikov 等（1969，1975，1983）先后用 γ 射线诱导染色体易位，通过反复筛选隐性致死突变基因结合标记基因选配和改良等一系列的遗传育种方法，培育出性连锁平衡致死系和多个雄蚕品种；潘中庆等（1992）培育出可利用催青温度抑制雌卵孵化的特异蚕品种，可通过高温催青有效抑制雌蚕孵化控制蚕的性别。

通过化学诱变剂诱导得到的突变体有多倍体、缺失型突变蚕，1962 年田岛和小林用 5-溴去氧尿核苷和 5-溴-尿嘧啶（5-BU）添食幼虫，得到的是多数 *od* 斑油蚕突变体；用甲基磺酸甲酯（MMS）、甲基磺酸乙酯（EMS）和丝裂霉素 C 作为诱变剂注射蛹体会诱发显性致死突变（向仲怀，1994），硫酸二乙酯（DES）和甲基亚硝基脲（MNU）处理可获得 *Set*（长胴蚕）、*oy*（丰油蚕）、*nm-b*（b 不眠蚕）以及 $Nd\text{-}S^D$ 突变体。研究发现，化学诱导获得的突变体中多数是诱导雄体产生的，并且注射雄体的效果优于雌体，在诱导时期上，注射蚕蛹和蛾均具有诱导效果（向仲怀等，2005）。

传统家蚕突变体筛选大都通过与正常个体的形态特征及生理特点进行比较，获得表型异常的突变体。利用甲基亚硝基脲 MNU 和 DES 等常规点突变烷化剂可诱导家蚕随机产生点突变，再借助高通量反向遗传筛选检测手段，可快速有效地从化学诱导的突变群体中筛选出目的基因的突变体（林英等，2007），同时，可丰富家蚕基因库的遗传资源，为家蚕育种提供原料。

四、单性生殖与性别分化

单性生殖又称孤雌生殖，是有性生殖的一种特殊形式，由未受精的卵发育而成。家蚕单性发育的报道，开始于18世纪中叶。俄罗斯季霍米诺夫（1886）首次发现了人工单性生殖，用强酸溶液（HCL或H_2SO_4）处理，发育率显著提高。20世纪20年代，重新开始了家蚕人工单性生殖的研究，阿斯塔乌洛夫（1940）做了总结：包括佐藤在1921—1927年用1.04~1.06g/mL、21~23℃盐酸处理4~6min，获得了192头蚁蚕。维尔米里（1932、1934）用不同浓度的盐酸、醋酸、过氧化氢、高锰酸钾、低温、不同电解质溶液中使用交流电等方法，作用于未受精卵，单性发育的卵数多达70%。科律错夫（1932）用高温、热盐酸与碘；日本川口（1936）用离心处理均获得单性个体。阿斯塔乌洛夫利用“单雌克隆-29”为试验材料，用不同低温（-11℃上下）冷藏不同时间后置于16℃条件下三天，用盐酸处理解除其滞育，催青至孵化。卵的着色率超过90%，根据幼虫表型，推测低于临界处置时间的冷藏处理，可以激活减数分裂单性生殖；而高于临界处置时间的冷藏，则能激活非减数分裂单性生殖。随后又试验了高温（46℃）和电流等方法，但结果显示都没有冷藏处理效果好。

家蚕的性别决定为ZW型，W染色体的存在与否决定了家蚕性别发育的方向。W染色体上存在大量转座子控制元件和重复序列，因此很难鉴定到W染色体上的基因（Kawaoka等，2011）。经过多年的研究，性别决定下游开关基因*dsx*的选择性剪接影响性别分化。家蚕雌性性别决定的初级信号虽然已经得到鉴定，但家蚕性别决定的基因调控网络还没有得到深入阐明。日本学者利用性别分化细胞对*Bmdsx*基因的选择性剪接机理进行了研究，结果表明*Bmdsx*的关键位点位于第4外显子上，其中的CE1序列能够影响*Bmdsx*特异性剪接（Suzuki等，2008），而与CE1序列结合的核蛋白有BmPSI（Pelementsomatic inhibitor）和Bmhrp28。而定位于家蚕Z染色体上的BmIMP可以使自身pre-mRNA产生雄特异性剪接，从而增强BmPSI与CE1结合的活性（Suzuki等，2010）。中国科学院上海生命科学研究院植物生理生态研究所黄勇平研究组和谭安江研究组利用CRISPR/Cas9等遗传操作手段，在雄性个体中dsx基因上游的调控因子BmPSI的突变导致了雌性化特征的出现，进一步分析发现*BmPSI*可以调控*Bmdsx*的剪接和*BmMasc*的转录表达，从而确定了*BmPSI*在家蚕雄性性别决定和分化中的重要作用（Xu等，2017）。该研究组又发现组蛋白甲基化转移酶Ash2也能够调控家蚕性别（Li等，2018）。

专养雄蚕是家蚕性别分化应用的成功案例。雄蚕强健、饲料效率高、出丝率高、丝质优，是提高茧丝品质和经济效益最为有效的途径。自20世纪初，国内蚕业工作者基于家蚕不同表型性状（限性卵色、幼虫斑纹、茧色及伴性赤蚁催青期温敏致死和荧光茧色等），探究专养雄蚕的技术途径。1975年，苏联科学院司德龙尼科夫院士创建了家蚕性连锁平衡致死系，但未能育成实用性雄蚕品种。1996年，中国农科院蚕业研究所原所长吕鸿声研究员引进了该品种，经过20多年的创新研究，育成了多对实用化雄蚕品种（王永强等，2016），如平30、平28、平48，山东推广的华阳，云南推广的红平2等。为了进一步降低雄蚕种生产成本，利用高孵化率雌蚕无性克隆系与性连锁平衡致死系杂交育成了新型雄蚕品种雌35×平28。

五、分子辅助育种

家蚕遗传学研究最早可追溯至孟德尔遗传学定律被重新发现的 20 世纪初期。1902 年，法国学者 Coutague 报道了关于家蚕斑纹、茧色和翅色的遗传研究；1906 年，外山龟太郎通过观察比较家蚕卵色、斑纹、化性、茧色、茧形、茧质和茧丝纤度等性状的表型，首次在动物中论证了孟德尔遗传学的基本定律，此后在家蚕中发现了母性遗传规律；随后，田中义麿分别在 1913 年和 1917 年发现了家蚕的连锁遗传与伴性遗传规律；此后，田中、外山、McCracken、沈敦辉、宇田、渡边等在家蚕生理遗传、形态遗传和辐射遗传效应等领域取得了一系列研究进展。

蚕桑丝绸产业的主体产品是蚕丝，蚕丝性能改良技术创新对于蚕桑丝绸产业的重要性则体现在蚕丝遗传性状改良相关的生物技术上。以系统选育和杂交育种为主的传统育种技术在近代家蚕育种工作中发挥极大作用。我国自 20 世纪 50 年代，育成了大量的蚕品种，主要蚕区的春用蚕品种经过 4 次大规模更新换代，出丝率和茧丝质均有明显提高。但传统育种手段仅限在品种资源中通过系统选择、杂交、回交、多世代筛选，最终获得优良的种质资源培育新的品种，这种育种手段高度依赖自然资源或突变材料的整合利用，育种周期长，成本高，随着有限的自然资源被挖掘利用而逐渐受到限制，并且无法实现优良性状的跨物种转移。在杂交种技术推广的大半个世纪中，除了在家蚕核型多角体病毒病抗性、蚕茧荧光判性和特色品种选育方面取得了较好的发展，家蚕遗传育种整体进展较为缓慢。

自 20 世纪 80 年代以来，RFLP（restriction fragment length polymorphism）、RAPD（random amplification of polymorphic DNA）、AFLP（amplified fragment length polymorphisms）、SADF（selective amplification of DNA fragments）、SSR（simple sequence repeats）及 SNP（single mucleotide polymorphism）等分子标记技术在家蚕遗传育种中得到应用，尤其是锌指核酸酶（zinc finger nucleases，ZFN）、类转录激活效应子核酸酶（transcription activator-like effector nucleases，TALEN）和成簇规律间隔短回文重复序列系统（clustered regularly interspaced short palindromic repeat/CRISPR-associated Cas9，CRISPR/Cas9）等基因编辑技术的成熟和应用，家蚕育种学研究也逐渐步入基因编辑及转基因育种时代。自 2000 年 Tamura 等利用 *piggyBac* 转座子实现建立转基因家蚕的报道以来，转基因技术已经成为基因功能研究和生物遗传改良的重要工具。

（一）家蚕基因组编辑技术建立

Yamao 等在 1999 年尝试通过同源重组原理，借助杆状病毒将绿色荧光蛋白（GFP）基因定点插入到家蚕丝素轻链基因的第 7 个外显子。国内也相继出现外源片段在家蚕基因组定点插入目的基因的报道。但这种基于同源重组的完全基因打靶方法并未在家蚕遗传改造研究领域得到普及，主要是由于家蚕中的同源重组效率太低、外源基因整合不稳定以及实验的可重复性差等。2008 年研究人员发现因幼虫真皮细胞中尿酸盐结晶含量降低，出现体壁呈透明状“油蚕”表型的突变体家蚕 *od*，并且鉴定到其基因组 Z 染色体上的 *BmBLOS*2 基因外显子发生缺失突变。通过转基因回补实验证实，*BmBLOS*2 是尿酸合成代谢途径中的关键基因，其敲除突变是造成 *od* 家蚕幼虫呈现“油蚕”

表型的根本原因。又以 *BmBLOS*2 基因和另一个同样促进家蚕表皮尿酸颗粒合成的必需基因 *Bmwh*3 为靶基因，利用 ZFN 靶向敲除这两个基因的 mRNA，随后通过胚胎注射将其导入 G_0代家蚕受精卵，并在 G_0代家蚕中观察到嵌合体“油蚕”表型，最终筛选获得了 *BmBLOS*2 基因敲除纯合 G_1代突变家蚕个体。虽然基因组编辑的效率并不高（仅为 0.28%），但是这一研究结果对家蚕基因组靶向编辑技术的研究具有里程碑式的意义（Takasu 等，2010）。

此后，家蚕基因组国家重点实验室和中国科学院上海植物生理生态研究所分别利用 TALEN 和 CRISPR/Cas9 系统介导的基因组靶向编辑技术实现 *BmBLOS*2 基因的定点敲除，获得阳性纯合突变体家蚕。国内外研究人员相继利用基于 TALEN 或 CRISPR/Cas9 系统的基因组靶向编辑技术实现了家蚕 *BmBLOS*2、*Bm-re*、*BmFib-H*、*Bm-ok* 等内源基因的定点敲除（Ma 等，2015）。将 sgRNA 和 Cas9 核酸酶表达载体质粒混合导入体外培养家蚕细胞，实现了对家蚕细胞基因组靶位点的精确定点敲除和染色体结构变异操作，并证实了 CRISPR/Cas9 系统具有在家蚕细胞核胚胎中介导实现多基因敲除的潜力（Liu 等，2014）。Cas9 质粒系统已经取代 ZFN 和 TALEN 技术成为目前的研究热点和基因组编辑主流技术。

（二）家蚕内源基因定点突变

利用基因组靶向编辑技术介导含有靶位点的内源基因敲除，是研究生物内源基因功能的重要手段。利用 CRISPR/Cas9 技术敲除野生型家蚕基因组中鸟苷酸环化酶基因 *BmGC*-1，敲除后的突变体 $BmGC\text{-}1^{KO}$ 出现与天然突变体 quail 幼虫相同的异常体色表型，证实鸟苷酸环化酶基因 *BmGC*-1 是家蚕色素合成途径中的关键基因。利用该方法还鉴定到多个家蚕内源基因，包括细胞色素沉淀相关转录因子基因 *apt-like*、家蚕血红素过氧化物酶编码基因 *Bm-cardinal* 和棕榈酰转移酶 ZDHHC18 类似蛋白编码基因 *BmAPP*（Yu 等，2017）。

利用基因组靶向编辑技术建立靶标基因定点敲除突变体家蚕，通过突变个体表型、性状的变化验证和分析该靶标基因的功能。例如对果蝇谷胱甘肽 S 转移酶（glutathione S-transferase，GST）基因在家蚕的直系同源基因 *nobo-Bm*（*GSTe*7）敲除结果表明，家蚕纯合基因（$nobo\text{-}Bm^{\Delta 85}$/ $nobo\text{-}Bm^{\Delta 85}$）敲除后的突变表型呈现出蚕体变短且表皮光滑，这是由于 7-脱氢胆固醇（7-dehydrocholesterol）在突变体家蚕胸腺细胞中积累所致。利用上述方法鉴定的家蚕内源基因还包括性信息素气味受体基因 *BmOR*1、蜕皮激素氧化酶（ecdysone oxidase，EO）基因 *BmEO*、家蚕翅发育关键调控基因 *BmWnt*-1、家蚕气味共受体（odorant receptor coreceptor，Orco）基因 *BmOrco* 以及家蚕保幼激素酯酶（Juvenile hormone esterase，JHE）基因 *BmJHE*。

（三）定向改造突变体家蚕品种选育

通过定点突变敲除部分功能已明确的内源基因，选育出具有特定基因和表型差异的新型突变体家蚕，还可以利用转基因手段对突变家蚕进行遗传改造，通过敲除家蚕 *Bm-Fib-H* 基因制备不分泌内源 Fib-H 蛋白的“丝胶茧”突变体家蚕，构建生物反应器模型（Wang，2014）；通过基因敲除家蚕 *doublesex* 基因的特异性拼接体——$Bmdsx^{F}$基因，建立外生殖器和蚕卵发育异常的雌特异性不育转基因家蚕。

（四）家蚕外源基因的整合/突变敲除操作

在家蚕基因组特定位点引入双链断裂（Double-strand break，DSB）可以提高 BmN4 细胞内同源重组效率，但基于同源定向修复（homology-directed repair，HDR）途径实现的 *GFP* 基因表达框在家蚕基因组定点整合效率仅为 1/11 770（0.008 5%），暗示家蚕细胞中的 DNA 断裂修复主要通过非同源末端连接（Non-homologous end joining，NHEJ）途径实现。通过敲除家蚕基因组中 NHEJ 修复途径的关键基因（*BmKu*70、*BmKu*80、*BmLig IV*、*BmXRCC*4 和 *BmXLF*），可以有效提高家蚕胚胎和家蚕 BmN4 细胞经 HDR 途径实现的外源基因定点整合效率。Wang（2014）利用 TALEN 介导实现了携带同源臂序列的通过组成型 hr5-ie1 启动子组合调控 *DsRed*2 基因在家蚕 *BmBlos*2 基因靶位点的定点整合。Nakade（2014）基于同源重组介导末端连接的修复机制，构建 TALEN 结合目标染色体的精确整合系统（precise integration into target chromosome，PITCh），实现了外源基因在家蚕 *BmBLOS*2 基因编码区靶位点的定点整合（TAL-PITCh）。此外，利用 CRISPR/Cas9 系统的外源基因整合策略（CRIS-PITCh）实现了介导外源基因在家蚕、爪蟾和哺乳动物细胞基因组靶位点定点整合。基于 CRISPR/Cas9 系统的基因组靶向编辑技术还被用于家蚕细胞或个体介导外源基因的点突变敲除。利用 CRISPR/Cas9 系统实现了 BmN 细胞和转基因家蚕个体中的 *EGFP* 基因的定点敲除。随后，利用 CRISPR/Cas9 系统在 BmN-SWU1 细胞中构建了家蚕核型多角体病毒（BmNPV）复制必需基因 *ie*-1 定点敲除体系，可以显著提高 BmN-SWU1 细胞抗 BmNPV 增殖的能力；利用家蚕 *piggyBac* 转座系统与 CRISPR/Cas9 系统构建了可持续性敲除 BmNPV 基因组 *ie*-1 和 *me*53 基因的转基因家蚕，病毒感染试验结果表明与非转基因家蚕相比，转基因家蚕具有显著的抗病毒能力（Zeng 等，2016）。利用 *HSP*70 启动子诱导的基因编辑系统，敲除 *BmATAD*3*A* 基因能够增加感染微孢子虫家蚕的存活率（Dong 等，2019）。利用 CRISPR/Cas12a 系统改造 BmNPV 能够降低 BmNPV 在 BmN-SWU1 细胞中的繁殖（Dong 等，2020）。

（五）靶向基因组结构变异

基因组结构变异（genomic structure variations，GSVs）主要是基因组内长度大于 1kb 的 DNA 片段发生缺失、异位、重复、插入以及 DNA 拷贝数发生变异（copy number variations，CNVs）。通过胚胎纤维注射 TALEN mRNAs 的方式，获得了 *BmBLOS*2 基因序列区域约 800bp DNA 片段缺失的人工突变体家蚕（Ma 等，2012）；利用 CRISPR/Cas9 系统高效删除家蚕个体基因组水平 *BmBLOS*2 基因约 3.5kb DNA 大片段；利用 TALEN 介导长达 8.9Mb（占染色体长度 1/3）家蚕基因组大片段删除、重复和反转等。通过人工设计单链寡核苷酸（single-stranded oligonucleotides，ssODN）与 TALEN mRNA 混合，注入胚胎细胞后可实现由 ssODN 介导的精确靶向基因组长片段 DNA 删除和反转操作。

（六）转基因技术提升茧丝纤维品质

家蚕的主要功能是生产蚕丝，蚕丝传统领域的应用主要是作为纺织服装和家纺原料。运用 GAL4/UAS 转基因系统，在家蚕后部丝腺超表达癌基因 *Ras*1*CA*，使蚕丝蛋白生产和蚕丝产量提高近 60%，而桑叶的消耗量仅增加 20%，桑叶蚕丝转化效率提升了 30%（Ma 等，2011）。2012 年，研究人员在家蚕丝腺中表达了“蚕丝-蜘蛛丝”嵌合丝蛋白，可以大幅改善蚕丝的力学性能，并且以该技术为核心进行了高性能转基因蚕丝纤维的规模化生产；此后，通过转基因调控影响丝蛋白成丝过程中金属离子的梯度和含量，实现了在不改变蚕丝基因序列的前提下改变蚕丝纤维力学性能。Iizuka 等（2013）培育出绿色、粉红色荧光蛋白蚕丝，以及可以制造人造血管的细纤度蚕丝。通过转基因技术还实现了蚕丝纤维的功能化和多样化利用，如含有人胶原蛋白蚕丝在家蚕丝腺中的成功制备、制备出含有酸性和碱性成纤维生长因子的蚕丝、具有抗菌功能的荧光蚕丝以及通过在转基因家蚕中表达钙结合蛋白提升蚕丝纤维的钙结合能力等。代方银团队根据家蚕遗传特性重新建立了适合于其数量性状分子遗传定位的分析方法，分别在家蚕第 1、第 11 和第 22 号染色体上“识别”出控制产丝量的主效位点，它们对茧丝产量性状“茧层量”的贡献率分别达到 35%、15%和 4.5%。并针对第 11 号染上体上的主效位点进行基因鉴定，通过规模化的产丝量差异品系关联分析、精细定位、基因表达和功能鉴定等手段，确定β-1，4-N-乙酰氨基葡糖胺 1 基因（*BmGlcNase*1）为家蚕产丝量的关键主效基因。过表达 *BmGlcNase*1 分别使雌性和雄性个体提升 10.9%和 8.5%的产丝量，敲低该基因则雌雄蚕产丝量均下降约 7%，体现了该基因对于蚕丝产量的突出重要性（Li 等，2020）。

（七）转基因抗病品种选育

Isobe 等（2004）将抑制 BmNPV 病毒复制的 *lef*-1 片段转入家蚕，可以在一定程度上控制转基因家蚕体内的病毒滴度。Jiang（2014）基于转基因过表达和干涉技术，采用不同策略在对家蚕核型多角体病毒侵染过程中的多个关键环节进行抑制，通过转基因干涉 BmNPV 的 *ie*-1 基因，可提高家蚕抗性 40%以上，并分别以 BmNPV 的 *ie*-1、*helicase*、*gp*64 和 *vp*39 为靶标基因，系统比较分析了干涉效率的影响因素，进一步提高了转基因家蚕的抗性。利用转基因技术转入内源基因 *Bmlipase*-1 和外源基因 *hycu*-*ep*32，可以分别调控家蚕免疫通路的关键基因 *BmSpry* 和 *BmPGRP*2，实现提升转基因家蚕病毒抗性的效果。将同时干涉多个病毒基因和诱导抗病毒因子增量表达的研究思路相结合，培育出超抗转基因品系，死亡率降低 78%。已制备出高抗 BmNPV 的家蚕品系正在进行国内首例转基因抗病家蚕品种的安全检测。此外，还在制备高抗家蚕质型多角体病毒（BmCPV）和家蚕浓核病毒（BmDNV）等多种病毒的转基因家蚕，并且对蚕茧主产区的主要品种的抗病性进行大规模遗传改良。

第七节　家蚕茧丝蛹等产品加工

一、家蚕茧及加工

（一）家蚕茧的特征特性

1. 茧的形状

家蚕茧有椭圆形、束腰形、球形、卵形和纺锤形等。中国品种茧形（cocoon shape）多为椭圆形、球形和卵形，日本品种多呈束腰形，欧洲品种多为椭圆形带浅束腰形。一代杂交种的茧形一般为双亲中间形。茧形与缫丝难易有关，一般球形、椭圆形茧茧层厚薄均匀，解舒好、缫丝容易。全茧量为2.0~2.3g，茧层量为0.5~0.7g，茧层率为25.0%~30.0%。茧幅（cocoon width）约1.9cm，茧大的纤度粗，茧小的纤度细；茧的颜色有白色、黄色、淡红色、淡绿色、米色和黄色等。茧丝长（length of a bave）春茧约1 300m，秋茧约1 000m。一根茧丝纤度（size of cocoon filament）为1.80~3.98D。

2. 茧丝

一根茧丝有两根平行的单丝，由丝胶黏合而成。每根单丝中轴为丝素（fibroin），外覆一层丝胶。茧丝的化学组成主要有丝素和丝胶两种蛋白质，还含有少量蜡物质、碳水化合物、色素和无机物，一般丝素含量约为78%，丝胶含量约为20%。茧丝经酸、碱、酶等作用，可水解为氨基酸，丝胶和丝素均由18种氨基酸组成（表1-8），丝素为纤维蛋白，丝胶为球蛋白。

表1-8 家蚕茧丝的氨基酸组成 （单位：g/100g丝素或丝胶）

氨基酸种类	丝素	丝胶	氨基酸种类	丝素	丝胶
甘氨酸	44.66	8.15	谷氨酸	1.19	5.55
丙氨酸	28.66	3.06	赖氨酸	0.34	3.29
缬氨酸	2.29	3.08	精氨酸	0.50	4.61
亮氨酸	0.50	1.37	苯丙氨酸	0.67	0.43
异亮氨酸	0.65	0.67	酪氨酸	6.76	4.85
丝氨酸	10.39	30.14	组氨酸	0.22	1.54
苏氨酸	0.89	8.75	脯氨酸	0.36	0.44
胱氨酸	0.10	0.39	蛋氨酸	0.07	0.08
天门冬氨酸	1.56	17.35	色氨酸	0.20	—

注：丝素由苏州丝绸工学院1979年测定；丝胶由浙江丝绸科学研究院1982年测定；表中数据为每100g丝素或丝胶中各种氨基酸的克数

（二）家蚕茧缫丝

1. 缫丝

缫丝（reeling）用的原料茧为防止羽化出蛾，必须进行杀蛹处理。杀蛹采用燥杀法，燥杀法是利用空气传热杀死蛹体，杀蛹温度为90~95℃，杀蛹时间为10~30min。也可采用蒸杀法杀蛹。杀蛹后的家蚕茧干燥后即可缫丝。干燥采用辐射热干燥法、对流辐射兼用干燥法及对流热干燥法等。为了使缫制的生丝纤度符合目的纤度要求，并且均匀一致，应将不同来源的原料茧混合后进行煮茧。

2. 煮茧及漂茧

煮茧（cocoon cooking）是利用水、热和药物的作用溶解茧层中的杂质和污染物，使茧丝外层的丝胶充分膨润，为缫丝创造条件。煮茧的工艺过程如下：渗透→煮熟→调整和保护。

3. 缫丝

缫丝是根据产品规格要求合并几根从茧层离解的茧丝制成生丝的过程。目前使用的缫丝机为立缫机和自动缫丝机。

(1) 索绪

索绪汤温一般为88~90℃，用拇指和食指将茧层表面乱丝缠绕起来，慢慢地理出正绪。

(2) 理绪

理绪汤温为40~45℃，理好绪的茧放进备绪锅内备用。

(3) 添绪

生丝是由数根茧丝组成的，茧数由生丝的目的纤度和一批茧的平均纤度而定。缫丝时由于落绪而使生丝纤度变细，为保证生丝纤度达到目的纤度，需及时添上正绪茧，将绪丝交给发生落细的绪头并引入缫制着的绪丝群中，成为组成生丝的茧丝之一。

(4) 集绪

经接绪后形成的丝条中含有大量的水分，且茧丝之间抱合松散，裂丝多，需经集绪器和丝鞘，然后卷绕成形。

(5) 捻鞘

丝鞘是丝条通过集绪器上、下鼓轮时，利用丝条前后段相互捻绞，再通过定位鼓轮而形成的。丝鞘有增加丝条的抱合、脱水和减少形态较小的颣节的作用。

(6) 卷绕

丝鞘引出的丝条，需要有规律地卷绕在小籰上，使丝条干燥成形。卷绕后使之迅速干燥，使生丝达到一定的回潮率，确保生丝结构固定、抱合良好。

(7) 复摇

将小籰上的丝重新返摇在大籰上，使丝片的宽度、长度和重量具有一定的规格，便于包装和运输。

(三) 家蚕茧丝的加工

家蚕丝可作为化妆品和手术用缝线等，现已开发出含有丝素粉的糕点、糖果等食品和美容霜膏、洗浴剂等化妆品。我国古代医学书上有煎服蚕茧可治疗糖尿病的记载。甘氨酸和丝氨酸有降低血液中胆固醇、排出体内有毒物质的作用，食用蚕丝食品可以预防高血压病，同时可以促进胰岛素分泌，对糖尿病有防治作用。丙氨酸可以加速乙醇代谢。现主要介绍家蚕丝绵的制作方法。

丝绵（floss silk）分为机轧丝绵和手工制作的袋形丝绵。蛾口茧、汤茧、切口茧及次茧均可制作丝绵。将茧用水浸泡24h除去杂质及蛾尿等，挤干后放入含碱浓度为0.5%~1.0%沸腾碱液中脱胶约40min，茧丝脱胶率为19%左右，取出蚕茧用流水冲洗至中性。将脱胶后的蚕茧放入45℃温水中，撕开茧口套于事先制好的一定形状的丝绵小弓（弓高约20cm）上，均匀地拉至弓的底板，使之形成一层厚薄均匀的丝绵。取下丝绵晒干即为丝绵成品。再经漂洗液（水：硅酸钠：双氧水比例为80：1：2）煮沸漂洗45min，冲洗脱药、晒干即可得到白色的丝绵。

机轧丝绵用长吐或滞头为原料，脱胶后用梳绵机将茧丝撕松、漂洗而成，晒干后用撕绵机扯松，即为片状或无定型的机轧丝绵。

茧丝的脱胶可采用热压法，一般用3%硫酸钠溶液，在1kg/cm^2的蒸汽压下，处理40min即可达到脱胶目的。也可采用微生物及蛋白酶进行脱胶。家蚕的丝胶可用于制备丝氨酸等氨基酸产品。

（四）蚕丝蛋白在生物医学上的应用

丝蛋白是一类性能独特的天然高分子物质，为提高丝蛋白产业的附加值，越来越多的丝蛋白材料在生物医学及临床上得到应用。作为一种生物材料，丝蛋白具有良好的生物相容性、低免疫原性、可加工性和可降解性等特点（Partlow 等，2014）。可用于丝蛋白支架（三维多孔支架、纳米纤维、水凝胶、二维膜等）和丝蛋白药物载体（微球、纳米颗粒等），在硬骨、韧带、皮肤、心血管、软骨、角膜、神经等器官组织的修复和抗癌疗法中得到应用（Applegate 等，2016；Shuai 等，2017；Melke 等，2016）。丝蛋白在生物医学领域应用形式多样，具体包括以下几种。①丝纤维：用于手术缝合线、制备“人工韧带”（Altman 等，2002）。②丝蛋白纳米/微米颗粒：主要用于药物的装载和释放，浙江大学杨明英课题组以丝蛋白为模板调控可生成羟基磷灰石微球、二氧化硅纳米球和串珠状纤维，这些结构可以作为药物载体（Wang 等，2017）。③丝蛋白膜：制备成性能优异的人工角膜，试验表明丝蛋白角膜能够有效促进人角膜成纤维细胞的生长（Yoon 等，2014）。根据丝蛋白膜的吸湿性和透气性，用于创伤皮肤修复（Xu 等，2014）。④丝蛋白凝胶：丝蛋白凝胶的内部结构与细胞外基质结构相似，因此可以促进组织修复。Yodmuang 等（2015）发现丝蛋白凝胶能有效促进软骨细胞的生长和相关胶原蛋白的分泌。⑤丝蛋白支架：多孔支架因其优良的力学性能、可降解性、可修饰性，被广泛用于骨、软骨、血管、心脏等器官组织的修复。其中研究最多的是利用丝蛋白支架进行骨组织的修复，如利用蛋白和明胶进行 3D 打印修复膝关节软骨（Shi 等，2017）。⑥丝蛋白纳米纤维：能够促进间充质干细胞、神经干细胞的生长和分化（Shen 等，2010）。

二、家蚕蛹、蛾的加工利用

（一）家蚕蛹、蛾的营养成分

家蚕蛹含有丰富的营养物质，是一种理想的营养资源（表 1-9）。

表 1-9　家蚕蛹的主要化学成分　　（单位：%）

成　分	水分	粗蛋白	粗脂肪	糖原	甲壳质	灰分	其他	总计
干　蛹	7.18	48.98	29.57	4.65	3.73	2.19	3.70	100.00
脱脂蛹	5.49	72.82	0.47	6.92	5.55	3.27	5.48	100.00

家蚕干蛹中，粗蛋白含量占 48.98%，脱脂蛹中粗蛋白质的含量高达 72.82%。家蚕蛹含有 18 种氨基酸，其中含有人体必需的 8 种氨基酸；蛹油的脂肪酸中不饱和脂肪酸占 75%，这些不饱和脂肪酸有较高的保健和药用价值。家蚕蛹还含有钾、钠、铜、铁、磷、钙、锌、镁、维生素 A、维生素 B_1、维生素 B_2、维生素 E 及胡萝卜素等。

（二）家蚕蛹、蛾的加工利用

1. 家蚕蛹、蛾的食用

我国自古就有将蚕蛹作为食品的习俗。我国中医早就有“食用蚕蛾可以补肝益智、强精健体”之说，家蚕蛹多为直接煮、炒食用。现已开发出蚕蛹膨化果、蚕蛹面包、蚕蛹罐头、袋装油炸蚕蛹、真空包装五香蚕蛹、蚕蛹酒、蚕蛹酱油等多种产品。

家蚕蛾的食用方法有多种，将蚕蛾去翅并搓洗去掉蛾毛，沥干的蚕蛾倒入锅内翻炒，加入调味品，炒制5min即可食用。还可将蚕蛾去翅后烘干、粉碎、过筛制成蚕蛾粉，作为食品添加剂加入到饼干、面包等食品中。

2. 家蚕的药用价值

家蚕作为中药材已被《东北动物药》和《中国动物药》收录。家蚕蛹主治小儿疳积、虫症、消瘦、消渴等病症。家蚕雄蛾具有补肝益智、壮阳涩精之功效，主治阳痿、遗精、白浊、尿血、创伤、溃疡等病症，目前已开发出家蚕雄蚕蛾口服液、蛾公酒、蚕蛾补丸、龙蛾丸等营养保健品以及以蚕蛾为原料制成的“肾肝宁”等治疗肾炎、肝炎药物。以5龄幼虫为原料研制的“五龄丸”，用于治疗肝炎和糖尿病等。家蚕卵具有止血凉血、解毒止痢之功效，利用家蚕卵可治疗难产、热淋、风痛、喉风、牙痛等症。幼虫的蜕也具有止血凉血、祛风解毒等功能，具有治疗吐血、便血、崩漏、痢疾、口疮等病症。家蚕茧具有止血、止渴、止吐消痛、敛疮等功效，治便血、尿血、消渴、反胃、疳疮、痛肿等。

蚕蛹中的蛹油可用生榨法、热榨法或浸出法提取。精炼后的蛹油再经过脱色、脱臭，即可制得无臭、透明的蛹油，经加工可生产不饱和脂肪酸。以此为原料能制取防治肝炎、动脉硬化及各种类型的高胆固醇血脂症等药物。

养蚕中产生的僵蚕或僵蛹含有蛋白质、草酸铵及赖氨酸、亮氨酸、天门冬氨酸等17种氨基酸，还含有镁、钙、锌等28种元素及促蜕皮甾酮和6-N羟乙基腺嘌呤。作为中药，具有祛风化痰、镇静、抗凝血、通经止痛作用，可治疗中风失音、喉痹、痰热结核、齿痛、小儿惊厥、风疮、丹青作痒等症。

生产僵蚕的白僵菌可挑取发病蚕体上的白色分生孢子分离培养，采用马铃薯琼脂培养基，培养温度为25~28℃，时间为4~10d，菌种在4℃条件下或低温保存，每4~6个月转接一次。生产上用5龄幼虫为好，采用穿刺法或喷洒法接种，穿刺法是将培养基菌种2份加无菌水1份混合后，用针蘸取菌液并刺破幼虫节间膜处即可。喷洒接种时，将僵蚕浸于无菌水中，使僵蚕的白僵菌孢子浸落于水中制成悬浊液，将该悬浊液喷布于蚕体，在28℃、相对湿度90%条件下培养，接种后20min第一次给桑，以后每隔5~6h给桑一次。接种3~4d开始发病死亡，取出病死蚕并保持同样温度，待菌丝生长蚕体变白时便可加工，加工一般采用温火干燥，干后即为药材。

将脱脂蛹用蒸汽消毒灭菌，再将白僵菌种喷洒在蛹表面上，放在无菌条件下培养生产白僵菌。还可利用蚕蛹粉培养生产核黄素。

3. 家蚕蛹虫草培养

家蚕蛹是培养蛹虫草的上好材料。冬虫夏草（*Cordycepg sinensis*）具有祛病强身、益智延年、滋肺补肾、止血化痰、抗缺氧、消炎及抑制细胞分裂等作用。蛹虫草[（*Cordyceps militaris*（Vuill）Fr.]是在自然条件下，虫草菌属真菌——蛹虫草菌寄生在鳞翅目等地下越冬蛹上长出的子实体。蛹虫草的人工培养有3种形式。一是将蛹虫草菌直接接种在家蚕蛹体上长出子实体，即野生菌种分离、纯化培养、菌种扩繁、接种僵化、育草采收、干品制作。接种后培养温度为20~25℃，在一定的湿度和光照条件下，

35~45d 可达到采收标准。二是将蛹虫草菌接种在米饭等固体培养基上长出子实体。培养温度为 23℃±2℃，其他方法和条件同上，用该法培养 100g 培养基可产鲜子实体 50g。三是液体培养蛹虫草菌丝，在 25℃条件下，摇床培养 120h，收率较高。

家蚕蛹虫草具有镇静、抗惊厥、耐疲劳的功效；能明显提高大鼠血浆中皮质醇和睾酮含量，具有雄性激素类物质作用，家蚕蛹虫草能保护人体骨髓细胞的造血功能，促进白细胞增长，增强细胞免疫和体液免疫，能增强网状内皮系统吞噬功能，激活 T 细胞、B 细胞，促进抗体形成。

4. 家蚕蛹、蛾在保健品上的应用

家蚕蛹中含有大量的粗脂肪和粗蛋白，利用家蚕蛹可制取蛹油和蛹蛋白质。蛹油含有大量的不饱和脂肪酸和多种脂溶性维生素，具有明显的药理作用和营养作用。

(1) 蛹油的生产

蛹油的生产分为压榨法、萃取法和离心法 3 种。压榨法是将蚕蛹用榨油机压榨，再把压出的蛹浆过滤、加热，静止分层即得到蛹油，蛹油产率约 15%；萃取法是将蚕蛹烘干后，用 120 号汽油或苯通过加热、回流进行萃取，再经加热回收溶剂，即得到粗蛹油；离心法是以活蚕蛹为原料，经油水分离器离心后，将蛹油与蛹蛋白质分开。

制取的蛹油可进一步精炼除去杂质和蛋白质等，也可采用酸或碱进行精炼。利用家蚕蛹油可制取肥皂及亚油酸、环氧酯、硫酸化蛹油、壬二酸及聚酰胺纤维等。

(2) 蛹蛋白质的生产

蛹蛋白质主要是球蛋白质，可溶于稀碱，脱脂后的蚕蛹用稀碱提取蛹蛋白，滤液加盐酸至 pH 值为 4.0~4.5，即蛹的等电点，蛹蛋白呈絮状沉淀。将脱脂蛹用 0.75%~1.0%的氢氧化钠溶液（1∶4）在 40~45℃下提取 3~4h，过滤后滤液为褐色，再用 1∶1 的盐酸调整 pH 值为 4.0 即有蛹蛋白沉淀，将蛹蛋白沉淀盛入尼龙袋中，用水漂洗去盐分，榨干水分，在 60~70℃下烘干，研成 40 目的蛹粉，即为蛹酪素。蛹酪素可代替奶酪素用作制粘胶剂等。

此外，蛹酪素经硫酸或盐酸（35%硫酸）水解（10h），再用石灰中和，滤液经阳离子树脂用 0.2mol/L 的氢氧化铵洗脱，洗脱液经活性炭脱色、冷冻沉淀，制成水解蛋白，再经 1%活性炭脱色，加 5%葡萄糖、0.1%L-色氨酸及 0.05%活性炭抽滤，经灭菌后即得蛹蛋白成品（氨基酸水解液）。

(3) 家蚕蛹复合氨基酸的制备

家蚕蛹复合氨基酸制备主要采用盐酸水解和酶水解法。

1）盐酸水解　脱脂蚕蛹→粉碎→配制成 10%~12%的浊液→盐酸调 pH 值至 1.0→加热至 90~100℃→水解 10h→过滤，滤液加活性炭（35~40℃，30min）→去活性炭得复合氨基酸。

2）酶水解　脱脂蚕蛹→粉碎→配制成 11%的浊液→加木瓜蛋白酶 2%，胰蛋白酶 1%，pH 值 6.5~7.0→加热至 50℃，水解 8h→80℃，15min 使酶失活→过滤，滤液加活性炭（35~40℃，30min）→去活性炭得复合氨基酸。

此外蚕蛹中含有约 1%的核酸，采用十二烷基黄酸钠-苯酚法或柠檬酸盐法可制取核酸等。

三、家蚕沙的加工

（一）家蚕沙的成分

新鲜蚕沙的含水率为62%~65%，干物率为35%~38%。干燥的蚕沙呈圆柱形小颗粒，微有青草气，色黑、坚实、均匀。家蚕沙中含有大量的营养物质（表1-10），此外，还含有丰富的叶绿素、低甲氧基果胶、植物醇、β-胡萝卜素、三十烷醇等珍贵成分。

表1-10 100g蚕沙干物中主要成分的含量 （单位：mg）

龄期	粗蛋白质	粗脂肪	粗纤维	灰分	可溶无氮物	糖类	全氮素	蛋白质氮素	尿酸态氮素
1龄	25.08	1.27	13.10	8.29	50.72	15.22	4.52	1.70	0.51
2龄	19.48	1.60	12.92	7.43	57.59	25.16	3.44	1.52	0.33
3龄	17.18	1.70	13.35	7.29	59.71	23.14	3.11	1.27	0.26
4龄	17.03	2.12	15.85	9.19	55.04	19.87	2.98	1.39	0.26
5龄	13.96	2.23	16.02	9.90	57.18	19.05	2.47	1.16	0.24

（二）蚕沙及提取物的利用

1. 家蚕沙的药用价值

蚕沙性甘、辛、温，作为中药能祛风、止痛、镇静、降压。《本草纲目》载：“治消渴，症结，及妇人血崩，头风，风赤眼，祛风除湿”。又据《本草拾遗》载：“炒黄，袋盛浸酒，去风缓诸节不随，皮肤顽痹，腹内宿冷，冷血、瘀血、腰脚疼冷等”。

蚕沙加工产品主要有天然色素、三十烷醇及果胶等。蚕沙中含叶绿素衍生物约达10%，可用于制备叶绿素、叶绿素铜钠盐及类胡萝卜素等。

2. 家蚕沙提取叶绿素

将蚕沙晒干并除去杂质，加水使其膨化、松软，然后加入溶剂（83%~85%丙酮）抽提并过滤，提取液在蒸发罐中加热（70℃以下）回收丙酮，将蒸发回收溶剂后的残留物放入贮器中冷却，糊状叶绿素即浮在上层，糊状叶绿素对蚕沙的产率约为5%。

3. 家蚕沙提取叶绿素铜钠盐

叶绿素铜钠盐是水溶性叶绿素衍生物的一种，它是一种叶绿素的混合物，具有抑菌和促进人的机体、细胞生长等作用，还是良好的食品添加剂。蚕沙提取工艺：将干燥的蚕沙加水软化，用95%的乙醇淋洗除去水分，再用汽油与95%乙醇（容量比为5：1）混合液萃取，也可用糊状叶绿素为原料提取。叶绿素提取液过滤后，加入足量的氢氧化钠乙醇液在60~70℃下皂化60min，待液体分层后，上层汽油液呈深黄色，含有类胡萝卜素、植物醇及三十烷醇等非皂化物，下层乙醇液含有叶绿素衍生物及脂类皂化物。取下层液用溶剂汽油洗涤3次以除尽皂化物等。合并汽油洗涤液待进一步加工利用。在叶绿素衍生物中加入盐酸中和使pH值为2.0~2.5，然后加入20%硫酸铜，在60℃下搅拌反应30min，反应中保持体系中乙醇浓度为80%以上，反应完成后加入等容量蒸馏水稀释，叶绿酸铜即呈絮状析出。再将叶绿酸铜在70℃下烘干并使之溶解于丙酮中，滤去不溶物，加入氢氧化钠乙醇溶液形成叶绿素铜钠盐，在60~70℃下烘干，粉碎即为成品。

4. 植物醇、三十烷醇及类胡萝卜素的提取

在用丙酮提取蚕沙叶绿素的同时，可以获得类胡萝卜素及三十烷醇；桑叶中含有类胡萝卜素，蚕体仅能消化吸收少量的类胡萝卜素作为合成血色素及茧色素的原料，大部分仍留在蚕沙中。类胡萝卜素和胡萝卜素是一种良好的营养添加剂。

5. 果胶的提取

桑叶中果胶含量占干物质的10%~20%，蚕食下后不能消化吸收而在蚕沙中保存下来，可以提取并加工利用。提取叶绿素后的蚕沙可作为制备果胶的原料，先加热洗涤、过滤以除尽杂质，在蚕沙中加入25~30倍的草酸（浓度0.25%）和草酸铵（浓度0.35%）混合液，在不锈钢提取罐中加热至90~95℃提取1h，过滤后得到淡褐色的果胶液体，再经减压浓缩，使浓缩液中果胶含量达2%以上（pH值5.0），冷却后，加入2~2.5倍体积的95%乙醇，果胶呈絮状沉淀，在60~70℃中干燥，粉碎过筛即为成品。

四、家蚕用作人类疾病模型与药物筛选

（一）家蚕是理想的人类疾病模型动物

Tabunoki等（2016）报道家蚕有8 469个人类同源基因，同源率58%，并且双向BLAST结果表明人类1 612种疾病相关的5 006个基因在家蚕中都有对应的同源基因，这些基因分为18类，家蚕中对应的同源基因主要与骨骼疾病、头颈疾病、神经疾病和发育疾病相关。人类遗传疾病相似的家蚕突变体不断被挖掘，这些突变体家蚕可作为苯丙酮尿症（phenylketonuria，PKU）、帕金森疾病、赫-普综合征（Hermansky-Pudlak syndrome，HPS）等人类遗传疾病的动物模型，使家蚕作为疾病模型用于药物筛选以及疾病致病机制研究（图1-4）。家蚕作为疾病动物模型具有如下优点：①遗传背景清晰；②经血淋巴和中肠注射能够达到哺乳动物的静脉注射和经口投药效果；③方便解剖，病理样本更直观；④生活周期短，繁殖能力强。

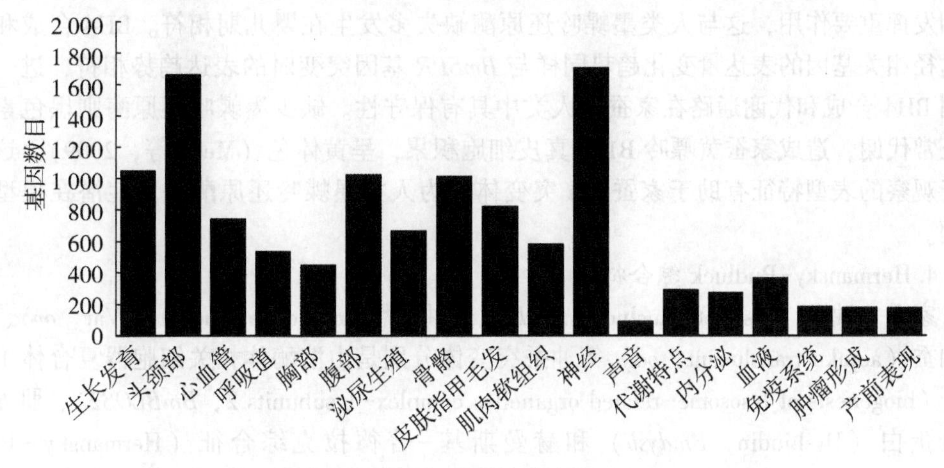

图1-4 家蚕中人类疾病相关同源基因的数量（Zhang等，2014）

（二）家蚕中的人类遗传病模型

1. 苯丙酮尿症

家蚕突变型白化蚕（albino，al）是由6-丙酮酰四氢蝶呤合成酶基因（*BmPTS*）突变造成，基因功能丧失导致其参与的四氢蝶呤 BH4 合成途径受阻，而 BH4 作为苯丙氨酸羟化酶（PAH）和酪氨酸羟化酶（TH）的辅酶参与黑色素形成，由此造成这两个酶催化反应的底物苯丙氨酸和酪氨酸含量显著升高。人类苯丙酮尿症分为经典型和非经典型，经典型是由苯丙氨酸羟化酶基因（*PAH*）突变导致，非经典型又称四氢蝶呤（BH4）缺乏症。家蚕 *al* 突变体与人类患 BH4 缺乏症的致病机制一致，通过向该突变体家蚕添食四氢蝶呤 BH4 可以起到治疗效果。*al* 型突变体家蚕也被视为人类非经典型苯丙酮尿症的潜在模型，并用于药物筛选。

2. 帕金森病

血液中尿酸水平和帕金森病（Parkinson's Disease，PD）的关系是人类医学研究关注的重点问题，而帕金森患者血清尿酸水平降低是病情加剧的危险因素之一。*DJ*-1 基因是一种与 PD 发病密切相关的基因，在抗氧化应激中发挥重要作用，DJ-1 随着年龄的增长逐渐被氧化。家蚕突变体油蚕（p-translucent，*op*）是由于帕金森病蛋白 7 基因 *PARK7/DJ*-1 表达量下调，造成黄嘌呤氧化酶合成受阻，脑中的酪氨酸羟化酶表达量降低，尿酸代谢水平降低，增加了机体氧化应激反应造成氧化损伤。研究表明家蚕 *op* 突变体可以用作人类帕金森病的治疗模型，有助于帕金森病的基础研究及治疗药物筛选。

3. 墨蝶呤还原酶缺乏症

人类墨蝶呤还原酶缺乏症（sepiapterin reductase，SPR）是由于 *SPR* 基因突变导致多巴反应性肌张力障碍的常染色体隐性遗传疾病。家蚕突变体柠檬蚕（lemon，*lem*）是墨蝶呤还原酶基因（sepiapterin reductase，*BmSPR*）功能丧失引起的 BH4 合成困难，BH4 作为芳香族氨基酸代谢的辅因子，控制体内单胺类神经递质的含量。家蚕 *lem* 突变体的 *BmSPR* 基因点突变，导致翻译提前终止，基因编码的碳端缺失 5 个氨基酸，这与人类墨蝶呤还原酶缺乏症的致病机制一致，并且 *BmSPR* 基因在家蚕 *lem* 突变体幼虫的早期表达量高于其他时期，且显著高于野生型家蚕的表达量，说明 *BmSPR* 基因在幼虫期发挥重要作用，这与人类墨蝶呤还原酶缺失多发生在婴儿期相符。BH4 合成和代谢途径相关基因的表达量变化趋势同样与 *BmSPR* 基因突变时的表达趋势相符，进一步说明 BH4 合成和代谢通路在家蚕和人类中具有保守性。缺少墨蝶呤还原酶则黑色素无法正常代谢，造成家蚕黄嘌呤 B1 在真皮细胞积累，呈黄体色（Meng 等，2009）。这种易于观察的表型特征有助于家蚕 *lem* 突变体作为人类墨蝶呤还原酶缺乏症潜在模型的应用。

4. Hermansky-Pudluck 综合征

家蚕 *d* 油蚕（distinct translucent，*od*）、斑油蚕（mottled translucent of Var，*ov*）、青熟油蚕（aojuku translucent，*oa*）等油蚕突变体分别是由溶酶体相关细胞器复合体 1 亚基 2（biogenesis of lysosome-related organelles complex-1 subunits 2，*BmBLOS*2）、肌养素结合蛋白（Dysbindin，*Bmdysb*）和赫曼斯基-普德拉克综合征（Hermansky-Pudluck syndrome type 5，*BmHPS*5）基因突变导致尿酸盐颗粒形成困难，造成蚕体壁透明

（Wang 等，2013）。正常状态下，家蚕幼虫体壁积聚丰富的白色小球型尿酸盐结晶颗粒使幼虫体色呈白色或不透明，油蚕体内的尿酸盐含量一般野生型家蚕为 3%～80%，且油蚕体内尿酸盐含量越少，其表皮的透明度就越高。而导致家蚕半透明表型的基因与人类的 Hermansky-Pudluck syndrome（HPS）相关基因是同源的，它们参与了导致溶酶体相关细胞器生物发生的进化保守机制。家蚕与人类同样是以尿酸作为氮代谢废物排泄，将油蚕作为研究尿酸代谢的模型，有助于相关治疗药物的开发。

（三）利用家蚕建立病原微生物感染模型及药物筛选

Kaito 等（2002）将 100 个金黄色葡萄球菌基因突变株分别注入家蚕血淋巴，检测突变菌株在家蚕体内毒性，结果与小鼠毒性测试结果一致。Hamamoto 等（2004）研究证实，家蚕在伞形花内酯、香豆素等药物的代谢特征与大鼠等哺乳动物相似，均通过细胞色素 P450 酶系代谢，进一步研究证实，以家蚕为模式生物所得出的药效学结论与哺乳动物药物试验的结果一致。

已利用家蚕作为抗感染模式生物研究的病原体包括病毒、细菌和真菌，主要有软化病病毒（Iflaviridae virus）、医源性感染菌金黄色葡萄球菌、沙门氏菌、绿脓杆菌以及机会性致病真菌白色念珠菌、曲霉菌等。Arakawa 等（2002）在对核苷类抗生素（Nikkomycin）的研究过程中发现，家蚕可作为病毒感染模式生物用于抗核型多角体病毒药物筛选，促进了农业新型抗生素 Nikkomycin 药效作用研究。Hamamoto 等（2004）通过部分抗生素在家蚕体内的药效学和毒理学研究证实氯霉素、四环素、万古霉素、卡那霉素等抗生素的 ED_{50} 和 LD_{50} 数值在人类和家蚕体内表现一致，其中万古霉素和卡那霉素等在人体肠道内吸收性较差的抗生素以肠管注入的方式接入病原菌感染的家蚕体内后，也没有发挥抗菌效果，这表明家蚕和人体在抗生素的代谢通路具有相似性，也是将家蚕用作模式生物研究抗菌药物的前提和基础。Matsumoto 等（2012）定量分析确认两性霉素 B、氟胞嘧啶或氟康唑和酮康唑对被真菌感染的家蚕均具有治疗效果，表明家蚕新型隐球菌感染模型可以用作抗真菌药物药效的评价。

（四）家蚕在人类疾病治疗药物筛选及评价方面的应用

家蚕是痛风药物药效评价的良好模型（Zhang 等，2012）。痛风是由单钠尿酸盐（monosodium urate，MSU）沉积所致的晶体相关性关节病，与嘌呤代谢紊乱或尿酸排泄减少造成的高尿酸血症相关。家蚕中的嘌呤代谢途径与人类相似，家蚕尿酸盐颗粒沉积在真皮层，体表呈白色，痛风药物处理后，沉积在真皮层的尿酸盐颗粒减少，体色由白色转为透明，可以通过家蚕体壁透明度直接观察到药效。

Ⅱ型糖尿病是由胰岛素耐受或胰岛素分泌异常引起的，已经在家蚕中发现了 25 个与人类糖尿病相关的同源基因。RNA 干扰家蚕胰岛素受体基因（*Bm-INSR*）后，处理组家蚕表现出明显的生长抑制和畸形，伴有体色异常，体重显著低于对照组，表型变化与糖尿病患者相似。Matsumoto 等（2015）建立Ⅱ型糖尿病家蚕模型用于评价吡格列酮和二甲双胍等抗糖尿病药物，高脂血症家蚕的糖耐量受损，特征是血淋巴糖水平高，用吡格列酮或二甲双胍可以改善高脂血症家蚕的糖耐量。相关研究表明高脂血症家蚕可以用于评价候选药物的降血糖活性（Zhang 等，2014）。

以家蚕为材料测定红景天制剂的药效，喂食红景天的家蚕平均寿命延长 2.7%，抗逆能力增强，抗氧化酶活性升高，该结果与其他模式动物的实验效果一致，说明家蚕可以用于药效评价。2012 年，Yoshinori 等利用哺乳动物肝损伤的检测指标——丙氨酸转氨酶（alanine aminotransferase，ALT）来鉴定家蚕药物造成的肝损伤情况，结果表明哺乳动物中具有肝毒性的药物，如苯甲酸类化合物、硫酸铁、丙戊酸钠、四环素及降压药物甲基多巴，会不同程度地增加家蚕各组织丙氨酸转氨酶的活性，并将家蚕建立为肝损伤药物模式动物（Inagaki 等，2012）。这些研究为推动家蚕成为药物筛选、药物药效及安全性评价的模式动物奠定了基础。

（五）高效家蚕生物反应器

家蚕的经济价值主要体现在由丝腺合成分泌的丝蛋白，每头家蚕食 20g 桑叶可产生 0.5g 丝蛋白，丝蛋白的合成研究是家蚕功能基因组的重要方向。现已通过结构生物学技术解析丝素蛋白 N 端结构，蛋白质组学分析茧丝蛋白质组分，发现了包括丝素蛋白、丝胶蛋白、各种酶类和蛋白酶抑制剂等近 500 个相关蛋白，说明家蚕茧是一个组成复杂而精妙的蛋白质混合体。2003 年，日本研究人员 Tomita 利用转基因技术在家蚕丝腺中表达了人Ⅲ型前胶原蛋白小链。此后，研究人员先后建立了中部丝腺、后部丝腺和脂肪体生物反应器，并成功表达了免疫球蛋白、人脑源神经营养因子、人成纤维生长因子、鸡法氏囊病毒亚单位疫苗、人血清白蛋白、猫干扰素、人Ⅰ型胶原蛋白 α1 链等具有重要价值的蛋白，其中猫干扰素已经进入规模化生产和市场化阶段。家蚕丝蛋白具有生产成本低、对人畜安全、蛋白质翻译后修饰相对完善、可规模化生产等优势，使家蚕丝腺具备新一代生物反应器的基本条件和优势。近年来，研究人员进一步对转基因丝腺生物反应器进行一系列优化和改造，通过优化启动子/增强子/UTR（Untranslated Region）组合，将外源蛋白的表达水平提高了 16 倍；利用转基因干涉和基因组编辑降低内源丝蛋白基因的表达量，从而提高外源蛋白的表达；在丝腺中表达脯氨酸羟化酶和哺乳动物糖基转移酶，初步实现了外源蛋白翻译后修饰的人源化改造。西南大学夏庆友研究团队鉴定了家蚕脂肪体特异启动子，并在脂肪体中实现外源植酸酶基因的特异表达，为家蚕脂肪体生物反应器开发利用奠定基础（Xu 等，2014）。

第二章　柞　　蚕

柞蚕（*Antheraea pernyi* Guérin-Méneville）为鳞翅目大蚕蛾科的泌丝昆虫，习惯上称野蚕，是野蚕中饲养量最大的昆虫。柞蚕属节肢动物门（Arthronoda）昆虫纲（Insecta）鳞翅目（Lepidoptera）大蚕蛾科（Saturniidae）柞蚕属（*Antheraea*）柞蚕种。中国是世界柞蚕业的发源地，柞蚕资源和柞树资源丰富，柞蚕茧、丝是中国的特产之一。

第一节　柞蚕属种的分布与分化

柞蚕属广泛分布在印沃区和田北区，共有35个以上的种和相当数量的变种和生态型（表2-1），但用于商业性生产的主要有中国柞蚕（*Antheraea pernyi*）、印度柞蚕（*Antheraea mylitta*）、琥珀蚕（*Antheraea assamensis*）、日本天蚕（*Antheraea yamamai*）和波洛丽蚕（*Antheraea proylei*）。世界柞蚕丝产量约6 000t，其中，中国柞蚕丝产量约占世界野蚕丝的90%，印度约占10%。

一、柞蚕属的分布

柞蚕属是大蚕蛾科泌丝昆虫中的一个属，已记载的柞蚕属泌丝昆虫共有35个种，其中31个种分布在印沃区、3个种在古北区、1个种在北美。此外，柞蚕还有50种左右的类型，包括变种和地理种，仅*Antheraea mylitta*一个种就有25个类型（表2-1）。

表2-1　柞蚕属泌丝昆虫种类

序号	种名	序号	种名	序号	种名	序号	种名	序号	种名
1	*A. mylitta*	14	*A. jana*	27	*A. fickei*	40	*A. fraterna*	53	*A. javanensis*
2	*A. assamensis*	15	*A. semperi*	28	*A. pristina*	41	*A. cingalesa*	54	*A. hazina*
3	*A. knyvetti*	16	*A. cordifolia*	29	*A. sciron*	42	*A. celebensis*	55	*A. calida*
4	*A. compta*	17	*A. pratti*	30	*A. harti*	43	*A. buruensis*	56	*A. morosa*
5	*A. frithi*	18	*A. imperator*	31	*A. gephyra*	44	*A. subceca*	57	*A. fentoni*
6	*A. helferi*	19	*A. brunnea*	32	*A. rumphi*	45	*A. fusca*	58	*A. sergustus*
7	*A. roylei*	20	*A. billitonensis*	33	*A. eucalypti*	46	*A. minahassae*	59	*A. nebulosa*
8	*A. sivaiica*	21	*A. larissa*	34	*A. larissoide*	47	*A. sumatrana*	60	*A. olivescens*
9	*A. andamana*	22	*A. tidleyi*	35	*A. polyphemus*	48	*A. borneensis*	61	*A. platessa*
10	*A. pernyi*	23	*A. prelarissa*	36	*A. fasciata*	49	*A. korintjina*		
11	*A. yamamai*	24	*A. surakarta*	37	*A. versicolor*	50	*A. perrotteti*		
12	*A. pasteuri*	25	*A. mylitloides*	38	*A. pulchra*	51	*A. yongei*		
13	*A. raffrayi*	26	*A. delegata*	39	*A. ochripicta*	52	*A. insulari*		

印度的柞蚕属泌丝昆虫已报道的有以下 7 个种：*A. compta*、*A. roylei*、*A. frithi*、*A. mylitta*、*A. assamensis*、*A. sivaiica*、*A. knyvetti*，印度东北部的特殊气候条件，从柞蚕进化的观点看具有特殊意义，这里的气候既适合温带柞蚕，又适合热带柞蚕生长，*A. assamensis* 是仅生活在这一地区的柞蚕，它和当地以及分布很远的许多种类很相似，这个地区还生活着 *A. compta*、*A. roylei*、*A. frithi*、*A. mylitta* 等种及一些生态型，这些生态型具有许多与温带柞蚕和热带柞蚕相似的特征；这一地区同时生长有温带柞蚕和热带柞蚕的主要饲料植物。因此，印度东北部是柞蚕属发源地（Jolly，1980）。

二、柞蚕属的形态特征与分类

（一）卵纹与分类

卵壳上印有卵泡细胞的痕迹，最早是由 Snodgrass（1935）提出来的，以后又得到 Beament（1974）的证实，卵纹是有种的特异性的。*A. frithi*、*A. mylitta* 和 *A. sivalica* 的卵壳沿卵的赤道面有两条带状斑；而 *A. pernyi*、*A. roylei*、*A. yamamai* 和 *A. assamensis* 没有带状斑。有带状斑的卵卵面可分成 3 个部分，即中间部分、斑纹部分、边缘部分。种间比较是以中间部分的卵纹为根据的，没有带状斑的种，则根据卵面的卵纹为依据的。卵纹的基本形式是有主细胞、细胞间体和细胞间隙等构造形成。细胞间体具有一刺状构造——呼吸刺。这些构造都按一定的规则排列，从而每一个种都有特殊的卵纹（表 2-2）。

表 2-2　柞蚕属卵纹结构大小　（单位：mm^2）

序号	种名	主细胞	细胞间体	细胞间隙
1	*A. roylei*	1 961. 60	19. 96	10. 42
2	*A. frithi*	818. 32	34. 18	11. 42
3	*A. sivalica*	811. 10	35. 38	9. 86
4	*A. mylitta*	613. 24	40. 46	11. 71
5	*A. pernyi*	408. 40	69. 52	7. 10
6	*A. polyphemus*	368. 10	30. 69	5. 96
7	*A. yamamai*	325. 22	12. 62	9. 36
8	*A. assamensis*	213. 96	68. 30	5. 54

在上述 8 种柞蚕中，只有 *A. assamensis* 和 *A. pernyi* 的主细胞和细胞间体相互发生接触；*A. roylei* 的主细胞最大，*A. assamensis* 的主细胞最小，其细胞间隙也最小。

（二）毛瘤上的刚毛与分类

Narasimhanna 等（1969）调查认为，*A. roylei* 和 *A. pernyi* 之间有明显的亲缘关系，它们有着同样的形状（刚毛顶端都呈鼓锤状）、同样数目（462）和同样的排列方式。*A. yamamai* 刚毛的数目和排列方式和 *A. roylei*、*A. pernyi* 一样，但刚毛的形状和其他的种相同。*A. polyphemus* 作为地理上距离较远的孤立的种，同其他的种差别也较大，如第一胸节背面的两个毛瘤相互融合成一个，第九腹节气门上线多一个毛瘤，同一腹节气门下线少一个毛瘤等，这些是 *A. polyphemus* 独有的特征。

（三）脉序与分类

柞蚕属的脉序虽然基本相同，但种间中横脉的形状、中横脉间、A1 脉、A2 脉基部的连接方式有一些差异。*A. pernyi* 和 *A. roylei* 的中横脉向外凸出；*A. yamamai* 和 *A. polyphemus* 的中横脉向内凹陷；*A. frithi* 和 *A. mylitta* 的中横脉呈波浪形；*A. compta* 和 *A. assamensis* 呈直立形。*A. assamensis*、*A. polyphemus*、*A. frithi*、*A. mylitta* 的中横脉同 A1、A2 的端部不相连；*A. pernyi*、*A. roylei*、*A. compta*、*A. yamamai* 的中横脉 A2 基部相连。有研究报道大蚕蛾科没有臀脉，但柞蚕有臀脉，*A. compta*、*A. roylei*、*A. assamensis*、*A. polyphemus*、*A. frithi* 的臀脉发育良好，*A. pernyi*、*A. yamamai*、*A. mylitta* 的臀脉发育不完全，这可能是对野生飞翔的适应，也可能是驯养的结果。从脉序看，*A. pernyi* 和 *A. roylei* 之间，*A. frithi* 和 *A. mylitta* 之间，*A. compta* 和 *A. assamensis* 之间的亲缘关系很近。

如果假定 *A. assamensis* 是柞蚕的原始类型，根据中横脉的形态可以看出 3 条进化路线，从直线形的 *A. assamensis* 向温带发展，高海拔地区的一支具有向外凸的中横脉，即 *A. pernyi* 和 *A. roylei*；向低海拔的一支具有向内凹的中横脉，即 *A. polyphemus* 和 *A. yamamai*；第三支向热带发展，以印度北部、中部的 *A. frithi*、*A. mylitta*、*A. sivalica* 等为代表的具有波浪形的中横脉（Jolly，1980）。

另外，柞蚕单眼的形态在种间也有变异，*A. pernyi* 和 *A. roylei* 单眼的透明区都呈卵圆形，表明了它们之间的亲缘关系。

三、柞蚕属细胞遗传学研究

柞蚕属的染色体数变化较大，染色体数最少的是 *A. assamensis*（$n=15$）；最多的是 *A. pernyi*（$n=49$）（表 2-3）。

表 2-3　柞蚕属染色体数

种名	分布地区	染色体数（n）	文献
A. assamensis	印度东北部	15	Deodikai 等，1962
A. roylei	喜马拉雅山西部	30	Jolly 等，1970
	喜马拉雅山东部	30	Jolly 等，1970
	喜马拉雅山东北部	31、32、34	未发表
A. polyphemus	美国	30	Cook，1910
A. mylitta	印度东部和中部	31	Jolly 等，1973
	越南南部	31	未发表
A. frithi	印度南部	31	Jolly 等，1973
		32	未发表
A. sivalica	印度西北部	31	未发表
A. yamamai	日本	31	川口，1934
A. pernyi	中国	49	川口，1933
A. proylei	印度东北部	32、42	Jolly 等，1970
（*A. pernyi*×*A. roylei*）F_2	—	44、48	Jolly 等，1970

柞蚕染色体存在多型现象，如喜马拉雅山西部的 *A. roylei*，其染色体数 $n=30$，而东

北部的同一个种染色体数有 $n=31$、$n=32$、$n=34$ 几个不同的群体。生活在这一地区的 *A. frithi* 也有 2 个类型，即 $n=31$、32。在 *A. pernyi*×*A. roylei* 种间杂交子 2 代以及后代中，染色体数的变异特别明显，有 $n=32$、42、44、48 等，而且所有后代都可育。这可以证明染色体畸变能够产生新的类型，最后形成一个独立的种。以上关于染色体数多型现象的报道材料都来自印度东北地区（Jolly，1980）。

四、柞蚕属的种间杂交

柞蚕属第 1 例完全能育的种间杂交是 Jolly 等（1969）报道的，2 对完全可育的种间杂交为 *A. pernyi* ×*A. roylei*、*A. roylei* × *A. pernyi*，*A. mylitta* × *A. sivalica*、*A. sivalica* × *A. mylitta*。*A. pernyi* 和 *A. roylei* 染色体数相差较大，但在染色体水平上他们是同源的，其 F_1 的染色体数为 $n=30$，F_2 为 $n=32$、42、44、48，用 *A. pernyi* 回交其染色体结构为 34、42、46、49，表明 2 个种的染色体完全同源。用 *A. roylei* 的另一个类型（$n=31$）进行同样试验，细胞学证明 F_1 的 $n=31$，其中 18 个是 3 价体，13 个是 2 价体，其后代都是能育的。*A. mylitta* 和 *A. sivalica* 的种间也是完全能育的，染色体有规则的配对联会证明它们是同源的，并且亲缘关系很近，同样 *A. mylitta* × *A. frithi* 和 *A. yamamai*×*A. pernyi* 的部分可育，也证明它们之间的亲缘关系（表 2-4）。Lorkovic（1949）认为，鳞翅目昆虫由于断裂了的染色体能够保留下来并作为独立的染色体起作用，因而可以有一系列不同的染色体数。具有最少染色体数的 *A. assamensis* 应该是柞蚕的原始类型，其他种都是在进化的过程中起源于它（Jolly，1980）。

表 2-4　7 种柞蚕属的种间杂交（正反交）

杂交形式	结 果	参考资料
A. pernyi×*A. roylei*	能育	Jolly 等，1969
A. roylei×*A. pernyi*	能育	Jolly 等，1969
A. mylitta×*A. sivalica*	能育	Jolly 等，1979
A. sivalica×*A. mylitta*	能育	Jolly 等，1979
A. mylitta×*A. frithi*	F_1不孕	Jolly 等，1973
A. frithi×*A. mylitta*	F_1不孕	Jolly 等，1973
A. yamamai×*A. pernyi*	F_1不孕	Kawaguchi，1934
A. pernyi×*A. yamamai*	F_1不孕	Kawaguchi，1934
A. pernyi×*A. mylitta*	不孕	Jolly 等，1969
A. mylitta×*A. pernyi*	不孕	Jolly 等，1969
A. mylitta×*A. roylei*	不孕	Jolly 等，1969
A. roylei×*A. mylitta*	不孕	Jolly 等，1969
A. mylitta×*A. assamensis*	不孕	Jolly 等，1969
A. assamensis×*A. mylitta*		

第二节 柞蚕生产的历史与现状

一、柞蚕生产的历史

柞蚕之名始于晋（265—420）郭义恭所著的《广志》，因它以柞树叶为饲料而得名，“柞蚕食柞叶，民以作绵”。因放养在山野，故又称山蚕或野蚕。为与柞蚕属的日本柞蚕（*A. yamamai*）、印度柞蚕（*A. mylitta*）相区别，而称之为中国柞蚕（Chinese oak silk worm）。

古文献关于柞蚕最早的记载当属西晋崔豹所撰《古今注》，该书记载：“（汉）元帝永光四年（公元前40年）东莱郡东牟山（今山东省牟平县的昆嵛山一带），有野蚕成茧，茧生蛾，蛾生卵，卵著石，收得万余石，民以为蚕絮。”以此推之，我国柞蚕茧的大量采集利用作丝绵至少已有2 000多年的历史了。

另《尚书·禹贡》在青州篇中载“莱夷作牧，厥篚檿丝”，而在徐州篇中则记载“厥篚玄纤、缟”，在兖州篇中则记载“桑土既蚕”“厥篚织文”。徐州篇和兖州篇中记载的内容可以明确为家蚕丝织物，只有青州篇记载为“檿丝”，经考证“檿丝”应为柞蚕丝。《尚书·禹贡》写于战国时代，所记之物当是公元前21世纪至前16世纪的史实。由此推之，柞蚕茧的利用已有3 500年左右的历史了。

二、柞蚕生产的现状

我国柞蚕茧产量约占世界总产量的90%，其中，以辽宁省柞蚕生产规模最大，产茧量约占全国的75%。目前，全国有辽、吉、黑、蒙、豫、鲁、冀、晋、鄂、川、黔等11个省（区）150多个市（县）700多个乡（镇）共13万农户从事柞蚕生产，柞蚕茧年产量约80 000t，年养蚕产值达25亿元，柞蚕茧加工及综合利用产值约180多亿元。

柞蚕生产的经济、生态和社会效益显著，是山区人民赖以生存、脱贫致富的重要经济来源，柞蚕业已成为我国山区农村难以替代的主导优势产业，为纺织服装、昆虫食品、生物防治及医药等行业提供了最珍贵的生物资源，为促进城乡经济协调发展发挥了重要作用。我国是世界柞蚕业科技成果的集中发源地，一直保持着柞蚕业实用技术的国际领先地位，在柞蚕品种改良与种质资源研究、柞蚕病虫害防控、柞蚕场建设与利用、柞蚕放养方法的技术革新及柞蚕业资源综合开发利用等方面始终引领着世界柞蚕产业的发展方向。

第三节 柞蚕的生物学特性

一、柞蚕的形态特征

（一）柞蚕卵

柞蚕卵略呈椭圆形，稍扁平。卵的长径为2.0（秋）~3.2（春）mm，宽径为1.5

（秋）~2.6（春）mm；一粒卵重春季为7.8~9.8mg，秋季为6.5~8.5mg。

柞蚕卵壳（egg shell）的固有色为乳白色，由于卵在产出前已由黏液腺（accessory glands）分泌的褐色黏液在卵壳表面而呈浅褐至深褐色。柞蚕卵壳成分主要是蛋白质，外层含有酚类物质起鞣化作用，卵壳具有保护胚胎的作用。卵壳较尖一端的中央部分卵壳较薄为精孔区。柞蚕卵有9~12个呈环状排列的精孔，精孔管呈辐射状排列。在卵壳表面分布有卵纹。

卵在产出时比较饱满，随着胚胎的发育，卵内营养物质逐渐消耗，卵内水分也不断蒸发，导致卵壳表面出现凹陷，称为卵涡（egg dimple）。当胚胎发育至气管形成期时，卵壳再行鼓起，此时发出轻微响声，称为“卵鸣”（tussah egg creak）。该时期是胚胎发育的关键时期。

（二）幼虫

柞蚕幼虫（larvae）除蚁蚕体色为黑色外，其余龄期体色因品种而异，有黄绿色、黄色、天蓝色、银白色等。幼虫中后胸和前面6个腹节亚背线和气门线部位，部分个体常有银白色斑点。5龄盛食期幼虫体长约10cm，体重可达15g以上。

幼虫胸部背面两侧形成发达的峰突。幼虫腹部由10节组成，第10腹节背面有三角形骨化区域——臀板。在前8个腹节每节两侧，各具椭圆形气门（stigma）1对。第3、第4、第5、第6及第10腹节腹面各长有腹足1对。末对腹足较发达称尾足或臀足。腹足趾钩数目随龄期而增加，5龄蚕一般在60个以上。

在外观上雌蚕第8和第9腹节腹面各有2个乳白色小圆点，称石渡氏腺（ishiwata's gland）；雄蚕则在第9腹节腹面前缘中央有2条短纵线，称海氏腺。

（三）蛹

柞蚕蛹（pupa）体色为黄褐或黑褐色，一般化蛹时温度高，蛹多为黄褐色。蛹3个胸节中以中胸最为发达，腹部10节，第1~7腹节两侧各有椭圆形气门1对，其中第1腹节气门隐在翅下；第8腹节气门已退化。通常雌蛹大于雄蛹，触角则雄比雌发达。雌蛹在第8~9腹节腹面中央各有一个生殖孔，分别相当于雌蛾的交配孔和产卵孔，两孔与前后缘似成“X”形线纹；雄蛹则在第9腹节腹面中央仅有一个点状生殖孔。

（四）成虫（蛾）

蛾（moth）体密被鳞毛和鳞片，呈黄褐色。头部具触角1对，雄蛾触角羽毛状并比雌蛾发达。前翅比后翅发达，翅表面密覆鳞片，唯各翅中央部位均有一个无鳞片的圆形透明区称眼点。

雄蛾触角存在2种长短不同的毛形感器，即长毛感器和短毛感器，而毛形感器是性信息素的接收器。多音天蚕雌蛾腺体中信息素有3个组分，即反-6，顺-11-十六碳二烯醇醋酸酯（E-6，Z-11-16：Ac）、反-6，顺-11-十六碳二烯醛（E-6，Z-11-16：Al）（Kochansky等，1975）、反-4，顺-9-十四碳二烯醇醋酸酯（E-4，Z-9-14：Ac）（Bestmann等，1987）。而且，在长毛感器中存在2种类型的感受细胞，分别对E-6，Z-11-16：Ac及E-6，Z-11-16：Al具有特异敏感性（Kaissling等，1980），雄蛾触角的长毛感器中存在1~3个感受细胞（Steinbrecht等，1984），在雄蛾触角中发现了对E-4，Z-9-14：Ac敏感的第三种感受细胞（吴才宏，1988）。雌蛾腺体中信息素各组分间的比例与雄蛾触角的接收系统中不同类型感受细胞的数量分布及组合状态，对昆虫种内和种间的化学通信起重要作用。

二、柞蚕的生活史

柞蚕是完全变态昆虫，其个体发育经历卵、幼虫、蛹和成虫4个发育阶段。柞蚕以蛹态滞育，一化性柞蚕3月下旬羽化为成虫，交尾产卵，4月中旬孵化，5月下旬营茧化蛹并进入滞育阶段；二化性柞蚕4月中旬羽化为成虫，交尾产卵，4月下旬或5月上旬孵化，6月中下旬结茧化蛹，蛹不滞育而于7月中下旬羽化产卵，8月上旬孵化为幼虫，9月下旬结茧化蛹滞育越冬。

（一）卵期

卵由雌蛾产下后经150min（25℃）卵核和精核结合成合子，进而开始分裂，经过胚盘、胚带和器官形成等阶段逐渐发育成为完整的胚胎，最终成为幼虫，幼虫咬破卵壳而孵化。

（二）幼虫期

幼虫期是柞蚕唯一的取食而迅速生长的阶段。刚孵化的幼虫体色为黑色，称为蚁蚕，随着蚕体迅速生长，体色逐渐转淡。在幼虫期，蚕的体积由于生长而不断增大，当生长到一定程度即蜕去原有表皮，而代之以更为宽大的新表皮。在蜕去旧表皮前的一段时间内，幼虫不食不动，称为眠。眠也是划分幼虫龄期的界限，幼虫自孵化至第一次蜕皮为1龄蚕，以后每蜕一次皮即增加1龄。柞蚕幼虫通常为5龄，一般把1~3龄的幼虫称为小蚕，4~5龄称为大蚕（或壮蚕）；眠期的幼虫称为眠蚕，刚蜕皮的幼虫称为起蚕。幼虫至5龄后期，蚕体生长到极度后，食量渐减，最后停止食叶，体稍缩短，体躯半透明，此时称为熟蚕，熟蚕开始泌丝营茧，幼虫在茧内进一步缩短而略呈纺锤形，此时通称为预蛹期（前蛹期）。幼虫在茧内进行最后一次蜕皮（变态性蜕皮）后即化为蛹。幼虫全龄经过一般为50~60d。

（三）蛹期

蛹期是幼虫期到成虫期的过渡阶段。蚕蛹体内进行着非常复杂的发育进程，原有的幼虫组织器官逐步解离，适合于生殖和繁育后代功能的组织器官逐渐形成。二化性地区春季蛹期经过约12d，一化性地区春蚕化蛹后，蛹进入滞育状态，待翌年3月暖茧羽化；二化性地区的秋蚕化蛹后，蛹也进入滞育状态，翌年3月暖茧羽化交配产卵。

（四）成虫期（蛾）

成虫期自羽化至自然死亡，是性成熟交配产卵繁衍后代的生殖阶段。当蛹体内成虫组织器官形成后，由蛹壳脱出羽化成蛾（成虫）。蛾不取食、不生长，在完成交配、产卵后，不久即自然死亡。蛾的寿命因温度等而不同，在常温条件下雄蛾寿命5d左右，雌蛾7d左右。

柞蚕一个世代中各个发育阶段所经过的时间因地区、品种和环境条件而不同，柞蚕在我国典型地区全年各旬发育状况如表2-5。

表 2-5 柞蚕在二化性地区（辽宁）和一化性地区（河南）的发育经过

发育 阶段	1月 上中下	2月 上中下	3月 上中下	4月 上中下	5月 上中下	6月 上中下	7月 上中下	8月 上中下	9月 上中下	10月 上中下	11月 上中下	12月 上中下
一化	0 0 0	0 0 0	0 0 +	· - -	- - -	0 0 0	0 0 0	0 0 0	0 0 0	0 0 0	0 0 0	0 0 0
二化	0 0 0	0 0 0	0 0 0	+ · -	- - -	- - 0	0 + ·	- - -	- - -	0 0 0	0 0 0	0 0 0

注：0 蛹（茧），+蛾（成虫），· 卵，- 蚕（幼虫）

三、柞蚕的生活习性

习性（habits）指柞蚕种群具有的生物学特性，包括柞蚕的活动和行为。柞蚕长期生活在野外，形成了在野外栎林食叶、活动、栖息的习性及抵御不良环境条件的能力，并能很好地生存和繁殖后代。

（一）柞蚕活动的昼夜节律

昼夜节律（circadian rhythm）是与自然界昼夜变化相吻合的活动规律，它对柞蚕的生命活动非常重要。如幼虫孵化、幼虫生长、成虫羽化、幼虫消化道的消除等均具有明显的昼夜节律现象。脑移植实验证明了控制幼虫孵化行为的生物钟存在于脑中，一种被命名为 hatchin 的激素因子可能介导了这种昼夜节律的调控。但幼虫期和蛹的蜕皮则是与内分泌（激素释放）事件的昼夜节律相联系的。柞蚕幼虫的取食行为规律是夜长于昼，柞蚕的生命活动节律存在季节性变化，如二化性春柞蚕的大蚕期在长光照条件下，表现为蛹不滞育；秋柞蚕大蚕期处在短光照条件下，表现为蛹滞育。另外，卵期长光照，也有促使蛹滞育的作用等。

（二）生物钟

能够在生命体内控制时间、空间发生发展的质和量叫生物钟（biochronometry）。所有动物都有生物钟的生理机制，即从白天到夜晚的一个 24h 循环节律。关于柞蚕生物钟的分子机制研究，Reppert 等（1994）在柞蚕中克隆了果蝇外的第一个 *per* 基因同系物，Chang 等（2003）利用过表达的生物钟蛋白（CLK、CYC、PER 和 TIM）和相关的 *per* 基因启动子原件，在果蝇 Schneider 2（S2）细胞中利用来自于柞蚕的组成成分在体外构建了生物钟反馈回路。利用荧光素报告基因测定法，CLK/CYC 异源二聚体通过 *per* 启动子元件中的一个 E-box 增强子元件激活转录。PER 蛋白通过抑制 CLK/CYC 介导的转录来实现对自己转录的抑制，而 TIM 蛋白增加了 PER 的抑制活性。这暗示柞蚕可能存在果蝇中的生物钟机制。柞蚕 *per* 基因的 RNA 和蛋白质是共定位的，并且它们在各个脑半球的背外侧区域上的 2 对细胞中表达，这些细胞也表达 TIM 蛋白。根据脑移植和切除实验结果在处于正确位置的外侧细胞里安置了生物钟，对这些细胞中的 PER 和 TIM 进行染色，发现经过 1d 时间它们仍在细胞质中，没有证据表明转运到了细胞核中。最初在外侧细胞中鉴定了 *per* 基因的反义转录物是来自雌特异 W 染色体的一个基因座，因为雄蛾（ZZ）也能正常表现分子和行为的节律性，*per* 基因反义转录物对于生物钟的功能不是必需的。柞蚕单眼组织中的感光细胞拥有生物钟，在这些感光细胞中不仅 *per* 基因的 mRNA 和蛋白质在波动变化，而且 PER 蛋白质也进出细胞核。柞蚕感光细胞中 *per* 基因 mRNA 的表达峰值出现在早夜，几小时后 PER 蛋白如同果蝇同系物一样转运到细胞核里。另外，在柞蚕胚胎和1龄幼虫的中肠上皮细胞观察到*per*基因mRNA和蛋白质的表达及PER的细胞核转位是节律性的。头部结扎会阻断PER蛋白进入中肠的上皮细胞核，这证明了中肠里的PER波动是依赖于脑中的某种物质。而雄蛾的生殖行为受到自主的外周生物钟所控制，控制精子从睾丸释放进入输精管的上部（UVD）并控制精子在UVD中的滞留。

褪黑激素（melatonin）途径存在于昼夜神经元中，褪黑激素受体（MT2或MEL-1B-R）在PTTH神经元中共表达表明褪黑激素控制了PTTH释放。在长光照或短光照条件下，成虫脑中褪黑激素节律都具有峰值，此峰值出现在黑暗后4h，表明存在光周期影响。当滞育蛹在长光照或在4℃下持续黑暗4个月，PTTH促进释放蜕皮激素，同时*N*-乙酰转移酶（*N*-acetyltransferase，NAT）活性也增加了。NAT上游DNA序列中存在CYC/CLK可以结合的E-box，CLK或CYC的dsRNA可关闭NAT的转录，$dsRNA^{NAT}$导致光周期的功能障碍。$dsRNA^{PER}$可能调节NAT的转录。NAT、CYC和CLK转录在近昼夜节律12h（ZT12）达到高峰。$dsRNA^{NAT}$降低褪黑激素水平，$dsRNA^{PER}$能增加褪黑激素水平。表明*NAT*是一种生物钟控制的基因，是生物钟和内分泌之间的关键环节。NAT与褪黑激素受体的结合能释放PTTH并终止滞育。光周期计数器作为NAT的mRNA的蓄能器，是一个不需要附加装置的独立的系统，可以调控内分泌开关，从而调节柞蚕的光周期（Mohamed和王秋实，2014）。

（三）柞蚕的食性

食性（feeding habit）是指柞蚕的取食习性。柞蚕是植食性（phytophagous）昆虫，对饲料植物具有一定的选择性，主要取食栎属植物。柞蚕能以在分类上几乎无亲缘关系的多种植物为饲料而属多食性昆虫（polyphagous insect），如辽东栎（*Quercus wutaishanica* Mayr.，异名*Q. liaotungensis* Koidz.）、麻栎（*Q. acutissima*）、蒙古栎（*Q. mongolic*）等；柞蚕还取食杨柳科（Salicaceae）柳属（*Salix*）的蒿柳（*Salix viminalis* Linn）、桦木科（Betuleae）桦木属（*Betula*）的毛桦（*Betula japonica* Sieb Wark）、芸香科（Rutaceae）花椒属（*Zanthoxylum*）的花椒（*Zanthoxylum bungeanum*）、蔷薇科（Rosaceae）李属（*Prunus*）的东北杏［*Prunus mandshurica*（Max.）Koehne］和榆叶梅（*P. triloba* Lindle）、李子（*P. salicina* Lindle）及苹果属（*Malu*）的山荆子（*Malus baccata* Borkn）等。柞蚕的食性是在长期进化过程中形成的特性，有其相对的稳定性，但它不是永远不变的习性。柞蚕本来取食天然饲料，但也可以改变使它取食人工饲料。在营建柞蚕饲料基地或配制人工饲料时，应根据食性选择柞蚕可食和喜食的树种；根据食性及不同龄期的生理要求，建立优良树种和树龄的柞园；在特殊情况下，选用适合的代用饲料等。

柞蚕不仅对饲料植物有一定的选择性，而且对饲料植物的叶质也具有主动的选食活动。如蚁蚕喜聚集枝梢选食嫩叶，当嫩叶被食尽后，再逐渐下移取食；如果叶量不足或叶质不良时，柞蚕为选食良叶会频频串枝，3眠前后更为明显，尤其以春蚕为甚，故有“春蚕好动，秋蚕好静”“3眠的腿，老眠的嘴”的说法。

（四）柞蚕的趋性

趋性（taxis）是指蚕体对刺激来源的定向改变、定向移动，如趋光性、趋密性、趋温性、趋湿性、趋化性等。蚕体对刺激物有趋向和背向两种反应，因此趋性也有正趋性和负趋性。

1. 趋光性（phototaxis）

趋光性是蚕体通过视觉器官对光线的定向反应。小蚕期尤其是蚁蚕，有正趋光性，有利于蚁蚕上树、取食嫩叶；大蚕期为负趋光性，有利于防高温及烈日直射。柞蚕的趋光性还与光质有关，正常情况下，柞蚕喜集于青光、紫光；在经冷藏、绝食或蚕体虚弱时，则趋于绿光、黄光。

2. 趋密性（crowding 或 aggregation）

趋密性又称群集性，是同种昆虫的大量个体高密度地聚集在一起的习性。柞蚕属临时群集类型，因蚕龄而不同，小蚕趋密性强，大蚕则分散。因此小蚕可以密放，大蚕必须稀放。

3. 趋温性（thermotaxis）

趋温性是柞蚕对热刺激和冷刺激的反应。当柞蚕同时遇到多种温度时，总是向它最适宜的温度移动，而避开不适宜的温度。当温度低于适温时，呈正趋温性；当温度高于适温时，呈负趋温性。选用柞园时，春季应先用阳坡后用阴坡，撒蚁时先用柞墩的向阳处，秋蚕期则相反。

4. 趋湿性（hydrotaxis）

趋湿性是柞蚕幼虫对湿度和水刺激的反应。当干旱或叶中水分低于蚕体生理要求时，柞蚕移向叶面饮露水或雨水。当低温多湿时，柞蚕不喜食雨露多的叶子。

5. 趋化性（chemotaxis）

趋化性是柞蚕通过嗅觉器官对化学物质刺激产生的反应。柞蚕幼虫趋向喜食树种及适熟叶；成虫趋向柞树枝叶产卵等。配制柞蚕人工饲料时，应添加诱食物质，促使柞蚕取食。

6. 向上性（apogeotropism）

向上性是柞蚕幼虫背离地心引力向上运动的习性。柞蚕幼虫除选食迁移时会出现向下运动外，一般情况下，总是向上运动，在有坡度的山坡上也向上爬行。春蚕收蚁和移蚕时，应撒在柞墩的坡下半墩枝条上；撒蚕时枝条应斜放或横放，使蚕在树上均匀分布。

（五）抗逆性

柞蚕幼虫的抗逆性是指它对营养缺乏、气候恶劣、病原、敌害等不良环境的抵抗能力。

1. 警觉性

柞蚕遇到外界物理因素如风吹枝动等刺激，便停止取食或爬行，进而体躯收缩，头胸昂举呈警戒状态。警觉性强的蚕抓着力强，抗御风、虫等能力也强；凡蚕体收缩紧、久的为健蚕。警觉性的强弱可以作为选蚕的依据之一。

2. 自卫、吐消化液

当外来刺激加强，蚕除收缩、停食不动、头胸昂举外，头胸还左右摇击自卫；刺激过大时，蚕便吐出消化液，对袭击的蝽、瓢虫等小害虫有驱逐作用。移蚕操作刺激过大时，也会因受刺激而吐消化液，这会影响蚕的消化能力，不利于蚕体健康。

3. 知雨性

柞蚕对降雨来临有预感的习性。在降雨来临之前，柞蚕能从叶面转移到叶背隐藏起来，以防降雨的危害。为减少雨害损失，给蚕留有隐蔽之处，应在降雨来临之前移蚕；雨季撒蚕不宜过密；降雨时不应移蚕、匀蚕。

4. 抓着力

柞蚕有随时用足抓住枝叶的习性，当蚕体受到振动或遇风雨等刺激时，更为明显。养蚕中常见 2~4 龄蚕遭受蜂类危害后，蚕体尾部残留在柞枝上，这是因为尾足、腹足有较强的抓着力所致。从枝条上取蚕时，应在警觉之前从尾端迅速抓下，以防损伤蚕体。蚕的抓着力，大蚕强，小蚕弱；取食期强，眠中弱；起蚕强，将眠时弱。蚕的抓着力是警觉、自卫、抗风的基础。

（六）眠性

眠性（moltinism）是指幼虫眠的次数，是柞蚕在进化过程中形成的生理遗传特性。柞蚕幼虫从孵化到发育成熟营茧需要眠 4 次。眠性主要是由脑-咽侧体-前胸腺系统分泌的激素强弱决定的，当脑激素分泌弱时，保幼激素分泌强。一般情况下，每龄初咽侧体分泌强，龄中脑激素分泌后促进前胸腺分泌蜕皮激素，而保幼激素分泌弱，幼虫就出现眠和幼虫蜕皮。脑激素的分泌又受伴性复等位基因控制。另外，柞蚕的眠性还受光照、温度、营养等因素的影响。眠性与蚕的数量性状有密切的关系，一般眠数多的蚕，幼虫期经过时间长，食下量多，全茧量高；眠数少的蚕则相反。

柞蚕属 4 眠性，即 4 眠 5 龄。由于环境条件的影响（干旱、柞叶老硬等），也有 5 眠 6 龄蚕发生。在自然条件下，柞蚕很少出现 3 眠蚕，如使用抗保幼激素类似物，也可使 4 眠蚕变为 3 眠蚕。如在 3 龄起蚕添食抗保幼激素类似物“金鹿 3 眠素”，可获得 3 眠蚕，该 3 眠蚕的 3 龄经过延长 1~2d，4 龄经过延长 7d 左右，全龄经过缩短约 8d（秦利等，1996）。

此外，蚁蚕孵化时有取食卵壳的习性，刚蜕皮的幼虫有取食蜕皮的现象，1~3 龄小蚕喜食柞树枝梢的嫩叶，4~5 龄大蚕则需取食成熟叶。春柞蚕一天中，以日出后晨露干时和日落前取食最盛，清晨和中午阳光强时食叶少，夏季则以清晨及傍晚食叶较多。全龄中，以 4~5 龄为食叶盛期，尤以 5 龄食叶最盛，约占全龄食叶量的 80%，一头幼虫春季食叶量（amount of leaf ingested）约 30g，秋季约为 50g。

柞蚕幼虫有直接饮水的习性，尤其是久旱逢雨露时常见到饮水现象。成熟幼虫停止食叶，排出体内粪便和消化液，徘徊在枝叶间寻觅营茧场所，营茧时先吐出少量丝拉拢 2~3 片柞叶，然后吐丝营茧，并以茧柄缚住枝条。

四、柞蚕与气象环境

柞蚕在野外饲育，直接受野外气象环境因子的影响。影响柞蚕的气象因子有温度、水分、光线、风、气流、霜冻等。

（一）温度

1. 温度对柞蚕生存的影响

柞蚕幼虫饲养在适温环境中，蚕食欲旺盛、体质强健、生命力强，则茧质优良。如饲养在偏低或偏高温度环境中，则生命力减弱、易发生病害，死亡率高。柞蚕在8℃条件下饲育，1龄就死亡。而在30℃条件下饲育，仅有极少数蚕营茧，其蛹也在羽化前死亡，8℃和30℃是柞蚕幼虫生活的最低和最高界限温度，16.5~22℃是柞蚕幼虫生长发育的适温范围。

不同龄期对温度的敏感程度也不同，当平均温度高于22℃时，死亡率以3、4龄期最高，5龄则显著降低；当温度低于22℃时，1、4、5龄期死亡率较高。由此可见，1龄及5龄均不耐低温，2龄、3龄对较高温度的适应性较强，4龄对偏高或偏低温度的适应范围较窄。

不同品种对温度的适应性也有差异，如黄蚕血统品种对高温、干旱的适应性较强。在辽宁省西部干旱地区，饲养黄蚕血统品种容易成功。

2. 温度与柞蚕生长发育的关系

温度不仅影响柞蚕的生存，而且还影响柞蚕生长发育的速度。在适温范围内，全龄经过随温度升高而缩短。平均温度为28℃时，全龄经过最短，温度高于28℃时全龄经过随温度升高而延长。若温度低于20℃，全龄经过随温度下降而延长。

实践表明，平均温度为22~25℃时，收蚁结茧率高、茧质好，低于20℃时，营茧率低，而且茧质差。山东昌潍农业学校（1958）在栖霞方山研究表明，温度在17.5~22.5℃范围内，柞蚕生长发育良好，高于27.5℃，则出现“窜枝”“跑坡”现象。

米哈依洛夫根据8℃为柞蚕生长发育的最低界限温度，计算出柞蚕幼虫生长发育有效积温为700℃。李维田根据辽宁省西丰县20年5—9月的实际温度，以8℃为发育起点温度，计算出春柞蚕生长发育所需有效积温为550℃，秋柞蚕生长发育所需有效积温为600℃，蛹期有效积温为263℃，卵期有效积温为144℃，从春季幼虫孵化到秋蚕营茧所需总有效积温为1 560℃。吴忠恕（1987）总结辽宁省宽甸县柞蚕生产历史认为，在辽宁省进行2季柞蚕生产，5—9月≥10℃的积温必须保证在2 900℃才能获得丰产。

（二）水分

柞蚕体重的80%以上都是水分，水是柞蚕生命活动的物质基础，水分不足会导致正常生理活动的终止，严重时引起死亡。柞蚕在长期的系统发育过程中已经形成了喜雨好湿的习性，故有“雨蚕”之称。同时，湿度和降水还可以通过食物和天敌间接对柞蚕发生影响。

1. 柞蚕幼虫体内的水分来源

柞蚕幼虫体内的水分主要来自食料，其次是雨水、露和湿度。柞蚕体内的水分平衡是通过水分的吸取和排出来调节的，柞蚕通过体壁与气门蒸发和排泄粪便排出多余水分。

2. 降水和湿度对柞蚕生长发育的影响

当柞树叶含水量低或天气干旱时，柞蚕生长发育受到抑制，出现蚕体瘦小、龄期延长，以及“窜枝”“跑坡”等选食迁移现象。一旦久旱降雨，蚕便在叶面上吞饮雨露。

饮水后，蚕体肥大，体色正常，发育良好。达尼莱夫斯基等研究表明，湿度为85%~88%时，小蚕期发育经过为18d；湿度为100%时，发育经过延长；湿度低于70%时，发育速度明显减慢；湿度为40%~50%时，3眠蜕皮前即死亡。刚孵化的蚁蚕或眠起时，雨水过大对蚕是不利的，容易导致蚕死亡。

3. 湿度对柞蚕幼虫生命力的影响

湿度对各龄蚕的影响是不同的，湿度饱和时，1~2龄蚕生命力不受影响，发育经过稍快；3龄蚕在多湿环境中生长，则龄期延长，死亡率高。当湿度低于80%时，1龄蚕的死亡率高；湿度为100%时，1、2龄没有死亡，仅在3龄部分死亡。湿度对大蚕的影响较小。

柞蚕小蚕期的适湿为85%~90%，1龄蚕特别喜湿，3龄蚕要求有一定的干湿差，大蚕期在自然条件下即可正常生长发育。

（三）光线

光对柞蚕既有热能作用，又有信息作用，不仅影响柞蚕的生长发育，而且是决定柞蚕滞育的主导因子。光对柞蚕的影响由3个方面发生作用：光照强度、光谱成分、光照长度。

1. 柞蚕对光周期的反应

光周期为生物提供了外界环境信息，同时也引起生物体内时间性组织作同步反应，即光周期反应。柞蚕通过感受外界昼夜明暗变化而调节本身生理活动的节律，昼夜间体重有节奏性增长，4：00—10：00、16：00—22：00体重增长速度较快，正午和午夜时体重增长速度略慢。

2. 光周期对柞蚕生长发育及茧质的影响

柞蚕在黑暗中发育缓慢，全龄经过比对照长4d，8h光照蚕体发育快而且齐；蚕体重以对照区最重，黑暗区最轻；全茧量、茧层量、产卵量也以对照区最高，黑暗区最低。

（四）风、气流

1. 风对柞蚕的影响

风对柞蚕的影响是多方面的，适当的风量和风速可以调节柞园的小气候环境（如温度、湿度、蒸发等），并促进蚕健康成长。但风速过大、风力过强，则对蚕的生命活动和生长发育有害。

2. 柞蚕对风力的适应范围

收蚁时，无风最好；小蚕期间，以1~3级、风速1~5m/s的软风、微风、轻风为好；大蚕的把握力较大，以1~4级、风速1~7m/s的软风、微风、轻风、和风对柞蚕生长有利。5龄蚕虽能抵抗较大的风速，但风速过大影响蚕的取食，导致蚕体虚弱，发育不齐。

（五）霜和霜冻

霜和霜冻（frost damage）会对柞蚕产生冻害，严重时对柞蚕生产构成威胁。我国河北的高寒山区，辽宁、吉林、黑龙江、内蒙古等省（区）的柞蚕常受霜或霜冻的危害，影响着这些地区的柞蚕生产。

春柞蚕1龄、2龄遭受晚霜危害时，常出现行动迟缓、食欲不振、生长缓慢、发育不齐、龄期延长等现象。受害严重时，柞蚕1龄或2龄就死亡；受害轻者，大蚕期脓病发病率偏高。秋柞蚕5龄末期常遭受早霜危害，受害严重时，可被冻死，即使不被冻死，也因无柞叶而饿死；受害轻者，多营薄茧或不营茧。

五、柞蚕细胞系构建

日本国立昆虫学和蚕桑科学研究所报道首次从柞蚕肌肉中分离得到了细胞系。从1986年4月26日开始培养，选取产卵后48h的柞蚕胚胎，在含有10%胎牛血清（FBS）的MGM-448（改良版Grace-448培养基）中培养4个月后，从贴壁培养的组织中观察到了有节奏收缩的肌肉组织，2个月后将该组织转移到新的培养瓶中，在之后5年时间里该细胞传代了15次，1991年该细胞系传代缩短为2~3个月，命名为AnPe-426（Inoue，1991）。但该细胞系是连成片的组织网络，Inoue和Hayasaka（1995）继续从该组织中分离出了圆形细胞，开始每2周传代1次，从第15代开始将MGM-448更换为含有5%蚕血淋巴的Grace培养基，经过273代以后，细胞加倍时间缩短为4d，柞蚕肌肉细胞系NISES-AnPe-428。在家蚕微孢子虫侵染5种鳞翅目昆虫细胞系实验中，家蚕SES-BoMo-15A细胞表现出最高的感染率，而柞蚕NISES-AnPe-428的感染率最低（Hayasaka等，1993）。用天蚕AyNPV感染不同的细胞株，柞蚕细胞系的感染率高达68.4%，而家蚕细胞系的感染率仅为7.9%（Inoue和Hayasaka，1995）。

辽宁省蚕业研究所于1986年进行柞蚕卵巢细胞原代培养的探索，以二化性青六号品种的解除滞育蛹，当卵巢管发育至中期，用Grace基础培养基增补20% FBS和20%柞蚕血淋巴，27℃培养7~10d，部分更换新培养基，组织块周围游离出细胞并形成细胞单层，存活可达4~6个月（刘淑珊等，1988）。将ApNPV重组载体转染柞蚕卵巢培养细胞，构建了柞蚕NPV载体与昆虫细胞宿主的表达系统（张春发等，1992）。利用柞蚕卵巢原代细胞也开展了柞蚕微孢子虫（*Nosema pernyi*）的感染增殖及生活周期研究（李健男等，2005）。此外，武汉病毒研究所建立了一株连续生长的柞蚕成虫卵巢细胞株Ap-4，在TC-100培养基中加入20% FBS和5%的蓖麻蚕血淋巴于26℃培养，该细胞株的群体倍增时间为67h，改良后也可在无血清的培养基SF-900Ⅱ中生长（梁布锋和刘明富，1997）。

六、柞蚕种质资源分子生物学研究

（一）柞蚕种质资源分子系统学

柞蚕种经过长期的自然选择和人工选择，逐步形成了具有独特的生物学特性和经济学性状，选育出了适应当地生态条件和饲养条件的柞蚕品种。我国现保存有100多个柞蚕品种和材料，根据幼虫5龄期的体色将柞蚕划分为青黄蚕血统、黄蚕血统、蓝蚕血统和白蚕血统，根据化性将柞蚕划分为一化和二化等。基于随机扩增多态性DNA（RAPD）技术研究发现，柞蚕不同品种基于RAPD引物扩增的多态性在80.47%~90.88%，柞蚕种质资源的遗传差异较小，亲缘关系较近，且遗传聚类与体色之间的相关性不大，而与地理分布、产地等密切相关（宋宪军等，2004；刘彦群等，2006）；与其他蚕类比较，在物种水平上，柞蚕和家蚕具有高水平的遗传多样性，蓖麻蚕较低，而在品种水平上，柞蚕遗传多样性最高，家蚕最低（Liu 等，2010）。基于 ISSR 技术对柞蚕品种遗传多样性的研究同样表明，柞蚕品种的聚类与体色之间没有相关性，且在柞蚕杂种优势分子遗传机制研究具有利用价值（李敏等，2007）。从柞蚕 cDNA 文库中筛选到了 71 个 SSR 位点，平均 5. 2kb 有一个 SSR 位点（郑茜茜等，2016），这些分子水平遗传标记能够为柞蚕品种资源遗传多样性分析和分子遗传图谱构建奠定基础。

（二）柞蚕体色研究

柞蚕幼虫体色受控于不同染色体上的黄绿色 G（g）、黄色 Y（*y*）、红色 R（*r*）、蓝色 B（*b*）4 个基因，且非等位基因间存在互作关系。红色血统品种鲁红的基因型为 *RrYYGGbb*，其纯合体 RR 在胚胎期因显性纯合致死。以小杏黄为代表的黄蚕血统品种的基因型为 *rrY_ G_ bb*，以青 6 号为代表的青黄蚕血统品种的基因型为 *rryyG_ bb*，以青皮为代表的绿色血统品种为 *rryyG_ B_*，蓝色血统品种胶蓝的基因型为 *rryyggBB*，唯一的白色血统品种小白蚕的基因型为 *rryyggbb*。且 *Y*、*G*、*B* 基因均表现为不完全显性遗传，纯合体颜色略深，其中 *Y* 为主效基因，而隐性体色基因对柞蚕幼虫体色起淡化作用（刘治国等，1999；张博等，2018）。通过柞蚕青黄与黄色幼虫体壁转录组数据库，筛选到参与昆虫体色形成的胆绿素还原酶（*ApBVRB*）基因（苗隆等，2019）。利用 Solexa 方法完成鲁红的红、黄幼虫体壁的转录组测序，筛选到涉及昆虫黑色素、眼色素、蝶呤和尿酸合成路径的关键基因的同源基因 31 个，基因序列一致性 66%~81%。

不同体色柞蚕幼虫的血淋巴颜色差异较大，脂肪体的颜色也存在差异，中肠和丝腺的颜色无差异（谢璐，2020）（图 2-1）。

不同体色柞蚕幼虫含有的类胡萝卜素种类非常相似，对 6 种不同的柞蚕体色品种进行色素种类测定。类胡萝卜素含量从高到低分别是青 6 号、鲁红（黄）、小白蚕、鲁红（红）、胶蓝；叶黄素含量青 6 号是胶蓝的 5 倍；青 6 号中紫黄质和新黄质的含量分别是胶蓝的 12. 11 倍和 11. 43 倍；青 6 号中的其他次要色素含量也高于胶蓝，比如 α-胡萝卜素，β-隐黄质和花药黄质（谢璐，2020）。

（三）柞蚕基因组

1. 柞蚕线粒体基因组

孙玲等（2008）对 22 个柞蚕品种的线粒体细胞色素 *Cyt b* 片段进行扩增，长度 500bp 左右，22 个品种可以分为两组，两组之间仅在 294bp 处有一个差异位点，表明不同品种之间在线粒体序列上高度一致。

柞蚕品种豫早 1 号的线粒体基因组全长 15 566bp，基因组成与顺序与已知的鳞翅目昆虫线粒体基因组一致：13 个蛋白编码基因、22 个 tRNA 基因、2 个 rRNA 基因和 1 个主要的非编码区，这个主要的非编码区因其极高的 AT 含量在昆虫上也称为 A+T 富集区。柞蚕的 $tRNA^{Met}$ 基因也发生了转位，变成了 $tRNA^{Met}$-$tRNA^{Ile}$-$tRNA^{Gln}$ 的顺序。柞蚕线粒体基因组主链的碱基组成严重的偏向于 A（39. 22%）和 T（40. 94%），二者合计占到整个基因组的 80. 16%。柞蚕 A+T 富集区全长 552bp，其 AT 含量高达 90. 40%。序列

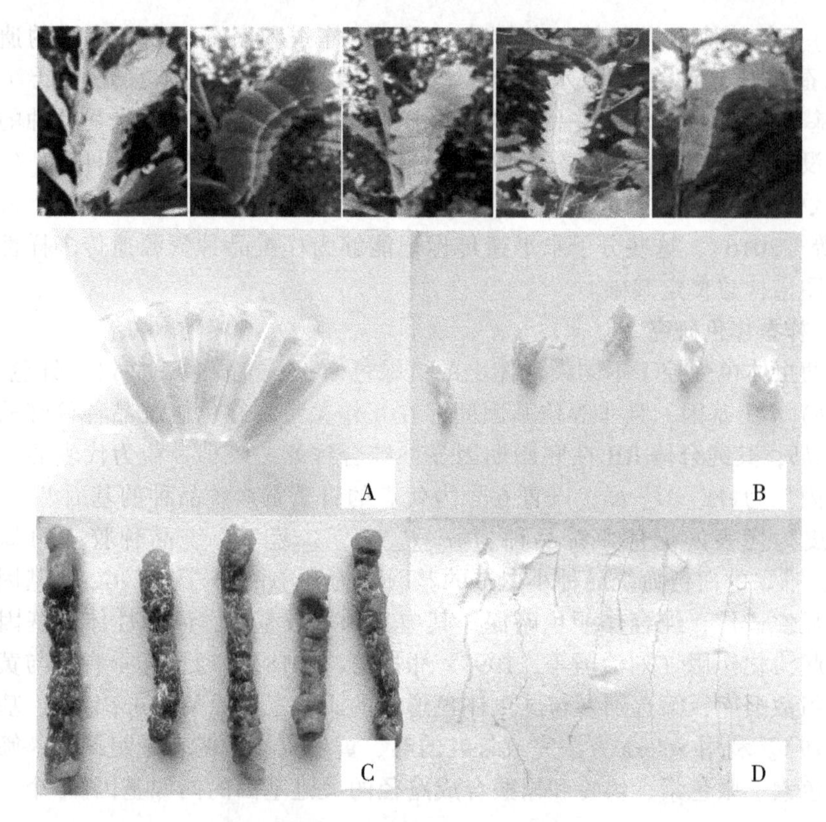

图 2-1　5 种不同品种柞蚕的体色及五龄幼虫的血淋巴（A）、脂肪体（B）、中肠（C）、丝腺（D）

分析表明，柞蚕 A+T 富集区可以划分为 3 个部分。第 1 部分共 53bp，位于 *srRNA* 基因与中间的重复区域之间，其包含一个 19bp 的多聚 A（poly-A）。第 2 部分包括 6 个重复单元序列，该重复单元包含一个约 20bp 的核心保守区，两侧均有 9bp 的精确反向重复序列相连。第 3 部分共 278bp，介于中间的重复区域与 $tRNA^{Met}$ 基因之间，包括一个高度保守的多聚 T（poly-T）（Liu 等，2008）。

线粒体 DNA（mtDNA）进化速率较核基因快且基因组结构相对简单，被广泛应用于昆虫群体遗传学及分子系统学等研究，越来越多的泌丝昆虫线粒体基因组被测序并提交至 GenBank 数据库，从 2010 年的 11 条增至目前的 127 条。柞蚕属线粒体基因组全序列共提交 13 条，其中柞蚕线粒体基因组 6 条，全长 15 537～15 572bp，均包含 37 个编码基因和 1 个非编码 AT 富集区。

柞蚕野生型和放养型（豫早 1 号）的线粒体 12S rRNA 基因组的部分序列（427bp）测定结果表明，野生型与放养型 12S rRNA 基因片段序列完全一致。对柞蚕属、樗蚕属、蚕蛾属 9 种泌丝昆虫的 12S rRNA 分析表明，3 个属都是单系起源，以 12S rRNA 构建的 UPGMA 树表明琥珀蚕 *A. assamensis* 是柞蚕属的较原始类型，而近邻结合法（Neighbor-joining，NJ）、最大进化法（maximum evolution，ME）和最大简约法（Maximum parsimony，MP）建立的进化树均支持波洛丽柞蚕是较原始的类型（刘彦群等，2008）。朱绪伟等（2008）测定了采自我国云南省曲靖县的野生柞蚕（云南野柞蚕，*A. pernyi* Wild）线粒体细胞色素酶 C 亚基 I 基因 5′ 端的部分片段（658bp，GenBank：EU532613），并利用该 DNA 条形编码探讨其分类学地位。基于 Kimura-2-Parameter 计算的 4 个放养型柞蚕品种之间的平均遗传距离仅 0.003，而云南野柞蚕与放养型柞蚕之间的遗传距离为 0.016，小于已确定分类学地位的放养型柞蚕与分布于印度的洛丽柞蚕 *A. roylei* 之间的遗传距离（0.028），但与家蚕 *B. mori* 同其祖先中国野家蚕 *B. mandarina* China 之间的遗传距离相近（0.015）。NJ 树中云南野柞蚕与放养型柞蚕也最先聚在一起，从分子水平证实其仍属于柞蚕种。Hwang 等（1999）分别用 12S 和 16S rRNA 及 *COI* 基因对柞蚕和天蚕等进行系统发生分析，表明柞蚕属为单系起源。洛丽柞蚕（*A. roylei*）和波洛丽蚕（*A. proylei*）控制区中也含有由 6 个 38bp 的重复单元串联组成的重复序列，而其他大蚕蛾科昆虫中不存在该类单元。推测重复单元是在 *A. pernyi* 和 *A. roylei* 从大蚕蛾科分化后而插入形成的。并且通过 12S、16S rRNA、COI 和 CR 的系统发生分析也显示 *A. pernyi* 和 *A. roylei* 是新近分化形成的种（Arunkumar 等，2006）。然而上述研究结果与基于表型性状和染色体组型及转录间区 1（internal transcribed spacer DNA1）序列的琥珀蚕是柞蚕属较原始类型的结果不完全一致；由于 *A. proylei* 是 *A. pernyi* 和 *A. roylei* 的杂交固定种，因此上述研究结果还有待于进一步探讨。

2. 柞蚕核基因组

由辽宁省蚕业科学研究所牵头，沈阳农业大学生物科学技术学院、辽宁省农业科学院大连生物技术研究所、吉林省蚕业科学研究院、河南省蚕业科学研究院、黑龙江省蚕业研究所组成的柞蚕基因组研究联合攻关项目组与深圳华大基因科技服务有限公司携手，于 2014 年 4 月完成了柞蚕全基因组从头测序工作。通过对原始测序数据的校对和整理，最终得到 128×的高质量基因组数据，经组装后，柞蚕基因组大小约为 647Mb，Contig50 的长度为 32.8kb，Scaffold N50 为 321.2kb，柞蚕基因组平均 GC 含量在 35%左右，编码15 402个基因，其中 14 221 个基因被注释功能，占比达到 92.33%。柞蚕基因组测序工作选取历经近百代的自交提纯与互交复壮的品系胶兰作为试验对象，但该物种杂合率仍超过 6‰。为降低物种复杂性带来的组装干扰，加深了大片段测序的深度，在高杂合、高重复的情况下，使得组装指标达到了精细图标准。通过注释发现，该物种的重复序列含量较高，尤其是转座子（transposable element，TE）中的长散在重复序列（long interspersed nuclear elements，LINE）和 DNA 含量远高于一般动物，这可能是导致该物种基因组增大的原因。

采用三代测序表明，柞蚕基因组大小为 720.67Mb，其中约 441.75Mb 占总量的 60.74%为重复序列。21 431 个编码基因，其中 85.22%能够被注释。比较基因组学表明柞蚕与天蚕（*A. yamamai*）从其共同的祖先分离大概在 3 000万年前（Duan 等，2020）。

第三节　柞蚕的器官及其生理机能

柞蚕器官包括体壁、消化、循环、排泄、呼吸、神经、肌肉、丝腺、内分泌腺和生殖等系统，所有这些内部器官组成了一个复杂的体系。由于幼虫期是柞蚕个体发育中唯一的取食阶段，也是迅速生长阶段，必须摄取和贮存大量的营养，因此幼虫的消化器官特别发达，消化吸收作用极其旺盛。5 龄后期，丝蛋白合成分泌器官丝腺极度生长，变成体内最大的器官，吐丝营茧完毕后丝腺即开始萎缩，在蛹期和蛾期仍有丝腺残体存在。蛹期主要完成幼虫期向成虫期的组织器官改造和新建，幼虫器官组织发生解离，部分幼虫组织器官改造为成虫组织器官，成虫器官芽迅速发育成为新的成虫器官。蛾期主要的生命活动是交配繁殖，故其生殖器官及飞行运动器官十分发达。

一、体壁

体壁是蚕体最外层的组织，具有保护内部器官和保持体形的作用，还能防止体内水分蒸发以及阻止有害物质（病原菌、化学物质）入侵。体壁是运动肌着生的地方，体壁构造又具有延展性和弹性，因此对蚕的运动起着很大的作用。

体壁由底膜、真皮和表皮三层构成。底膜位于最内层，是一层透明的无细胞结构薄膜，有保护真皮的作用。真皮是第二层，由单层真皮细胞组成。表皮位于最外层，本身又由三层构成，由外而内分别称为上表皮、外表皮和内表皮，其中以内表皮最厚，约占表皮的 4/5，外表皮次之，上表皮最薄。

上表皮的化学成分主要是蜡质和脂蛋白，上表皮又可分为护蜡层、蜡层和脂腈层。外表皮和内表皮均由蛋白质和几丁质组成，但外表皮中的蛋白质已鞣化变性，成为坚硬而不溶性的蛋白质。体壁坚硬的部位含有大量的这种变性蛋白质，而在节间膜或其他比较柔软的部位外表皮中极少或不存在。起蚕、嫩蛹以及刚羽化的蛾均因外表皮尚未充分鞣化而柔弱极易破伤。在内外表皮中长有很多体壁衍生物，包括非细胞性突起和细胞性突起两类。密布幼虫体表的无数微小刺突即属于非细胞性突起，细胞性突起则由真皮细胞参与突起的形成，如幼虫体表的刚毛、枝刺和蚕蛾体表的鳞片等。幼虫期存在的 15 对蜕皮腺（1~3 胸节和 1~9 腹节的背面两侧各有 1 对，另 3 对在胸足的基部）系由真皮细胞特化而成。

根据色素所在部位的不同，柞蚕的体色分为表皮色和真皮色两大类。表皮色由存在于外表皮中的黑色素等类物质形成，如上颚、趾钩、蛹壳等部位的颜色。构成真皮色的色素均存在于真皮细胞内，柞蚕幼虫的各种体色即属于这一类。

蛹和蛾体壁的构成与幼虫相比有些不同，在内、外表皮之间存在一层中表皮层。柞蚕蛹蜕中氨基酸含量为 21.9%，其中精氨酸含量最高，人体必需氨基酸占蛹蜕中氨基酸含量的 33.62%。

二、消化器官

柞蚕的消化器官由消化管和涎腺组成。幼虫期为唯一取食阶段，因此幼虫期的消化器官特别发达。成虫期由于不取食，消化器官发生退化，其生理功能也发生根本转化。幼虫的消化管是一条由口腔至肛门纵贯体腔中央的管道。根据发生、组织构造和生理功能的不同，消化管分为前肠、中肠和后肠 3 部分。

（一）前肠

前肠是消化管的最前端，始于口腔，止于前胸后缘。因构造和机能的不同，前肠又分为口腔、咽喉和食道三部分。

口腔是前肠的前端部分，其前部较开张，外观略似漏斗。口腔前端被上颚封闭，其后部与咽喉相连。叶片由上颚咬下后即在口腔内与由涎腺分泌的涎液相混合，进而被咽入咽喉。咽喉前接口腔，后连食道，整个咽喉位于头腔内，是吞咽食物的过道，其外形为一中间粗、两端细的短小管道，在脑前部位的管壁具 4 条纵褶内陷，在脑后部位的管壁具 6 条纵褶内陷，有利于食叶时咽腔的扩大。食道位于前胸胸节内，前接咽喉、后连中肠；其前端较细，向后渐扩大，略呈漏斗形。食道容积较大，是暂时贮存食物的场所。贲门瓣是位于食道与中肠交界处的瓣膜构造，分为背片和腹片，背片比较发达，其中间形成缩盖，故背片似又分为左右两片。在功能上贲门瓣具有防止已进入中肠的食物倒流至前肠的作用。

前肠上皮细胞无分泌消化液和吸收营养的作用，主要机能是吞咽食物并运送至中肠。每次幼虫蜕皮时前肠内膜也随之更新，旧内膜随同体壁旧表皮一并蜕去。

（二）中肠

中肠前连食道，后接幽门区，其位置起自中胸，止于第 6 腹节中部。中肠是消化管最发达的部分，外观呈长筒形，直径大于前、后肠，长度达蚕体的 1/2。中肠表面具有很多横皱，其后端 1/3 部位横皱更为发达。中肠形成大量横皱，导致表面积更加增大，从而增强了中肠的消化吸收作用。

中肠起源于内胚层，自外而内由底膜、上皮细胞层和围食膜所组成，外围包有肌肉层。底膜为一层无细胞结构透明薄膜，包在上皮细胞的外面，具保护上皮作用。食物的消化吸收主要是中肠上皮细胞的作用，在形态构造上中肠上皮细胞层也相应地特别发达，细胞排列拥挤，致使上皮形成很多横皱。中肠上皮细胞根据其形态和机能分为筒形细胞、杯形细胞和再生细胞。围食膜是一层位于上皮细胞内的长筒形透明薄膜，其前端固定在贲门瓣基部，向后一直延伸到中肠末端。围食膜与中肠上皮十分靠近但不贴合。围食膜由中肠上皮细胞所分泌，本身又由数层构成，主要含有几丁质和蛋白质，蛋白质含量约占 40%，与几丁质骨架紧密结合。围食膜具有保护上皮免受肠腔内食物直接擦伤的作用，同时也能防止病原菌侵入中肠上皮层。围食膜随幼虫生长而增长，但在眠期和熟蚕期围食膜都要破裂，在眠起后随粪便排出，代之以由中肠上皮重新分泌的容积相应增大的新围食膜，所以围食膜每龄都更新一次。

（三）后肠

后肠是消化管的最后一部分，其前端与中肠相接，后端开口即为肛门。根据形态和功能的不同，后肠又可分为幽门区、结肠和直肠三部分。

幽门区是后肠的前端部分，位于第 6 腹节后半部，前接中肠，后连结肠，直径前大后小，略呈漏斗状；在幽门区的狭颈部位，其内壁内褶成瓣状构造，称为幽门瓣，通过幽门瓣的启闭活动，可以控制中肠食物进入后肠；在幽门瓣闭合时，来自马氏管的排泄物仍可进入后肠，因其开口恰在幽门瓣之后。结肠前接幽门区，后连直肠，位于第7、8两腹节内。结肠中部有一个较深的缢束，将结肠分为两部，分别称为第1和第2结肠。结肠本身还形成6个纵走深褶，故外观结肠似呈6瓣橘囊状构造。直肠是消化管的最后一段，中间膨大，后部渐小，外观呈坛形，其末端开口即为肛门。直肠前部肠壁上也有6个纵走深褶。在直肠前缘两侧，6条马氏管穿过肠壁，迂回盘旋在直肠壁内，并以盲端告终。

结肠和直肠具有从食物残渣中大量吸水的机能。来自中肠的食物残渣和由马氏管运来的代谢终产物，通过结肠环肌强有力的收缩作用以及吸水作用，在结肠内形成粪粒雏形，继而经过直肠肌的作用和直肠进一步吸水，最终形成了六棱柱形的干粪粒，经由肛门排出体外。

（四）涎腺

涎腺是一对浅黄色腺体，前端开口在上颚基部，向后沿咽喉及食道腹面两侧延伸，止于前胸后端，具2~3个曲折。涎腺分泌的涎液呈弱碱性，含有糖酶，故涎腺也起部分消化作用。此外，涎液尚可湿润食物，便于吞咽。涎腺内膜在每次蜕皮时也要更新，旧内膜则解体破坏。

成虫的消化管也分为前肠、中肠和后肠三部分。前肠大部分变为细管状，但与中肠相接的部位形成壁薄而透明的嗉囊，囊内充满主要含有$KHCO_3$的弱碱性液体以及来自中肠的溶茧酶。成虫中肠较小，略呈扁椭圆形，其上皮细胞能合成溶茧酶。后肠除直肠呈囊状外，其余部分呈管状。整个蛹期排泄的代谢废物积存在直肠内，在蚕蛾羽化后由肛门排出，俗称蛾尿，排量约1ml。

三、食物的消化和吸收

（一）柞蚕的取食和食下量

柞蚕是多食性昆虫，除取食柞叶外，尚能取食其他多种植物。蚕对饲料之所以有选择性，是由于饲料内存在着引诱并促进取食的因素和抑制其取食的忌避物质。促进取食的因素有诱食因素、咬食因素和吞咽因素三类。由于柞叶等饲料内含有这三类物质，从而促使幼虫持续取食。在柞蚕的人工饲料成分中必须包含这类促进取食的物质，如谷甾醇、蔗糖和纤维素等，幼虫才能正常持续取食。

柞蚕自1龄起即从柞叶叶缘开始咬食。健康的小蚕食后仅留下主脉，而弱蚕常留下部分支脉或残叶。所以从食叶情况也可大致判断小蚕的健康程度。蚕昼夜都取食，但受温度、光照影响较大。柞蚕多在室外放养，其取食次数在夜间和阴雨天因低温影响常少于日间和晴天。

蚕的食下量是指某段时间实际吃掉的柞叶量。春季柞蚕全龄食下量30g左右，秋季全龄食下量50g左右，而且5龄期的食下量占全龄80%左右。

（二）食物的消化和吸收

中肠是食物消化吸收的场所，无论在组织构造上或者在生理机能上，中肠均为食物的消化吸收提供了适宜的条件。食物中除小分子营养物质可被中肠上皮细胞直接吸收外，蛋白质、脂肪和糖类等大分子营养物质必须经中肠上皮细胞所合成和分泌的有关消化酶分解为较小的分子后才能被吸收利用。

1. 中肠液的理化性质

中肠液是略带黏性的浅黄绿色透明液体，遇空气即被氧化变成黑褐色。中肠前段2/3部位分泌的肠液呈强碱性、pH值在10.5~10.7，后端1/3部位分泌的肠液则接近于中性、pH值约为7.1。肠液的pH值只是相对的稳定，因饲料性质、生长发育时期和健康状况等而有一定变化。

肠液之所以能保持较稳定的酸碱环境是因为肠液具有较强的缓冲作用，肠液保持强碱性对防病有重要意义，一般进入中肠的致病微生物大多因肠液的强碱环境而被杀死或抑制。

2. 中肠消化酶

中肠消化酶由中肠上皮细胞合成和分泌，根据存在部位和机能不同，分为细胞外酶和细胞内酶。细胞外酶存在于中肠液内，主要分解大分子有机物，其适宜环境为生物强碱性；细胞内酶分布于中肠上皮细胞内，主要分解进入细胞内的小分子有机物，最适环境近中性。中肠上皮细胞合成分泌的消化酶有蛋白酶、糖酶和脂肪酶等，在这些消化酶的催化下，营养基质被分解为较简单的小分子化合物。

肠液中的蛋白酶为类胰蛋白酶，作用是将蛋白质水解为较简单的肽类化合物，柞蚕中肠液的强碱环境正适合于类胰蛋白酶的要求。肽类化合物在中肠上皮细胞内进一步水解为氨基酸，由中肠细胞进入血淋巴的蛋白质水解产物几乎全部为游离氨基酸，这与家蚕有所不同。

饲料中的糖类仅葡萄糖、果糖等单糖能直接被中肠吸收，二糖（蔗糖、麦芽糖等）和淀粉等必须在有关糖酶的作用下分解成单糖后才能被吸收利用。中肠不含纤维素分解酶，食物中的纤维素不能被消化吸收。蔗糖酶和麦芽糖酶主要存在于中肠上皮细胞内。

脂肪酶作用于脂肪酸甘油酯，从柞蚕蛹的脂肪体中克隆得到3个脂肪酶基因，他们具有昆虫脂肪酶家族的保守结构与活性位点（方素云等，2014）。另从柞蚕肠道中克隆得到的1个脂肪酶基因，在5龄幼虫中肠和脂肪体组织中表达较高（刘微，2016）。有研究表明增量表达家蚕脂肪酶基因的转基因家蚕品系，具有抵抗BmNPV的能力（金盛凯等，2012）。柞蚕体内的这些脂肪酶基因在不同病原物的诱导下均出现了表达量的升高，除了消化功能以外，脂肪酶也可能与免疫抗性相关。对柞蚕核酸酶尚欠研究。

3. 食物的消化和吸收

食物的消化实际包括机械消化和化学消化两个过程。机械消化过程主要包括对叶片的啮咬、吞咽、运输以及和消化液混合，食物在消化管内通过肠壁有节奏的蠕动由前向后运输，食物在消化管内的移动速度是比较缓慢的。食物化学消化过程主要在中肠内进行。当食物由前肠进入中肠后，叶片细胞由于机械的破坏和碱性消化液的作用，细胞失去半渗透性能，肠液消化酶渗入到叶片细胞内部水解营养物质。经消化后的营养物质主要在中肠后段1/3部位被吸收，未经消化吸收的残余物质则经过幽门区进入结肠，在结肠肌作用下，大量液汁从食物残渣中被压出，一部分由于后肠的强烈收缩而反流回中肠再进行吸收，而存留在结肠中的残渣便和来自马氏管的代谢终产物形成粪便的雏形，被运入直肠，在此进行水分再吸收，最终形成成型的粪粒，由肛门排出。

蚕的消化量随龄期增大而增加，消化率则随龄期的增加而减少。体重随龄期而迅速增加，个体的食下量和消化量必然也随龄增大；5龄期的消化量占了全龄的绝大部分，这与5龄除本身生长发育所需外，尚需为其他发育阶段积累大量营养物质有关。同一龄期，消化量在盛食期前逐日增加，盛食期后显著减少。而消化率在一个龄期内的总趋势是逐日减少，至5龄后期这种趋势更明显。从消化率来看，柞蚕对饲料的利用率是比较低的，提高柞蚕的饲料利用率存在着一定潜力。不同品种间对饲料的利用率存在很大的开差，根据此特性可选育高饲料效率的柞蚕新品种。

四、循环器官

柞蚕的循环系统同其他昆虫一样是开放式的，各种器官组织都浸浴在血淋巴中。血淋巴不仅是重要的中间代谢场所，而且对营养物质的贮存和运送、内部生理环境的保持、压力的传递以及对外来病原微生物的吞噬和免疫等都具有重要作用。

（一）背血管

背血管是一条纵贯在体腔背面中央的管状器官，起自头部大脑下前方，止于第9腹节，其直径由前而后逐渐增大。背血管源出中胚层，在组织构造上主要由横纹肌组成，管壁的内、外层均有一层由结缔组织形成的弹性很大的薄膜，能抗血流的摩擦，对肌层有保护作用。

背血管可分为大血管和心脏两部分。大血管是背血管的前端部分，开口在脑下，止于前胸，是一条匀直的细管，管壁肌肉层较薄。背血管自中胸以后的部分为心脏，以盲端终于第9腹节。心脏背壁按体节向背面呈峰突状鼓起，外观上呈波浪状，其腹面则较平直。

蛾的背血管大致与幼虫相似，但大血管较长，由头壳延伸至后胸，在中胸处有一小血窦，它对血淋巴的循环流动起一定的作用；心脏位于1~7腹节。

（二）血淋巴

1. 血淋巴的组成

血淋巴约占体重的1/4，由血浆和血细胞组成。血浆透明浅绿，有黏滞性。血细胞大致可分为4类，即原白细胞、吞噬细胞、小球细胞和类绛色细胞。原白血球是尚未分化的血细胞，其他血细胞均由原白血球分化形成。在幼虫血细胞总数中，原白血球占20%~60%，吞噬细胞占20%~60%，小球细胞占16%~22%，类绛色细胞仅占2%~8%。成虫期，原白细胞已消失，吞噬细胞也显著减少。血细胞的功能主要是吞噬侵入体内的病原微生物及其他杂物，同时也具有愈伤的作用。

2. 血淋巴的理化性质

柞蚕血淋巴呈微酸性，其pH值不同发育时期虽有变化，但保持相对稳定的状态。

血淋巴的含水量约为90%，占蚕体总含水量的40%左右。血淋巴中含有大量的蛋白质，在5龄期，血淋巴蛋白质含量逐日增长，用以保证在成虫组织发生过程中对蛋白质的需要。

血淋巴中的糖类主要是海藻糖，而葡萄糖、果糖等含量很少，这是因为蚕体的血糖是海藻糖，当血淋巴中海藻糖被其他器官组织消耗利用时，可以由脂肪体新合成的海藻糖及时得到补充，从而血淋巴中的海藻糖含量经常保持在动态平衡状态；但在眠期和熟蚕期，血淋巴中海藻糖含量显著下降，因此时大量血糖和糖原被动用。

血淋巴中含有大量的无机盐类，这对血淋巴 pH 值和渗透压的相对稳定有重要意义。血淋巴还含有各种重要的酶类，包括蛋白酶、糖酶、酯酶和氧化酶等，因此血淋巴也是蚕体的重要中间代谢场所。

（三）血淋巴循环

血淋巴的循环主要是由背血管搏动（心肌本身有节律的收缩和舒张）所引起。心脏由后向前有节律地呈波浪式搏动，从而使心脏内的血淋巴持续地向前流动，并经过大血管，由大血管的前端开口流入头腔，导致头腔血压增高，迫使血淋巴往血压较低的体腔后方流动；当血淋巴流至蚕体后部时，便从心门（主要是第 7、8 两腹节的心门）进入心脏，继续进行循环。在血淋巴循环过程中，血细胞并不进入心脏。

（四）血淋巴的功能

血淋巴是柞蚕中间代谢的重要场所，积极参与物质的转化代谢，通过血淋巴循环输送营养物质、激素及代谢终产物；血淋巴含有吞噬细胞和抗体物质，参与体液免疫和细胞免疫作用；血淋巴能传递压力，对蚕的蜕皮、蚕蛾羽化、幼虫爬行等均具有重要作用；血淋巴具有 pH 缓冲和调节渗透压作用，从而保证代谢活动的正常进行；血淋巴还能贮存一部分营养物质供代谢需要，在眠期或饥饿时动用。

五、脂肪体

脂肪体是疏松柔软、白色片状或带状组织，本身并不形成一个完整连续的结构，而是散布在体腔各部位，并常由结缔组织缀连一起。在脂肪体组织之间，还分布有丰富的气管，不仅对脂肪体细胞充分供氧，而且有固定脂肪体位置的作用。脂肪体不仅是贮存营养物质的组织，还是物质中间代谢的重要场所。脂肪体是合成并贮存糖原的主要组织，蚕在眠期和结茧期所消耗的糖类物质主要是脂肪体内的储存糖原。糖原的合成过程在 5 龄中后期尤其显著。当蚕体需要时，脂肪体内的糖原分解为葡萄糖，再进一步转化成血糖-海藻糖参与有关的代谢过程。

海藻糖在脂肪体内合成后被释放到血淋巴中。当血淋巴中海藻糖被其他器官组织耗用时，脂肪体即重新合成海藻糖以补充血糖之不足，从而使血糖含量经常保持在动态平衡水平。

脂肪体也是蚕体合成和储存脂肪的主要场所。脂肪的大量合成主要在 5 龄期，供作蛹期代谢消耗。脂肪的消耗，胚胎主要在发育阶段后半期，幼虫阶段在眠期，整个蛹期尤其在后半期要消耗大量脂肪。

脂肪体也参与蛋白质和氨基酸的代谢。血淋巴中的蛋白质主要由脂肪体合成，柞蚕丝素的最主要成分丙氨酸很大一部分是由脂肪体所合成。蚕体主要以形成尿酸的方式来排除氮素代谢产物，在柞蚕的脂肪体内存在有生成尿酸所必需的黄嘌呤氧化酶。

六、排泄器官

柞蚕的排泄器官是马氏管。马氏管开口在幽门瓣后腹面两侧，管内排泄物由这两个开口进入后肠，再随同食物残渣以粪粒形态排出。马氏管基部膨大呈囊状，称为膀胱。左右膀胱各发出一根很短的共通管，由共通管再经两次分支而形成背支、背侧支和腹支共3对马氏管，其中背支沿中肠背中线两侧向前延伸至第2腹节中后部再向后折回，背侧支的折回点则在第2腹节前缘部位，腹支的折回点与背支相似。这3对马氏管在幽门区和结肠部位形成很多弯折，然后再插入直肠前端两侧的肠壁内；在直肠壁内马氏管又回曲盘旋形成隐肾管，最后以盲端告终。

柞蚕马氏管呈鲜黄色，其向前延伸部分外形略呈波纹状，向后折回的管壁则形成交叉的乳头状突起，在结肠部位这种突起尤其明显，肉眼即可辨认。这种特殊的突起可以大大增加管壁的表面积，从而增强从血淋巴中对代谢终产物的吸收和排泄。

柞蚕成虫的马氏管也由6条支管组成，但表面比较平滑，且6条支管全部游离在蚕蛾腹腔中。马氏管内的排泄物向基部开口作单向流动，其动力来自几个方面，包括管壁本身对排泄物的压力，直肠肌肉对穿行在直肠壁内的马氏管的压力以及膀胱肌肉收缩作用对排泄物的抽吸力。

由马氏管排泄的含氮排泄物以尿酸为主。对柞蚕蛾尿的分析表明，干物约占5%，干物中尿酸含量达26.2%，游离氨约0.6%，氨基酸约31%，而尿素仅微量。马氏管排泄大量草酸钙以及少量无机盐类（如碳酸盐和磷酸盐等）。

幼虫在每次蜕皮时，马氏管内的尿酸盐和草酸盐排至后肠新旧两层内膜之间，并经由肛门周缘分布至蚕体新、旧表皮之间，致使眠起后在起蚕体表覆有一层粉末状结晶，而马氏管内几乎无排泄物。

七、呼吸器官

柞蚕通过气门和气管系统进行呼吸。气管在胚胎时期由外胚层沿蚕体两侧发生的内陷发展而成，陷口部位构成了控制气体出入的气门，而内陷的管道则不断分支，形成了分布到体内各种组织器官复杂的气管系统。

（一）气门

气门位于蚕体两侧，幼虫期一共9对，即前胸1对，腹部1~8节各1对；在中后胸之间的两侧节间膜部位尚有1对退化气门。气门外观呈椭圆形，周围一圈较硬化的表皮称气门片，起加固作用。气门里面为由体壁内陷而成的气门室；在气门片内缘长出两列相向的表皮质突起，在气门中间接合；突起上还长出很多短细分支，其上又密生短毛，这就构成了具有无数微孔隙的“滤器”，空气可自由通过，而尘埃或病原物被阻挡在外。在气门室壁上具有控制气体进出的启闭构造。

（二）气管

在每个气门内气管分支成丛，构成了蚕体两侧的9对气管丛，气管丛又不断分支，形成了遍布体内复杂的气管网。气管在分支过程中直径越分越小，直至最后分布到细胞时，管径尚不到1μm，这种极其微细的气管末梢称为“微气管”，组织细胞的气体交换就是通过微气管直接进行的。

蚕体内气管系统的分布大致分为纵走和横走两大类。纵走气管以纵贯蚕体两侧的一对侧纵干为最主要，侧纵干直径大，又接近气门，是气体交换的主要通道。横走气管由气管丛发出，向体腔背面发出的称背气管，分布到蚕体背面的肌肉、背血管和脂肪体等器官组织；向腹面发出的称腹气管，分布至腹面的肌肉、腹神经索和脂肪体等；向体腔中央发出的称脏气管，分布到位于体腔中央的消化管、马氏管、脂肪体和生殖器官等。气管在组织上与体壁相似，但层次相反，外层为底膜，中间是由一层扁平多角形细胞组成的管壁细胞层，内层为内膜，相当于体壁的表皮。气管内膜也分为3层，相当于外表皮的中层内膜特化成环绕气管壁的螺旋丝，这个结构大大增加了气管壁的弹性和延展性，使气管始终保持扩张的状态，保证气体在气管内畅通无阻。柞蚕幼虫气管的螺旋丝为白色，蜕皮时气管内膜也随旧表皮同时蜕去，并由气管壁细胞重新分泌直径相应增大的新内膜。

蛾的气管系统与幼虫类似，也十分发达。

（三）蚕的呼吸

空气中的氧气由气门进入气管后，通过扩散作用经主气管、支气管，最后由微气管进入组织细胞内，参与细胞内的物质氧化。CO_2的排除主要也是通过扩散作用经气管系统由气门排出，但一部分CO_2（为总量的1/4~1/3）经由体壁向外扩散。

蚕的呼吸量因发育阶段而异。在卵期，无论以个体计或单位卵重计，呼吸量均随胚胎发育而渐增，柞蚕卵在胚胎发育的初期，呼吸量增加幅度并不显著，但后期的增长幅度就比较明显，说明卵的呼吸强度与胚胎发育的进程是一致的。

幼虫的呼吸量随蚕龄而增加，尤其大蚕期增加幅度十分显著；但就单位体重呼吸量而言，则情况完全相反，即蚕龄越小，呼吸强度越大，而且梯度差也越大，这就说明，蚕龄越小，新陈代谢也越旺盛。同一龄期，呼吸量以盛食期最大，起蚕和催眠期较小，眠期最小。蛹期（非滞育蛹）的呼吸量则前期高，中期低，后期又高，至羽化前又稍降，大致呈“U”形曲线，这一变化规律反映了蛹体内的生理变化过程。蛾期的呼吸量在交配前较高，交配后显著下降。

八、丝腺

柞蚕孵化后丝腺就有泌丝活动，但丝腺在前4龄并不发达，所泌的丝主要用于固定眠蚕的位置，丝腺的急剧生长主要在5龄后半期。5龄末期泌丝营茧完毕，丝腺便开始萎缩。

（一）丝腺的形态

柞蚕丝腺是成对的管状构造，按形态和机能的不同分为4个部分，即吐丝管、前部丝腺、中部丝腺和后部丝腺，另外还有1对菲氏腺。

1. 吐丝管

吐丝管位于头腔内，本身又可分为吐丝区、压丝区和共通区三部分。吐丝区位于最前端，是一根很短的细管，其端部开口即为吐丝口。压丝区是吐丝管的中段膨大部分，管壁厚而坚韧，管内径很小，背中线的管壁色深骨化，形成压杆；压丝区部位着生多组肌肉，控制着丝物质的流速和流量，调整丝的纤度，并将两股丝压合丝纤维。吐丝管的后段是较短的共通区，实际就是前部丝腺端部汇合的部分。

2. 前部丝腺

前部丝腺接在共通区之后，位于头腔至第3腹节腹面，直径较细且均匀，有几个弯曲。前部丝腺是丝液运输的通道，具有使丝液纤维化的作用；前部丝腺无泌丝机能。

3. 中部丝腺

中部丝腺位于第1~4腹节的背侧面，形成较多横折。中部丝腺并不发达，在5龄中后期直径远比后部丝腺细小。在机能上中部丝腺仅分泌丝胶，并无贮存丝素的作用，只是在营茧前才充满丝液。

4. 后部丝腺

后部丝腺位于第4~8腹节的背侧面，本身形成10多个粗大的横折；在营茧初期，长度约为体长的5倍多（37cm左右），直径约达1.5mm，是丝腺最发达的部分。后部丝腺兼有分泌并暂时贮存丝素的功能。

5. 菲氏腺

菲氏腺是一对葡萄串状腺体，其导管分别开口在前部丝腺端部背面。菲氏腺的生理机能尚不明了。

（二）丝腺的组织构造

丝腺在组织上由底膜、腺细胞和内膜三层构成，中央为腺腔。底膜是包在腺壁外面的一层透明而富有弹性的薄膜，具有保护作用；腺细胞呈长六角形，整个腺壁即由这些六角形腺细胞呈两列交错围抱而成；内膜在腺壁里层，含几丁质，前部丝腺的内膜较其他两部分厚；中、后部丝腺内膜具有很多微小孔道，丝胶和丝素即通过这些微孔泌入腺腔，内膜也具有保护作用。

（三）丝腺的生长

丝腺的生长在器官组织中有其特殊性，表现在丝腺体积的增大并不是通过腺细胞分裂增殖而是单纯由于腺细胞本身体积增大所致，腺细胞数目自小蚕到大蚕基本上一致。另外，丝腺生长速度与其他器官组织不同，即丝腺的生长以5龄期最快，而其他器官组织的生长速度则与龄期相反。

（四）茧丝生成和营茧

蚕的后部丝腺合成并分泌丝素，中部丝腺合成并分泌丝胶，前部丝腺无合成分泌机能，但对茧丝物质的纤维化有促进作用。丝蛋白质在丝腺细胞内合成后即通过内膜微孔以液态分泌至腺腔内。刚分泌到腺腔内的茧丝物质含水率很高，尚未纤维化。当丝素在腺腔内向前流动过程中，遇酸性较大的丝胶后聚合度随即增加；加上在流动过程中由于分子间的摩擦和分子的定向排列使丝素逐渐脱水而浓缩，从而黏度不断增大。在丝液经过前部丝腺时，丝素进一步纤维化；当丝物质由吐丝孔吐出时，通过头胸部的牵引，即凝固而成茧丝。

熟蚕在找到适当结茧场所后即开始吐丝营茧。首先吐少量丝将2~3片柞叶缀合成架，再泌丝形成茧衣，之后即伸出前部身体在小柞枝上制作茧柄，然后再回到茧衣内吐丝营茧。泌丝结束后，由肛门排出含有尿酸钙和草酸钙的液体（每头蚕2~5mL）涂抹在茧层上，充满纤维间空隙，增加保护作用，同时这也增加了缫丝时解舒的困难。

九、神经系统及内分泌系统

（一）神经系统

神经系统既是蚕体联系周围环境的组织，也是蚕体本身各种器官组织生活活动的协调中心。根据形态构造和生理机能的不同，蚕的神经系统分为三部分，即中枢神经系统、交感神经系统和外周神经系统。这三部分是作为一个相互密切联系的、完整的器官系统而存在的，但在生理功能上又有差别，其中中枢神经系统起主导作用。

1. 头部神经节

脑位于咽喉背面，外观似由2个半球体合成，有2条较粗的围咽神经连索环绕咽喉两侧与咽下神经节相连接。脑是蚕体神经活动的联系和协调中心。咽下神经节位于咽喉的腹面，向后有两根很短的神经连索与前胸神经节相连接。咽下神经节主要控制口器各部分的活动。

2. 胸部神经节

共3个，分别位于3个胸节的腹面，其间有神经连索相连。胸部神经节主要控制所在胸节的反射活动。中枢神经系统由脑和腹神经索组成，后者由咽下神经节、胸部3个神经节和腹部8个神经节以及这些神经节间的连索组成。

3. 腹部神经节

腹部神经节共8个，前6腹节每节1个，第7腹节由2个复合而成，神经节之间均有连索。这类神经节主要控制所在体节的反射活动，但最后一个神经节控制腹部最后3节的反射活动。

4. 感觉器官

蚕体感受外来刺激的感觉器官分为触觉、嗅觉、味觉和视觉四种。触觉感器主要分布在体表，多呈毛状，感受机械的刺激。嗅觉感器主要分布在触角上，感受气态分子的刺激。味觉感器分布在口器上，感受液态分子的刺激。幼虫6对侧单眼即为视觉感器。

蛾神经系统与幼虫期的区别主要表现在腹部神经节发生愈合，仅存4个。蛾的感觉器官与幼虫差异很大，触角十分发达。视觉器官为1对复眼，味觉感器因不取食而退化。

神经系统的基本构造单位是神经元，每一神经元是由神经细胞及其所发出的突起所组成，神经细胞的突起构成了神经纤维，分为轴突和树突。轴突仅1条，较长；由轴突发出的分支称侧支。轴突和侧支端部所发出的小分支称端丛。

神经元本身兴奋的传导是通过动作电位的变化而发生的。神经元之间的兴奋传导则是通过突触部位进行的，即当神经元轴突发生兴奋冲动后，由神经末梢释放出乙酰胆碱，后者作用于另一神经元而使之发生神经冲动，因此乙酰胆碱是神经元之间的兴奋传递介质。当神经元之间传导兴奋完成后，乙酰胆碱即在胆碱酯酶的作用下水解为乙酸和胆碱。

有机磷杀虫剂能抑制胆碱酯酶的活性，从而使作为兴奋传递介质的乙酸胆碱不能及时分解，导致乙酸胆碱大量积聚，使蚕处于过度兴奋状态，狂躁乱爬、晃动吐液，最后麻痹死亡。有机氯类杀虫剂也是破坏神经系统的正常生理机能。养蚕中应严防接触或接近剧毒农药。

（二）内分泌系统

柞蚕的内分泌系统包括神经内分泌和腺体内分泌两大类。柞蚕的神经内分泌系统有脑和咽下神经节，柞蚕内分泌腺中生理功能比较明确的有咽侧体和前胸腺两种。

1. 柞蚕的神经内分泌

（1）脑

脑位于柞蚕头部，其神经分泌细胞分泌多种神经激素，一般都为多肽，主要有促前胸腺激素、羽化激素等。这些激素控制着柞蚕其他神经细胞和腺体的分泌活动，从而调控柞蚕的生长发育。

1）促前胸腺激素（PTTH）　该激素是由大脑神经分泌细胞分泌，通过心侧体分泌到血淋巴中，通过血淋巴循环作用于前胸腺，促进前胸腺细胞核内 RNA 的合成及细胞质内蛋白质代谢活动的增强，激发前胸腺分泌蜕皮激素。秋柞蚕蛹前期分泌促前胸腺激素来促进蛹的初期发育，后逐渐停止分泌，从而导致蛹的滞育。柞蚕促前胸腺激素基因的 cDNA 编码一个 221 个氨基酸的激素前体，柞蚕脑中的 PTTH 是一个分子量为 30kDa 的蛋白质，氨基酸序列与家蚕和蓖麻蚕的 PTTH 同源性分别为 51%和 71%。用细菌表达的柞蚕 PTTH 注射柞蚕无脑蛹能够促进成虫发育。免疫细胞化学和原位杂交显示 PTTH 蛋白和其 mRNA 都定位于柞蚕脑侧方神经分泌细胞群（Ⅲ），从胚胎发育第 4 天至成虫期其含量在不同的蜕皮期基本没有差异。在柞蚕脑中表达对生物钟蛋白具有免疫活性的 1 对细胞也位于表达 PTTH 的柞蚕脑侧方神经分泌细胞群（Ⅲ）。双标记细胞免疫化学分析表明，PTTH 和生物钟蛋白是由不同的细胞表达的。对 PTTH 和生物钟蛋白分泌细胞进行精密解剖定位表明，这两类细胞群间的信息通路在控制 PTTH 的周期释放上有可能具有重要作用。

2）5-羟色胺（5-hydroxytryptamine，5-HT）　在神经突触内含量很高，是一种抑制性神经传递质。5-HT 的前体物质色氨酸在色氨酸羟化酶（tryptophan hydroxylase，TPH）催化下，在胞质内生成 5-羟色氨酸，5-羟色氨酸在 5-羟色氨酸脱羧酶作用下生成 5-HT 后贮存于突触囊泡，在特定条件下经突触末端释放到突触间隙，产生相应的生理效应。柞蚕 5 龄幼虫 5-HT 免疫阳性神经元分为 5 群，分别位于幼虫视觉中心、前脑中部、前脑前方、后脑前和后脑侧方，5-HT 阳性神经元胞体同样呈 TPH 免疫反应阳性。推测柞蚕蛹期是脑组织结构及 5-HT 神经元系统重建的关键时期，5-HT 作为神经递质可能参与调节视觉系统对光的敏感性以及昆虫的求偶行为。在柞蚕蛾的视叶与侧前脑间、前脑背方、中脑及咽下神经节也存在 TPH 免疫阳性反应细胞群。柞蚕蛾脑内视叶与侧前脑间的 TPH 阳性反应神经元数目最多，大多数为切向神经元。前脑背方的 TPH 阳性反应神经元通过突触与视叶及蕈形体发生联系，中脑存在 1 对 TPH 免疫阳性反应细胞，并与嗅觉神经发生联系；后脑及咽下神经节有 TPH 免疫阳性反应细胞向后脑发出树突状分支，咽下神经节腹前方有 1 对神经元，其胞体的 TPH 免疫组织化学阳性反应强烈，而 5-HT 阳性反应极弱。

柞蚕 5-羟色胺受体有 A 和 B，这 2 种 5-HT 受体的免疫反应与 PTTH 的 2 对神经分泌细胞均定位在大脑的前背外侧区，推测这 2 种 5-HT 受体可能参与 PTTH 的合成和释放。在长光照条件下（L：D=16：8，10d），5-HT 受体 B 的 mRNA 水平下降到激活前的 40%，而 5-HT 受体 A 却不受长日照的影响。无论在长日照（L：D=16：8）还是在短日照（L：D=12：12）条件下，注射 $dsRNA^{5HTRB}$ 导致滞育终止，然而注射 $dsRNA^{5HTRA}$ 却不影响滞育终止。注射 $dsRNA^{5HTRB}$ 导致 PTTH 的积累，表明 5-HT 受体 B 与 PTTH 的结合也能抑制 PTTH 的合成。在长光照条件下，注射 luzindole（褪黑激素受体拮抗剂）与 5-HT 混合液能抑制光周期激活，而在短光照条件下，5，7-二羟基色胺肌酐硫酸盐（5，7-DHT）能诱导孵化。表明 5-HTRB 可锁定 PTTH 释放/合成从而保持滞育（Wang 等，2013）。

3）羽化激素（Eclosion hormone，EH） 柞蚕羽化激素是一种分子量约为 9kDa 的蛋白质，由脑的中央细胞群所分泌，调节幼虫态、蛹态以及成虫态蜕去旧壳行为。羽化激素自脑分泌后暂时储存在心侧体内，释放具有一定的节律性。柞蚕预成虫虽已具有发达的中枢神经系统，但并无羽化行为，必须在羽化激素的激发下，各种羽化行为才相继出现。羽化激素可能是通过 cAMP 和 Ca^{2+} 的作用而促使羽化行为的发生。鳞翅目昆虫在幼虫各龄乃至卵期也均有羽化激素，其作用是促进蜕皮，与烟草天蛾、家蚕和蓖麻蚕的 EH 相似，并且无种的特异性。

（2）咽下神经节

咽下神经节位于咽喉的腹面，向后有两根很短的神经连索与前胸神经节相连接。咽下神经节主要控制口器各部分的活动。柞蚕的咽下神经节分泌一种多肽类物质，如将柞蚕的咽下神经节移植到产不越年卵的家蚕体内，即可促使家蚕产下越年卵。

2. 腺体内分泌

（1）咽侧体

咽侧体是 1 对白色内分泌腺，位于咽喉两侧、心侧体的后面，与心侧体有神经相连。咽侧体外观呈小串葡萄状，由很多大型腺细胞集合而成，细胞核大，形状不规则。咽侧体随龄期增加而逐渐增大，其机能是分泌保幼激素（JH），这种激素具有促进幼态性状发展而抑制变态发生的作用。变态后，保幼激素具有促进卵巢发育、卵黄积蓄以及保持睾丸生理活性的机能。目前已知柞蚕合成分泌 3 种类型的保幼激素，分别为 JH-Ⅰ、JH-Ⅱ、JH-Ⅲ。

（2）前胸腺

前胸腺是 1 对位于前胸第一气管丛内侧的白色带状腺体，外观略呈不规则的“工”字形，其前端分支为二，伸达前胸前缘，后端分支较粗大，分别伸向食道的背腹方；中干分支延伸至前胸气门内方。柞蚕前胸腺的外膜具有微纤维结构，外膜和腺细胞间具有较大的空隙。细胞核大，呈树枝状。前胸腺也随龄期而增大。前胸腺合成的是 α-蜕皮素，释放到血淋巴中后即随血淋巴至各器官组织，在组织内转变为 β-蜕皮素，其作用是促成蜕皮和促进变态的发生。蛾期前胸腺即解体消失。采用薄层层析法（TLC）和高效液相色谱法（HPLC）发现柞蚕发育期胚胎存在 2 种蜕皮甾类（Ⅰ、Ⅱ），根据其在 HPLC 上保留时间与标准化合物的保留时间推测Ⅰ为 20，26-二羟基蜕皮酮，Ⅱ为 26-羟基蜕皮酮（陈娥英，1986）。

除上述 2 种内分泌腺分泌激素，柞蚕的心侧体和气门下腺也具有内分泌的功能，但对它们尚欠深入研究。

幼虫1~4龄，咽侧体分泌保幼激素的活动在每龄盛食前逐渐旺盛，盛食后逐渐下降；而前胸腺分泌蜕皮激素的活动则在盛食期后逐渐增强。由于保幼激素和蜕皮激素的共同作用，使幼虫发生生长性蜕皮，蜕皮后仍然保持幼虫虫态。5龄幼虫，保幼激素的分泌以第1天最盛，以后即衰退，而前胸腺仍照常分泌蜕皮激素，致使到5龄末时仅有蜕皮激素在起作用，这就导致了变态性蜕皮的发生，蜕皮后幼虫变为蛹态。因此柞蚕的蜕皮和变态是由咽侧体和前胸腺的分泌活动所控制；咽侧体和前胸腺的分泌活动又受脑激素的控制，所以在蚕的内分泌系统中脑激素起着主导的作用。

柞蚕是以蛹态滞育的，当脑神经分泌细胞停止分泌脑激素时，便导致咽侧体和前胸腺均因缺乏脑激素的促活作用而处于不活化状态，蛹体发育因此中止而进入滞育状态。如摘除滞育蛹脑，即使每日给以14h以上的长光照，也不能使滞育解除；如再植入蛹脑，则在长光照下即可解除滞育。此外，当春蚕蛹脑被摘除后，蛹即进入滞育态；如不予植入蛹脑，便成为永久蛹。说明脑是决定柞蚕蛹滞育与否的主要器官。

决定柞蚕蛹滞育与否的外因主要是幼虫期的环境条件，其中又以光周期为主。研究表明，决定滞育发生的临界光照为14h。当蚕体感受光周期信号刺激后，即转变为神经冲动传至脑部，脑再向脑神经分泌细胞发出信息，由此决定蛹态滞育发生。除光照外，温度、营养等因素对滞育的发生也有影响。滞育的解除也必须以环境条件作为刺激因子；试验证明，低温和长光照均能解除滞育，此时脑神经分泌细胞转入活化状态而开始分泌脑激素，从而促使咽侧体和前胸腺活化，导致蛹体继续发育。

十、肌肉

蚕体的各种运动和内脏器官的活动均借助肌肉的收缩而发生。肌肉在收缩过程中同时释放热能，增加体温。柞蚕的肌肉有体壁肌、内脏肌和体壁内脏肌三类。幼虫头部肌肉中以上颚肌最为发达。蚕的胸腹部体壁肌排列比较规则，大致可分为内、中、外三层，其中内层主要是纵肌，肌纤维最长，排列也较密；中层肌肉长度较短，排列较疏；外层肌肉长度更短，排列稀疏。成虫则以胸部肌肉最为发达，尤其是中后胸，与蛾翅的活动有直接关系。此外，成虫还具有发达的与交配生殖活动有关的肌肉。

肌肉具有兴奋性、收缩性、展长性和弹性等生理特性。肌肉组织的兴奋性仅次于神经组织。肌肉在神经冲动刺激下引起兴奋，当兴奋达到一定强度时肌肉便开始收缩。肌肉有展长性，在外力作用下能够伸长；肌肉变形后在弹性的作用下又可恢复到原来的长度。肌肉的收缩和舒张就是由于这些生理特性引起的。

十一、生殖器官

（一）幼虫的生殖器官

1. 雄性生殖器官

由精巢、生殖导管和海氏腺3部分组成。精巢位于第5腹节背面背血管两侧。外观略呈肾形。大蚕期即呈现3条放射状浅沟，精巢内部已分成4个精室，精室内充满生殖细胞。生殖细胞在5龄前期精母细胞进行成熟分裂，至5龄后期发育成为精细胞，化蛹前精细胞已发育成精子。生殖导管由精巢凹面处发出，向后延伸，绕过第9气管丛与海氏腺前端两侧相连接。导管以后发育成输精管。海氏腺位于第8~9腹节交界处的腹中线部位，外观呈梨状，前端与导管相接，后端开口在第9腹节腹面中央前缘。海氏腺以后发育为贮精囊、射精管和附腺。

2. 雌性生殖器官

由卵巢、生殖导管和石渡氏腺3部分组成。卵巢位于第5腹节背面背血管两侧，外观略呈梨形，其后端外侧与生殖导管相连。1龄幼虫卵巢尚未完全分化，仅形成4个简单的卵室，卵室内为卵原细胞。3龄后卵室逐渐发育成4根卵巢管，至大蚕期卵巢管伸长、弯曲，此时卵巢管内卵细胞已分化。每个卵巢小室内有一个卵母细胞和7个滋养细胞，卵母细胞的营养由滋养细胞供给，蛹期滋养细胞萎缩消失，卵母细胞所需营养则由卵室周围的卵泡细胞供给，卵壳也由卵泡细胞在蛹期分泌形成。生殖导管由卵巢后端外侧向后延伸，绕过第8气管丛，终止于第7腹节腹面的后缘。生殖导管以后发育为输卵管。石渡氏腺由体壁内陷而成，共2对，前对位于第8腹节，后对位于第9腹节。石渡氏腺以后发育成为受精囊、交配囊、黏液腺和产卵管。

（二）成虫的生殖器官

1. 雄蛾的内生殖器官

雄蛾的内生殖器官由精巢、输精管、贮精囊、射精管和附属腺5部分组成。

精巢是一对浅黄色球状体，是生成精子的场所，位于第5腹节亚背部，精巢外面包被一层结缔组织围鞘。每个精巢由4个精巢管组成，管内充满成熟的精子束，端部则有一个大型端细胞，为精细胞的发育提供营养。输精管是一对连接精巢的管状构造，是输送精子的通道，后端与贮精囊相接连。贮精囊是1对膨大的管状构造，是暂时储存精子囊的场所，本身还分泌保护精子的液体。射精管是连接在贮精囊后的一根细长管道，末端开口在内阳茎的端部。交配时，精液由射精管通过阳茎注入雌蛾交配囊内。附属腺是一对细长的管状腺体，基部与贮精囊相接，末端为盲端。附属腺分泌液不仅供给精子养分，且有利于精子泳动，与精子混合后成为精液。

2. 雌蛾的内生殖器官

雌蛾生殖器官由卵巢、侧输卵管、中输卵管、产卵管、受精囊、黏液腺和交配囊组成。

蛾羽化时卵已形成，所以卵巢十分发达，充满在腹腔内。每条卵管端部形成细端丝，4根端丝集合成悬带附着在体壁上。卵巢管内的卵细胞顺次排列，近端部的卵细胞因营养不良逐渐变小。产卵时，卵巢管强烈蠕动而促进排卵。8条卵巢管交替排卵，排卵过程是由中枢神经系统控制。侧输卵管是一对分别与左右卵巢基部相接的短管，卵经此到达中输卵管，为连接在卵巢管基部的一对短管，产卵时卵经侧输卵管到达中输卵管。中输卵管是由侧输卵管汇合成的一条较粗短的管道，也是卵经过的通道，其后与产卵管相连，产卵管末端的开口即为产卵孔。受精囊为一小型囊状构造，开口在中输卵管和产卵管之间的背面部位。蛾在交配后受精前，精子暂时贮存在受精囊内。排卵时，精子即从受精囊经导管由精孔进入卵内。受精囊基部还连有一管状腺体，称受精囊腺，其细管状端部形成小分叉。受精囊腺分泌的液体具有保持精子活力的作用。交配囊是一个膨大的囊状体，位于中输卵管腹面，交配囊由硬化的导管开口在第8腹节腹面，开口处即为交配孔，交配后，精子从交配囊经精子导管再通过中输卵管而进入受精囊内暂时贮存。

黏液腺是一对分泌黏液的腺体，呈长细管状。黏液腺的基部膨大成贮液囊，两囊的基部合为一体，开口在产卵管的后端背面，产卵前用以暂时贮存黏液。黏液可将产下的卵粘在物体上，因黏液深褐色，故卵粒产下时表面已呈深浅不匀的褐色，卵壳固有的乳白色已被掩盖。

第四节　柞蚕的营养代谢

柞蚕生活所必需的营养物质可分为蛋白质、碳水化合物、脂类、维生素、无机盐、空气和水。营养物质通过消化系统，经过一系列的化学变化，转变成蚕体自身新的组分，同时将体内原有的物质成分分解氧化，释放出能量供蚕体生命活动所需要，排出代谢的终产物。前者是食物中营养物质转变为生物体新组分的过程，称同化作用；后者是原有物质成分分解氧化的过程，称异化作用。蚕体内不断地进行着新陈代谢，完成蚕的生长发育。

一、蛋白质代谢

蚕体组织蛋白和丝蛋白的氨基酸组成与饲料蛋白的氨基酸组成差异十分显著，说明饲料蛋白质在中肠内水解为氨基酸吸收后，在蚕体内经历进一步的转化和重新合成。幼虫期前4龄的蛋白质代谢以合成组织蛋白为主，5龄期则转为以合成丝蛋白为主。在柞蚕生长发育过程中，丙氨酸、甘氨酸、丝氨酸和酪氨酸在蚕体内大量增长，说明这些氨基酸在体内进行旺盛的合成，部分其他氨基酸被转化或分解、数量上不同程度减少。丙氨酸、甘氨酸、丝氨酸和酪氨酸的体内留存量在前4个龄期内大大少于从柞叶中的摄取量，在柞蚕1~4龄期间所进行的主要是分解转化，5龄以后蚕体内大量合成这些氨基酸，以致体内留存量大大超过从柞叶中的摄取量。发生这种变化是由于5龄期丝腺大量合成丝蛋白，其氨基酸组分是以丙氨酸、甘氨酸、丝氨酸和酪氨酸为主，饲料中这4种氨基酸含量低于需求，促使5龄期体内大量合成补充。柞蚕体内氨基酸的生成主要通过酮酸的转氨作用生成，体内的氨基酸通过脱氨基进行分解代谢。脱氨基作用产生的氨在蚕体内经一系列反应转变为尿酸或氨盐，由马氏管经后肠排出体外。

柞蚕蛹在变态过程中，精氨酸、赖氨酸、脯氨酸和苏氨酸的含量逐渐增加；丙氨酸和谷氨酰胺浓度在蛹期逐渐增加，羽化后降低，而谷氨酸在幼虫向蛹期转化阶段降低，在成性发育阶段升高。滞育导致这些氨基酸（谷氨酸除外）和组氨酸的含量增加。除脯氨酸和组氨酸外，在变态过程中氨基酸水平的变化方式在非滞育和滞育形式几乎相同。丙氨酸和脯氨酸在滞育阶段表现为异常积累，滞育后期逐渐耗尽。相关氨基酸浓度的上升是柞蚕滞育过程中的生理和生化调节作用，是对低温的适应（Mansingh，1967）。

卵黄原蛋白（vitellogenin）是一种糖脂蛋白，是卵黄蛋白前体，在脂肪体中合成后释放到血淋巴中，被正在发育的卵母细胞主动吸收。卵黄原蛋白在进入预蛹期开始出现于雌体血淋巴中，整个蛹滞育期间卵黄原蛋白含量约为血淋巴总蛋白的50%。在成虫发育期卵黄原蛋白含量急剧下降，卵黄蛋白含量则增加，约占卵黄总蛋白的80%，卵巢摘除导致血淋巴卵黄原蛋白含量剧增。

二、核酸代谢

在卵巢发育过程中，DNA 含量发生明显的变化，滞育蛹约 1.1mg/g 鲜重，蛹体复眼乳白色时含量最高，约 2.5mg/g 鲜重，以后逐渐减少，至成虫羽化时约为 0.3mg/g 鲜重。卵巢中 RNA 的含量在滞育期较低约 4.0mg/g 鲜重，蛹体开始向成虫发育时期含量最高约为 8.8mg/g 鲜重，以后又逐渐降低，成虫最低约 2.0mg/g 鲜重（伊淑霞，1984）。柞蚕吐丝开始雌体脂肪体 RNA 的含量随发育日龄的增加而增加，吐丝第 5 日达到高峰，化蛹当日脂肪体 RNA 的含量开始下降，而雄体脂肪体中的 RNA 含量甚少（刘朝良，2002）。

三、碳水化合物的代谢

柞蚕从饲料中吸收的碳水化合物，主要作为能源在蚕体内消耗，部分用于合成糖原以及脂类和几丁质等。蚕体对饲料可溶性糖类利用率较高，而纤维素和果胶等均不能消化利用。由中肠消化吸收的糖类，一部分在中肠上皮细胞内合成糖原，大部分则以单糖形式进入血淋巴，由血淋巴输送到各组织细胞，其中以脂肪体细胞为主，在脂肪体内单糖合成海藻糖、糖原和脂肪等。

柞蚕血淋巴中的碳水化合物主要是海藻糖，还存在少量的葡萄糖、果糖等单糖类物质，海藻糖在脂肪体内合成后即进入血淋巴作为暂时贮存糖类，食物中糖类在蚕体内除满足当时代谢所需要外，多余部分则合成糖原，贮存在脂肪体、肌肉和中肠等组织中备用。在眠期和蛹期，尤其在蛹后半期的组织发生阶段，糖原作为能源物质的生理意义就更为明显。

贮存在蛹体内糖原主要在组织发生阶段作为能源物质被大量消耗。血糖在血淋巴中维持动态平衡，保持在一定水平。当各组织细胞动用血淋巴中的海藻糖而导致血糖含量减少时，脂肪体内的糖原即转化为海藻糖而释放到血淋巴中，从而及时补充了所消耗的血糖，使血淋巴内的海藻糖含量保持动态平衡。

四、脂类代谢

柞蚕饲料中的甘油酯在消化管中被分解，生成脂肪酸和甘油，被中肠上皮细胞吸收，再被上皮细胞重新合成蚕体脂肪。这种新脂肪的一部分在中肠上皮细胞内，其余进入血淋巴。柞蚕饲料中脂肪含量很低，但幼虫体内脂肪含量却相当高，熟蚕至蛹期更高，多数必须由蚕体自身合成。蚕体内合成脂肪的场所主要是脂肪体，脂肪体中的单糖首先合成糖原，当糖原达到一定贮量后，就转而合成脂肪。脂肪中一部分为甘油二酯，经血淋巴进入各组织细胞内，另一部分以甘油三酯状态作为高能源物质贮存在脂肪体中，主要用于眠期和蛹期消耗。

幼虫阶段脂肪代谢的总趋势是合成积累，这在5龄后半期更为明显，幼虫期仅眠期消耗脂肪。从碘值变化看，碘值随龄期增加而升高，表明不饱和脂肪酸的比例随龄期而增加，而且眠期所消耗的脂肪酸主要是不饱和脂肪酸。柞蚕幼虫中含有大量不饱和脂肪酸，其中以油酸、亚油酸和亚麻酸为主，它们的含量分别为41.85%、4.73%和13.19%。

蚕体内除真脂外，还有类脂化合物，包括磷脂、糖脂、硫脂、萜类物质和甾醇类化合物。它们有的是细胞结构的重要成分，有的则为激素的前体。柞蚕不能合成甾醇类物质，因此必须从饲料中获得。当缺乏甾醇类物质时，蚕体则不能生长而最终死亡。

五、维生素代谢

维生素主要作为酶或其他生物催化剂的组成部分，是调节蚕体生理机能不可缺少的物质。蚕体不能合成维生素，必须从食物中获取，如缺乏维生素，代谢过程则发生障碍。柞蚕所必需的维生素有硫胺素、核黄素、烟酰胺、泛酸、胆碱、肌醇、吡哆醇、叶酸、生物素和抗坏血酸等，其中前9种属于水溶性B族维生素。

六、无机盐及水分代谢

蚕体中含量最多的是K、P，其次为Mg、Ca、Zn、Fe等，最少的为Se、Cd类。这些无机盐有的是某些酶的辅酶，有的对保持细胞与血淋巴之间渗透压的相对平衡和血淋巴pH值的相对稳定，对许多酶系的激活或抑制、对呼吸链中电子的传递以及神经肌肉的活动等均具有重要作用，它们是蚕体生命活动不可缺少的营养因素。

柞蚕幼虫的含水量约为体重的80%。蚕体水分主要来源于饲料，其次是生物氧化过程中所生成的代谢水。柞蚕还吸饮柞叶上的雨水、露水，尤其在大旱之年更为常见。所以蚕体内含水量主要与饲料水分含量有关，饲料中水分的多少直接影响蚕体的生长和发育。蚕具有一定的调节体内水分的能力，如体内水分过多时，通过减少吸收水分量和增加排出水分量以降低蚕体的含水量。相反，蚕体需要水分时，除提高对饲料中水分的吸收率外，还可依靠关闭气门来减少水分的蒸发。蚕体马氏管在调节体内水分的过程中起着重要的作用。

七、饲料效率

饲料效率是指食下单位饲料量所获得的生产量。饲养柞蚕直接收获的是蚕茧，茧层是传统的缫丝织绸的原料，消耗一定量的柞叶能换取多少茧、茧层是评价柞蚕饲料转化率的核心指标。柞蚕的饲料效率受柞树种类、蚕品种、饲养季节的影响较大，雌蚕与雄蚕间差异也较大。柞蚕茧重转化率平均约15.12%，品种间开差24.56%；茧层生产率平均为1.52%，品种间开差34.64%（姜德富等，2000）。从饲养季节上看，无论茧重转化率还是茧层生产率春季不如秋季好，分别相差9%和30%。雌雄茧重转化率方面无差异，但茧层生产率雄比雌高18%。

第五节 柞蚕的滞育与化性

一、柞蚕的滞育与化性表现

柞蚕以蛹滞育，二化性地区春柞蚕在长光照饲养后，柞蚕蛹不滞育继续羽化；而一化性地区则滞育。柞蚕有一化性和二化性之分，化性由生理遗传因素决定的，同时又受环境条件的影响。柞蚕化性有明显的地理分界线，即北纬35°为柞蚕化性分界线，北纬35°以北地区为二化性地区，北纬35°以南地区为一化性地区，北纬35°附近地区为化性不稳定地区。

二、影响柞蚕滞育与化性的因素

（一）光周期

柞蚕的滞育与化性由遗传因素决定，同时，又受环境条件的影响。光周期是决定柞蚕滞育和化性的主导因子，柞蚕蛹的滞育主要受幼虫期特别是4~5龄期的光照时间所支配，一昼夜光照时间5~13h起短日照作用，15h以上的光照起长日照作用。14~14.5h的光照则起中间性作用。同时，大蚕期光照不足，可依赖蛹期感光补充。柞蚕脑是感光器官，生活在短光照中的柞蚕滞育蛹，其脑间部神经分泌细胞（neurosecretory cell）中含有丰富的脑激素（PTTH），因受短光照的影响没有释放出去，若把滞育蛹移入长光照下，则感受光照释放出脑激素，进而活化前胸腺，合成并分泌蜕皮激素（MH），柞蚕蛹的滞育就解除了。

幼虫期在中间光照条件下，卵期长光照（13~18h）有利于滞育蛹发生，短光照（11h）趋向不滞育。

（二）温度

温度对柞蚕滞育与化性也有影响，小蚕高温趋向滞育，大蚕高温趋向不滞育。但这种倾向只有在中间光照条件下才能显现出来。

（三）营养

幼虫取食富含糖类的成熟叶，有利于蚕体内蓄积大量脂类物质，创造产生滞育蛹的营养条件，因而能产生大量滞育蛹。

三、柞蚕蛹滞育及解除的机制研究

（一）柞蚕蛹滞育调控的组织化学

Williams（1963，1969）通过脑移植试验证明柞蚕脑是感光器官，生活在短光照中的柞蚕滞育蛹，其脑间部神经分泌细胞中含有丰富的脑激素，因受短光照的影响没有释放出去，若把滞育蛹移入长光照下，则感受光照释放出脑激素，进而活化前胸腺，合成并分泌蜕皮激素，柞蚕蛹的滞育就解除了。Truman（1971）认为脑是控制柞蚕蛹滞育与发育的中心，其控制机制不是通过神经系统，而是经由体液途径进行的。光照时间不仅决定柞蚕蛹是否进入滞育，而且通过长光照能够解除柞蚕蛹滞育，临界光照时间为14h。

（二）柞蚕蛹滞育及调控

1. 促前胸腺激素及其基因

柞蚕蛹滞育激素调控涉及的组织器官包括脑、前胸腺、咽侧体，但以脑和前胸腺相互作用为主，脑主要是通过对PTTH的合成和释放来调控蜕皮激素的分泌参与滞育调节（王忠婵等，2006）。Wigglesworth在20世纪40年代指出，脑内的神经分泌细胞决定了PTTH的活性（Truman等，1974）。哈佛大学的Riddiford和Williams用生理学方法确定了PTTH是由神经元分泌的，能刺激前胸腺产生蜕皮激素。当时用的昆虫模型是烟草天蛾（*Manduca sexta*），而后北卡大学的Bollenbacher和Gilbert提取含PTTH的组分制备抗体，通过生理和生化实验证明了该抗体可以特异地阻断PTTH活性，同时也检测到了表达PTTH的2对神经元。日本名古屋大学Ishizaki课题组研究得到了家蚕部分蛋白序列，根据蛋白序列设计引物得到了编码PTTH的基因序列，即109个氨基酸组成的蛋白质，含有3对链内二硫键和1对链间二硫键，生理状况下PTTH是一个二聚体（Kawakami等，1990；Ishizaki，2004）。柞蚕*PTTH*基因包含221个氨基酸，与家蚕PTTH具有51%的相似度，通过制备抗体并进行免疫组化实验将PTTH蛋白定位在神经细胞L-NSC Ⅲ，而昼夜节律蛋白PER也定位在同一区域，但具体位置与PTTH有所差异（图2-2）。李慧君等（2015）克隆获得的*PTTH*基因ORF长度为666bp，预测蛋白质分子量约25.96kDa，与天蚕PTTH、蓖麻蚕PTTH氨基酸的同源性分别是98%和70%；长光照处理一化性柞蚕蛹发现，*ApPTTH*基因在0～35d维持在较低的表达水平，而在40d时*ApPTTH*基因的表达量升高，在45d和50d的时期又降低到较低水平。

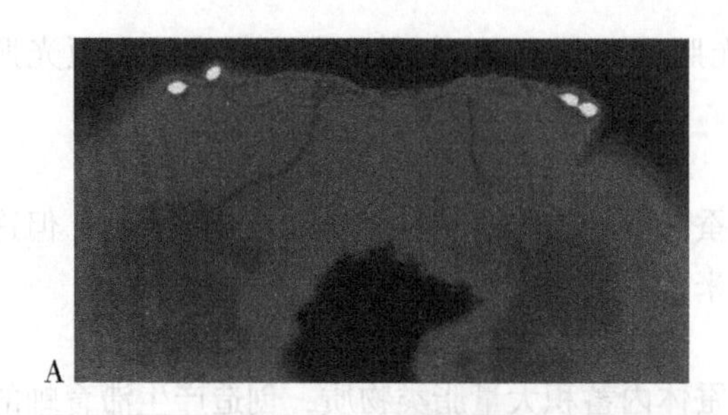

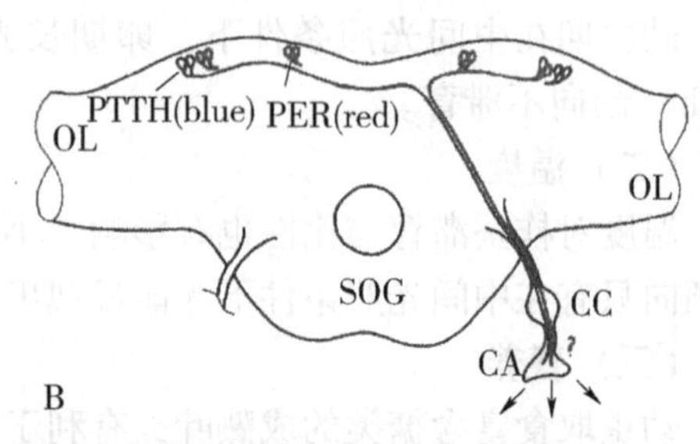

图2-2 柞蚕脑PTTH分泌细胞免疫荧光定位（A）脑激素分泌模式图（B）包含PTTH和PER合成部位

2. 促前胸腺激素参与调控柞蚕滞育及解除滞育

PTTH分泌后需要与受体结合发挥作用，美国明尼苏达大学O'Connor和北卡大学的Gilbert小组（2009）从黑腹果蝇（*Drosophila melanogaster*）中鉴定出Torso——一种受体酪氨酸激酶（Receptor tyrosine kinase，RTK），与Ras和Raf等因子激活激酶ERK的磷酸化，启动了下游蜕皮激素的合成（Rewitz等，2009）。柞蚕PTTH受体研究暂时未见报道。而cAMP、cGMP、钙调蛋白等作为第二信使传递激素刺激的信息，从而产生生理效应。在有些昆虫中，当与细胞膜上受体结合后，通过调节腺苷环化酶或鸟苷环化酶，催化 ATP、GTP 分解为 cAMP 和 cGMP，一般在细胞内 cAMP 含量多，则 cGMP 含量少；反之，cAMP 少则 cGMP 多。滞育激素作用卵巢细胞上的受体，降低了卵巢 cGMP 含量，使 cAMP 含量升高，从而产生一系列引发滞育的反应。柞蚕中暂未发现滞育激素，柞蚕脑 cAMP 在春蚕 5 龄盛食期含量很低，而秋蚕同期则呈最高峰；预蛹期二者均呈高峰，秋蚕峰值高于春蚕；化蛹第 1 天，春秋蛹脑 cAMP 含量均低于预蛹期，但春蛹仍保持较高水平，秋蛹则急剧下降（陆明贤等，1990）。当 cAMP 含量高时，引起脑神经分泌细胞释放促前胸腺激素，促使前胸腺分泌蜕皮激素，后者激发成虫发育（Denlinger，1985）。蛹体血淋巴系统中的 ATP 含量也随光照而消长，长光照激活脑的初级效应首先使 cGMPase 激活而引起 GTP 分解为 cGMP 和 PPi。cGMP 刺激了脑的神经分泌细胞分泌脑激素，电镜观察表明 cGMP 刺激脑神经分泌细胞释放脑激素颗粒，从而打破了蛹的滞育，次级反应才是蜕皮激素和 ATP 含量的增长，cGMP 进一步放大蜕皮激素的效应，促使细胞核中基因表达引起有关蛋白质的合成和蛾体生殖器官的发育，从而羽化成蛾（钱惠田，1989）。

有研究表明，5-羟色胺受体 B 或许是调控柞蚕蛹内 PTTH 合成/释放的开关，注射 $dsRNA^{5HTRB}$ 可以诱导 PTTH 在蛹体内的积累（王秋实，2010）。竹田真木生认为光周期会影响脑内 5-羟色胺或褪黑激素的含量。注射褪黑激素能够终止蛹的滞育而褪黑素受体拮抗剂 luzindole 则能够保持蛹的滞育。光周期被认为是昼夜节律系统的一个功能，芳基烷基胺 N-乙酰转移酶（arylalkylamine N-acetyltransferase，aaNAT）能够调控昼夜节律蛋白 PER、CLK、CYC，尤其是在加入 NAT 时，5-羟色胺含量随时间变化而不断降低，褪黑激素含量则随时间变化而不断升高，这时能够观察到 PTTH 的释放；当不存在 NAT 时，情况恰好相反（王秋实等，2015）。

3. 促前胸腺激素与蜕皮激素的作用

PTTH 是一种多肽激素，无法进入前胸腺细胞，必须在细胞外通过 G-蛋白偶联受体发挥作用。PTTH 通过血淋巴进入促进前胸腺中促使前胸腺（PG）分泌蜕皮激素（MH）。MH 是启动昆虫滞育解除或变态发育的最上游信号。MH 的生物合成由细胞色素 P450 酶参与，包括 *Cyp302a1*（*Disembodied*）、*Cyp306a1*（*Phantom*）、*Cyp307a1*（*Spook*）、*Cyp314a1*（*Shade*）、*Cyp315a1*（*Shadow*）等，这些基因被称为 Halloween 基因，在 PG 中特异表达。不同昆虫可能存在一定差异，有些只有 4 个 Halloween 基因。在柞蚕中一共克隆获得 5 种 Halloween 基因（边海旭，2018），最近通过对光照解除滞育过程中 Halloween 基因的表达量检测显示，4 种基因在光照处理 7～21d 表达量较高，而 *Cyp314a1* 基因在 35d 达到最高（段晓霞，2021），是否意味合成 20E 的前体在早期已逐渐开始，而 *Cyp314a1* 是调控 20E 合成的关键。前期少量的 20E 促使柞蚕蛹滞育解除并启动发育，在后期羽化阶段 20E 的需求量大幅上升，*Cyp314a1* 大量表达。在 20E 合成的过程中，仍然有一些过程不清楚，如 Cyp307a1 参与的反应，被称为“Black Box”。20E 是通过 2 个细胞核受体——蜕皮激素受体（ecdysone receptor，EcR）和超气门蛋白（ultraspiracle，USP）来传导信号的（Christiaens 和 Smagghe，2010）。在柞蚕数据库中筛选到了 *ApEcRB1* 和 *ApUSP1* 两个基因，并检测了羽化过程中该基因的表达特征（汝玉涛等，2017）。

4. 脱壳启动激素、羽化激素的作用

在发育后期羽化的过程中，需要合成蜕壳启动激素（Ecdysis triggering hormone，ETH）。EH 与 ETH 存在阳性正反馈：首先 EH 诱导 Inka 细胞释放 ETH；然后 ETH 反过来促进 VM 神经细胞合成和分泌 EH；最终 ETH 与神经细胞中 MH 诱导合成的 ETH 受体（ETH receptor，ETHR）结合后产生数种调节肌肉收缩的神经肽，ETH 只有结合 ETHR 后才能启动昆虫蜕皮，EH 还作用于腹部神经节产生类甲壳心律神经肽（crustacean cardioactive peptide，CCAP）的 2 对神经细胞，最后促进这些细胞中 CCAP 的释放，这些激素作用于靶细胞进而控制身体的蠕动来启动蜕皮。在柞蚕的羽化过程中，组织半定量显示 *EH*、*ETH*、*ETHR* 和 *CCAP* 在滞育期和发育期表达呈现出差异，长光照处理滞育蛹后，*EH* 的表达量在 0~21d 维持在较低的表达水平，而在 21d 时 EH 的表达量开始升高，35d 达到最高（为预蛹的 15.85 倍），之后开始下降，49d 达到最低；ETH、ETHR 在 49d 时，表达量最高；CCAP 在处理 42d 时，表达量最高（王德意，2018）。

5. 热休克蛋白与柞蚕滞育解除

在昆虫滞育解除过程中，热休克蛋白（heat shock protein，HSP）被认为参与了滞育或休眠（Denlinger，2008）。对于冬季滞育的昆虫，HSP 的上调表达对于个体存活十分重要（Rinehart 等，2007）。柞蚕血淋巴中 *HSP90* 在光照解除滞育过程中，0~40d 表达量维持在较低水平，45d 突然升高，而 *HSC90* 的表达量变化不大；在脂肪体中，*HSP90* 的表达量在 5d 达到最高，后逐渐下降，在羽化过程中有小幅升高，*HSP60* 则显示出在 7d 左右有小幅升高，后逐渐降低，到羽化阶段达到最大值。基于已有研究，对柞蚕滞育及解除过程中所涉及的关键基因及酶类进行总结，模式图如图 2-3。

6. 柞蚕滞育与糖代谢

柞蚕蛹滞育后，其体内糖代谢发生变化，糖原与海藻糖相互转化以帮助其度过滞育期，柞蚕滞育蛹脂肪体糖原与血淋巴海藻糖相互转化，变化趋势呈现明显的“镜像关系”（陆明贤等，1992）。海藻糖主要是由脂肪体合成并分泌到血淋巴，被其他的组织吸收后被利用（Bounias 等，1993）。海藻糖-6-磷酸合成酶（trehalose-6-phosphate synthase，TPS）在海藻糖合成中起关键作用（Chung，2008）。从柞蚕克隆得到 *ApTPS* 基因，其 ORF 长度为 2 487bp，编码 828 个氨基酸。克隆得到的基因包含 TPS 和海藻糖-6-磷酸脂酶（TPP）两个蛋白保守功能区，柞蚕和部分昆虫一样，暂未发现单独的 *TPP* 基因（黄伶，2016）。在长光照（L∶D=17∶7）处理 30d 后，*ApTPS* 在脂肪体中表达量显著升高；而血淋巴中自 30d 起显著升高（$P<0.05$），40d 表达量最高，相对于脂肪体中的最高表达量滞后 10d（黄伶等，2016）。海藻糖的含量一方面受到合成酶的作用，另一方面受到分解酶的影响。分解海藻糖由海藻糖酶基因编码调控，以可溶型海藻糖酶（soluble trehalase，Treh1 或 TrehS）和膜结合型海藻糖酶（membrane-bound trehalase，Treh2 或 TrehM）的形式存在于昆虫组织中，其中可溶型海藻糖酶存在于细胞质中，用于分解细胞内的海藻糖，而膜结合型海藻糖酶存在于细胞膜上，属于跨膜蛋白，用于水解食物中的海藻糖（图 2-4）。从柞蚕体内筛选到了 3 个海藻糖酶基因，通过序列分析和系统进化树构建，确定其为可溶型和膜结合型 2 种不同类型，分别命名为 *ApTreh1A*、*ApTreh1B* 和 *ApTreh2*，分别编码 598 个、544 个和 643 个氨基酸。同源序

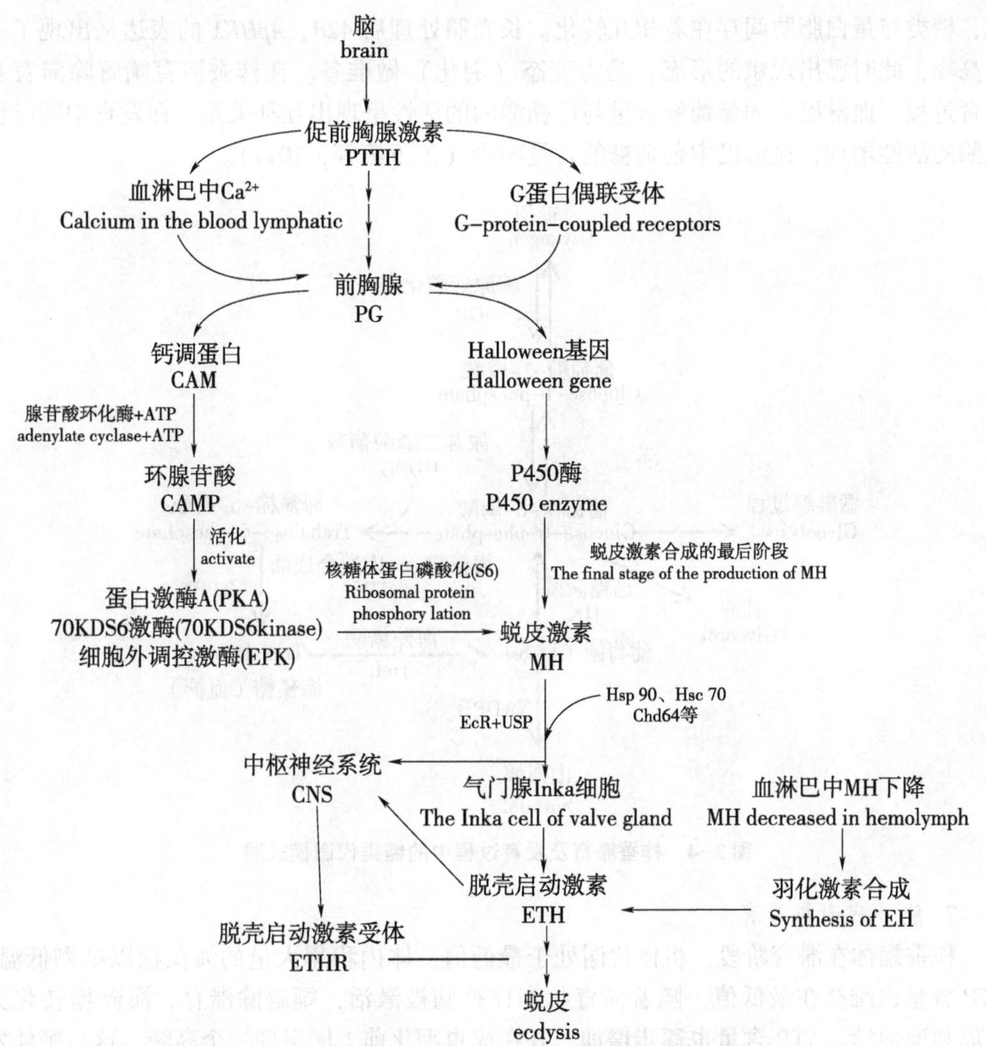

图 2-3 柞蚕滞育及发育过程中的激素调控及影响因素

列比对与系统进化树分析表明，ApTreh1A 和 ApTreh1B 为可溶型海藻糖酶（TrehS），ApTreh2 为膜结合型海藻糖酶（TrehM）。海藻糖酶基因表达的变化与蛹脂肪体中海藻糖酶活性、蛹血淋巴中海藻糖含量的变化趋势呈一致性，提示海藻糖酶基因的表达响应在柞蚕蛹滞育解除中发挥重要作用（王德意等，2018），昆虫肠道中消化吸收的葡萄糖会在已糖激酶（hexokinase，HK）的催化下向糖原转化。海藻糖酶几乎遍布昆虫各个组织当中，能够将海藻糖分解成葡萄糖用于能量供应，作为循环途径中的已糖激酶在能量代谢，糖原、海藻糖与葡萄糖的相互转化中扮演着重要角色，也是糖代谢途径中的限速酶。由 HK 催化生成的葡萄糖-6-磷酸是参与海藻糖合成、糖原合成及糖酵解过程的重要中间代谢产物。在柞蚕体内克隆了 2 个已糖激酶同工酶基因 *ApHK*1 和 *ApHK*2，*ApHK*2 在柞蚕各组织内分布更广，长光照处理后 21d 都出现了明显的上调，而这个时期的蛹已解除滞育，体内的代谢水平升高，对于能量的需求也随之加大，也有些新的组织开始形成，糖类与蛋白脂肪间存在着相互转化。长光照处理后 42d，*ApHK*1 的表达又出现了一个高峰，此时已出现蛾的形态，是为变态（羽化）做准备。在柞蚕滞育蛹解除滞育及发育过程，血淋巴中的葡萄糖含量与已糖激酶的活性呈现出互补关系，在发育中期已糖激酶的活性增加，血淋巴中葡萄糖的含量减少（汝玉涛等，2017）。

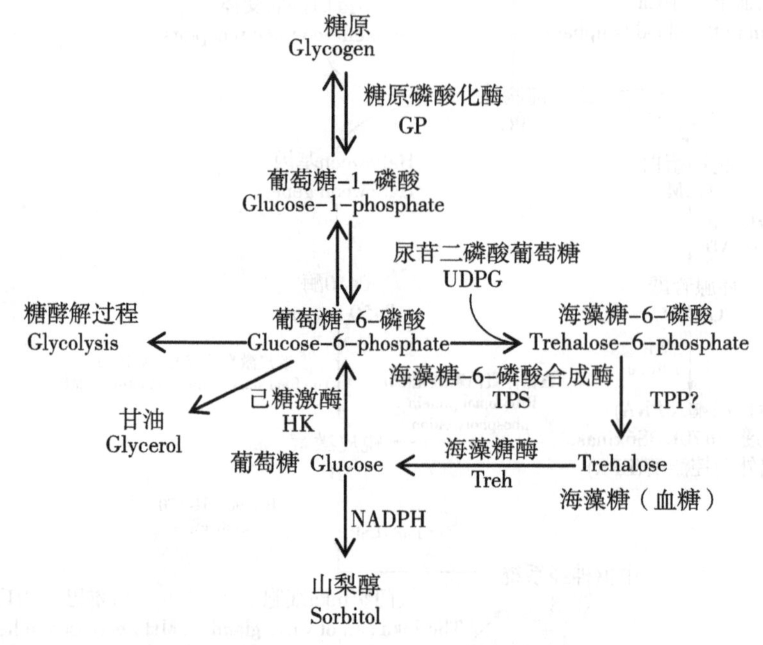

图 2-4　柞蚕滞育及发育过程中的糖类代谢模式图

7. 能量代谢与滞育

柞蚕蛹体在滞育阶段，机体代谢处于最低值，体内积累大量的海藻糖以抵御低温，ATP 含量也维持在最低值，随着滞育状态柞蚕脑被激活，蛹解除滞育，海藻糖转化为糖原和葡萄糖，ATP 含量也逐步增加，并在成虫羽化前 1 周出现一个高峰，这与蛹体发育中蛋白质的增长情形相一致。

8. 咪唑类化合物与柞蚕滞育

KK-42 是一种可以调节昆虫生长发育的咪唑类化合物，尤其是能解除天蚕和舞毒蛾的卵滞育。KK-42 结合蛋白最早在天蚕中分离出来，且与其卵滞育解除直接相关。从柞蚕中也分离出该蛋白，与天蚕 KK-42 结合蛋白的序列相似性达到 95%。通过对 3 种蛹滞育模式昆虫［柞蚕、棉铃虫（*Helicoverpa zea*）和麻蝇（*Sarcophaga crassipalpis*）］的研究，发现 KK-42 的功能是延迟蛹滞育的解除过程，幼虫期处理则可显著提高蛹滞育的概率。通过抗体检测发现 KK-42 结合蛋白的最终去向是柞蚕卵，KK-42 结合蛋白在进化上属于小卵黄蛋白（minor yolk protein）家族成员，该蛋白在脂肪体合成、血淋巴运输，最后运送到卵，在胚胎发育时逐渐消耗（Liu 等，2015）。

9. 柞蚕滞育与蛋白质组学

柞蚕蛹滞育需要大量的蛋白质维持其低水平的代谢，而且柞蚕滞育与否与幼虫期接受的光照有关，研究滞育柞蚕与非滞育柞蚕间蛋白质的差异能更好地解释柞蚕滞育的机理。幼虫盛食期以前，滞育与非滞育柞蚕蛋白质总量相近；盛食期以后，滞育柞蚕蛋白质的增加显著多于非滞育柞蚕；吐丝以后，两者含量又趋于接近。说明不同滞育性柞蚕，在体质构建方面所需的蛋白质数量相近；由于蛹期所处环境条件不同，作为蛹体保护层的丝蛋白质的合成与分泌量也有不同（姜守星，1991）。滞育柞蚕血淋巴中蛋白质含量高于非滞育柞蚕的，而且蛋白质谱带也略多；滞育与非滞育雄性柞蚕蛹的蛋白质图谱在分子质量 16～105kDa 范围均出现清晰的 25 条带，其中大小为 79kDa、54kDa、48kDa、29kDa 的蛋白质表达量较高，79kDa 的蛋白质为高丰度表达的大分子质量蛋白质。2D-PAGE 分析表明，在滞育蛹蛋白质样品中检测到的总蛋白质斑点数为 400 个，非滞育蛹蛋白质样品中检测到的总蛋白质斑点数为 619 个，二者蛋白点匹配率仅为 37%，蛋白质的等电点变化剧烈，差异性较大，匹配率较低（李彦卓，2011）。其中的柞蚕滞育关联蛋白 2（diapause associated protein 2，DAP2）基因的 cDNA 全长 1 187bp，ORF 为 874bp，编码 278 个氨基酸。荧光定量 PCR 和 Western bloting 分析表明，*dap*2 在滞育蛹中转录和表达水平最高；其转录水平在 5 龄幼虫的脂肪体和血淋巴中最高，在翻译水平上血淋巴中表达最高。DAP2 蛋白携带色素，去糖基化修饰分析表明其为糖蛋白，推测其可能是柞蚕的一种眼色素结合蛋白（杨晓丽，2014）。而 *dap*3 的基因序列全长 572bp，开放阅读框 516bp，编码含有 171 个氨基酸，分子量为 18.19kDa。在滞育蛹解除滞育及发育成蛾的过程中，*Ap-dap*3 的表达在 mRNA 和蛋白水平都逐渐下降；在蛹、卵及幼虫的发育过程中，*Ap-dap*3 的 mRNA 表达丰度幼虫期较高，但相应的 DAP3 蛋白的表达量在幼虫期要明显低于蛹期；在柞蚕 5 龄幼虫各组织中 *Ap-dap*3 基因的转录水平由高到低依次为脂肪体、马氏管、卵巢、气管（毕臻乐，2013）。

第六节 柞蚕良种繁育

柞蚕良种繁育（tussah stock breeding）是柞蚕生产基础，优良蚕种能够保证柞蚕茧的优质、高产。

一、种茧保护

秋季种茧摘下以后在自然温湿度中保护到自然温度下降到 0℃左右为止，防止种茧伤热并做好通风换气、排湿等工作。如秋季气温较低，应将种茧薄摊于茧床内并补温至 15～18℃，促使其化蛹进入滞育期。冬、春期种茧保护标准为温度-2～2℃，相对湿度为 50%～75%。光线为自然明暗，避免直射阳光。

无霜期短的二化性地区可采用低温冷藏法控制种茧实现年养一次柞蚕，即二化一放（single rearing of bivoltine tussah race）。其优点是不受柞蚕饰腹寄蝇危害，产量高、茧质好，也不受柞树旱烘的影响。种茧从冬季的 0℃一直保护至 4 月末，5 月上旬为 2.5℃，5 月中下旬为 4℃，6 月上旬为 5℃，6 月中旬为 6～7℃。种茧于 6 月 15 日前后出库制种，饲养时期为 7 月中旬至 9 月中旬。

一化性地区为实现一年饲养两次柞蚕，可采用人工解除滞育法进行一化二放（twice rearing of monovoltine tussah）。即将柞蚕滞育蛹保护在 0～15℃，最适温度约为

10℃的环境中，经过20d以上即可解除滞育，或采用人工感光解除滞育法，即将茧柄向上摆放在茧床中，用荧光灯每日感光17h以上，解除滞育的种茧（seed cocoon）即可制种。

二、春柞蚕制种

制种需要准备一定数量的制种室和制种用具，制种室有暖茧室、晾蛾室、交配室、产卵室、保卵室、镜检室等；制种用具有产卵袋、塑料纱、蛾筐、晾蛾架、加温设备、显微镜等。

（一）暖茧

暖茧（warming seed tussah cocoon）在3月上旬开始，首先选出5%的雄茧晚加温，待制种后期雄蛾数量少时使用。为使种茧感温均匀一致、羽化集中，在暖茧过程中，应将茧床调位、通风换气。暖茧开始后10d内穿茧，穿茧针要斜穿茧底的茧衣，茧柄向外，以便蛾羽化后自茧内爬出。茧串长约1.3m，每串穿茧约250粒。挂茧时，茧串行距约30cm，茧串距离15cm，茧串下端距地面50cm以上。

柞蚕蛹发育的起点温度为10℃，有效积温约为200℃·d。暖茧的适宜温度为18~22℃，相对湿度为65%~80%。在暖茧前一天将室温升到10℃，使种茧先感受中间温度。暖茧第一天温度为11℃，以后每天升温1℃，到19℃保持平温，直至羽化出蛾。暖茧前期相对湿度为70%，中期相对湿度为75%，暖茧后期相对湿度为80%。暖茧28d，有效积温达到200℃时开始羽化；暖茧33d，有效积温为244℃·d时大批羽化出蛾。

（二）羽化（出蛾）

柞蚕蛾羽化规律为先出雄蛾后出雌蛾。为使羽化齐一、有规律，可采用“断火”控制出蛾。二化性地区在4：00升温到18~20℃，14：00—15：00开始羽化，16：00—19：00为盛出期，17：00开门窗降温至14~15℃，21：00捉蛾结束。一化性地区在18：00—20：00升温到22℃，次日2：00—3：00开始羽化，6：00—7：00大批出蛾，24：00出蛾结束，9：00—10：00断火降温到14℃。

如果羽化早，而外温低，可进行羽化调节（eclosion regulation）。即见苗蛾后，可将暖茧温度降低为13℃左右，能延迟羽化2~3d。

（三）捉蛾、晾蛾

捉蛾（moths gathering）先捉雄蛾、后捉雌蛾。将雄蛾捉下来放在蛾筐内晾蛾（hanging of the tussah）。每蛾筐（直径80cm）晾蛾100只。待蛾翅展开后，送到4~6℃的低温处控制，既能使蛾毛干燥，又可抑制其代谢、防止飞舞。雌蛾捉下后放到晾蛾架的绳上晾蛾，蛾与蛾之间保持一定距离，防止相互抓伤。每一晾蛾架（80cm×60cm）晾蛾约80只，放在16~18℃的晾蛾室内晾蛾，使其鳞毛干燥、卵粒成熟以及促使产生求偶行为。

（四）交配（交尾）、提对、晾对

交配（mating）分为当日交配和隔日交配。春制种一般采用当日交配。交配室温度为18~19℃，当雌蛾四翅完全展开，四翅微微震动，尾部频频外伸；雄蛾在蛾筐内震翅有声，表示蛾体已发育成熟，此时为交配适期。

1. 当日交配

蛾羽化后在20℃左右的温度保护下，经过5~6h晾蛾即可达到交配时期，一般于当日23：00—24：00开始交配，次日14：00—15：00拆对。

2. 隔日（夜）交配

为了避免夜间工作时间长和增加蛾体内的成熟卵量，可采用隔日交配（copulating on the next night after emergence of the tussah moth），即当日羽化的蛾不交配，于第二天13：00—14：00交配，第三天8：00—9：00拆对，交配时间为16~17h。

交配前30min，把雄蛾移入交配室内，使之感温活动以利交配。交配时先振动晾蛾架使雌蛾受刺激而排泄蛾尿，保持交配时蛾筐清洁，交配效果好。将约80只雌蛾放到装有100只雄蛾的蛾筐中，盖上筐盖、混匀，蛾筐放在18~19℃的交配室内。交配20~30min后提对（gathering of the copulating tussah mothairs）。提对时，将未交配的雄蛾或雌蛾放入空筐内使其再交，将已交配的蛾对轻轻提起（雌蛾）拿到晾对室晾对（hanging of the copulating tussah moth-pairs），通常提对2~3次。

晾对按雌蛾在上方、雄蛾在下方，将蛾对晾在挂起的塑料纱或蛾筐里，晾蛾密度以蛾翅间不相互接触为宜。晾对室温度18~19℃，相对湿度为75%。光线要均匀，保持空气新鲜。

（五）拆对、选蛾

雌雄蛾交配13~17h即可拆对。选择蛾体强健的雄蛾每100只为一筐，放到3~5℃的环境中保护，以备再次交配。雌蛾每筐放90只左右送到选蛾室进行选蛾。

选蛾时，将体形不正、血淋巴混浊不透明、卵量少、透视节间膜有红褐色、褐色针尖状的小渣点、背血管的两侧有黄（黑）褐色双线等蛾淘汰。选择体色鲜明、体形饱满、环节紧凑、成熟卵多、血淋巴清晰的优良蛾产卵。

（六）产卵

将雌蛾剪去2/3左右的翅后，投入产卵容器内产卵（oviposition）。柞蚕蛾自然产卵的盛期在21：00—23：00，白天产卵很少。第1夜产卵量约占总产卵量的85%以上，第2夜次之。一般春季生产上采用产卵两昼夜，然后收蛾（collection of female moth after oviposition）。秋季产卵一昼夜。

产卵室的温度为19~20℃，相对湿度为75%~85%，保持空气流通、安静和黑暗状态能加速产卵，并能增加产卵量和良卵率。

一般单蛾母种、双蛾母种及原种采用单蛾产卵；普通种生产则采用混合产卵。

单蛾产卵采用规格为14cm×16cm的塑料纱制成的小袋，每袋装剪翅雌蛾1只，产卵袋用大头针或绳封好袋口，排列在茧床上或挂在产卵架上产卵。混合产卵一般采用30cm×40cm的塑料纱袋产卵，产卵效率高，工作简便。每袋放入30~40只雌蛾产卵。

（七）雌蛾微粒子病检查

采用600~700倍的显微镜，取已产够时间（24h或48h）的雌蛾，在腹部第4~5环节处撕下磨碎点片或挑取内部组织直接点片。先在载玻片上加入一滴1%的氢氧化钠溶液，点片后，盖上盖玻片后进行显微镜检查，淘汰有微粒子病的蛾卵。

三、秋柞蚕制种

二化性地区春柞蚕摘茧后，在自然条件下保护约10d即开始羽化、制种。秋柞蚕制种以自然温度为主，但如温度低于20℃时，则采取加温制种，适温为20~25℃，相对湿度为75%。制种方法基本同春柞蚕，采用当日交配法。产卵方法除采用塑料纱袋外，还可采用纸面产卵。

产卵纸要求遇雨、水、药不破烂的牛皮纸等，1把（1 200只蛾）秋柞蚕需用牛皮纸（160cm×140cm）6张。可裁成12小张（47cm ×41cm），每小张投25~30只蛾混合产卵，也可裁成12cm×12cm单蛾产卵。用木板、高粱秸等制作产卵框，使蛾产卵在固定面积的纸面上；或将牛皮纸的四边叠起4cm高以代替产卵框。将雌蛾翅剪去2/3左右，并剪去3对胸足的跗节，然后投入产卵框中产卵24h。收蛾时应进行雌蛾微粒子病检查，将无病产卵纸每两张（卵面朝外）夹在一起悬挂在晾卵绳（铁丝）上，保持空气新鲜、通风良好。

第七节　柞蚕饲养

一、春季种卵保护及暖卵

（一）种卵保护

柞蚕卵产下后，在温度为18~20℃、相对湿度为75%的室温中保护两昼夜（48h），使蚕卵在适宜条件下受精并保证胚胎正常发育。将蚕卵平摊于保卵容器内，厚度约0.5cm，防止堆积过厚内部温度高而产生伤热。为使胚胎发育与柞树的生长发育相一致，适时出蚕并孵化整齐，常在产卵后第3天进行低温保卵，即产卵后48h，温度为2~8℃，时间为12d以内。

（二）暖卵

暖卵（incubation of tussah eggs）开始日期根据气候和柞树发芽情况而定。一般在麻栎冬芽膨大如豆，先端吐绿时暖卵；辽东栎和蒙古栎在芽叶似雀口形为暖卵开始日期。辽宁等二化性地区约在4月20日开始暖卵，河南省等一化性区在4月初开始暖卵。

柞蚕胚胎发育的起点温度为7.5℃，一化性品种胚胎发育所需的有效积温约为165℃·d，二化性品种胚胎发育所需要的有效积温约为120℃。暖卵从11℃开始每天升温1℃，升温到19~20℃保持不变。湿度保持在70%~75%，并保持室内空气新鲜。如果胚胎发育快、柞树发育迟，则停止加温；或将蚕卵放在10℃左右的条件下控制2~3d。孵化前将暖卵室的门窗遮光，使蚕卵处在黑暗环境中，翌日6：00左右除去遮布使之感光，促使蚕卵迅速孵化。

二、卵面消毒

为了防止病害的发生，消灭病原微生物，在幼虫孵化前必须进行卵面消毒（disinfection of egg surface）。卵面消毒标准见表2-6。

柞蚕卵产下后3~5d或出蚕前1~2d，将蚕卵浸入到标准温度和浓度的消毒药液中消毒，浸至标准时间前1min时提出蚕卵，用接近消毒药液的温水冲洗蚕卵至无药味。最后将蚕卵放在无毒保卵室中自然晾干。也可先采用0.5%~1%的氢氧化钠溶液洗卵55s，洗去卵面的胶着物质并有消毒作用，再用清水冲洗干净并控去水分后消毒。

秋柞蚕纸面产卵可采用气体消毒，即在0.83m³的消毒罩内，挂产卵纸40张，温度为22~30℃，湿度在70%以上，用高锰酸钾30g、甲醛50ml，消毒60min。

表2-6 柞蚕卵面消毒标准

药剂	消毒药液浓度/%	消毒时间/min	消毒药液温度/℃
甲醛	3	30	23~25
漂白粉	1	5	18
盐酸	10	10	20~22
硫酸	5	10	20~22
甲醛、盐酸混合液	3、3	30	23~25

三、饲料及饲养方法

（一）柞蚕饲料

1. 天然饲料

柞蚕的饲料植物为柞树（oak tree）。常用的种类有麻栎（*Quercus acutissima*）、辽东栎（*Q. wutaishanica*）、蒙古栎（*Q. mongolic*）、栓皮栎（*Q. variabilis*）、槲（*Q. dentata*）、槲栎（*Q. aliena*）、锐齿栎（*Q. acutidentata*）、白栎（*Q. fabri*）等。其中，辽东栎、麻栎、蒙古栎的营养成分丰富、养蚕效果好。根据养蚕的需要，需要将柞树砍伐成一定的树型，砍伐一般在冬季柞树休眠期进行，适合养蚕的树型主要有中干（medium-cut training of oak trees）放拐树型和中干留拳树型。

柞蚕在野外饲养，一般将饲养柞蚕的蚕场（tussah silkworm rearing yard）可分为小蚕场、大蚕场和茧场。春季小蚕场是收蚁和饲养1~3龄蚕的蚕场，要求用2年生柞树；一化性蚕区饲养1~2龄蚕用2~3年生柞树。大蚕场为饲养4~5龄蚕的场所，二化性蚕区的辽宁等省利用3~4年生柞树；山东省利用2~3年生疏枝柞；一化性蚕区的河南省则用1年生芽柞。茧场是供5龄蚕食叶与营茧用的场所，二化性蚕区的山东省用2~3年生柞树；辽宁省等采用4~5年生柞树。一化性蚕区河南省的茧场常用1~2年生柞树。在地势上，小蚕场的选择应选择背风、向阳的蚕场，从山的中、下坡向上顶放；在方向上，要由南向北坡饲养。茧场应选择通风良好、地势较高的蚕场，以减轻高温的危害。

2. 人工饲料

采用柞树叶粉及蚕体生长发育所需的蛋白质、碳水化合物、脂类、无机盐及维生素等组配而成的饲料，称为人工饲料或配合饲料。饲料包括以下4种成分。①营养成分。用以满足柞蚕对各种营养的要求，可分为蛋白质、碳水化合物、脂类、维生素、无机盐和水等。柞蚕不同发育阶段对各种营养的要求不同，饲料成分和比例也相应调整，以利于柞蚕生长发育，如小蚕期要求蛋白质含量高、碳水化合物适中，大蚕期则需要碳水化合物含量高、蛋白质含量适中等。②成型成分。用于调制饲料的型状、结构、软硬度及含水量等物理性状。③防腐成分。使饲料在目的饲养温度下 72h 内不腐败变质，并且蚕不拒食又无毒性。④诱食成分。用以刺激引诱柞蚕取食，在饲料中添加一定比例的柞叶粉，有利于引诱取食，鞣酸、叶绿素等对柞蚕都有促进摄食的作用。一般人工饲料由柞叶粉、脱脂大豆粉、葡萄糖、纤维素、维生素、柠檬酸、抗生素等组成，既能满足柞蚕的营养要求，又适合柞蚕的食性，能防腐、软硬度适中便于切削成型。

调制含有柞叶粉的人工饲料时，首先将采摘的成熟优质柞叶在室温下风干或在 60℃恒温干燥箱中鼓风干燥，将干燥柞叶、脱脂大豆粉、纤维素等粉碎成 80 目左右的细粉，加工的原料应在低温、干燥、避光下保存。调制时，先将琼脂粉溶解后再冷却至 60~70℃时，加入葡萄糖、柠檬酸、纤维素粉、脱脂大豆粉等，最后加入维生素和柞叶粉，充分搅拌置于一定规格的容器内冷却成型，贮藏在 5℃条件下，贮藏时间不超过 30d。柞蚕人工饲料养蚕主要以饲养小蚕，如 1 龄用人工饲料饲养，2 龄或 3 龄改为柞叶或柞园放养。养蚕用具可用 24cm×17cm×5cm 的网底木盒或塑料盒，底部为塑料纱网，上附薄膜。每盒可养 1 龄蚕 300 头或 2 龄蚕 200 头。蚕室、蚕具于养蚕前 5d 清洗消毒，出蚕前 1d 调制好饲料，切成 8~10mm 宽条状并均匀地摆放在蚕盒内，条间距 5~7mm，将蚕卵均匀地散放在饲料之间，盖好薄膜，木盒下垫一张防干纸用于回收蚕粪，每 10~15 个木盒摞成一摞，室内温度保持 20℃左右。出蚕时将蚕室温度升到 26℃、湿度 70%~80%，室内遮光黑暗，3d 后每天打开薄膜换气 3~5min，在缺饲料的地方适当补充饲料，倒去防干纸上的蚕粪。蚕眠后适当降低湿度，蚕盒错开一定缝隙使饲料慢慢干燥，待蚕蜕皮进入 2 龄后，继续人工饲料饲养或改用柞叶饲养，2 龄起齐后送到柞园放养。若用人工饲料育至 2 龄，则在第 2 龄除沙给食各 2 次，3 龄开始改用柞叶引蚕至柞园放养。

用人工饲料饲育小蚕，可在柞树开叶前 7~10d 收蚁，在无霜期较短的地区可防止春柞蚕生产的霜冻。饲料中的柞叶粉可在上一年的 9 月上旬叶片即将老黄时采叶干燥粉碎。若全龄都用人工饲料育，则全龄经过约 40d，5 龄期最大个体重可达 28g，体长达 10cm，全茧量 8.5~9.6g，茧层量 0.50~0.74g。柞蚕人工饲料配方如表 2-7。

表 2-7　柞蚕人工饲料组成

成　分	吕鸿声(1979)		王蜀嘉(1983)		通口方吉(1979)	中岛福雄(1981)
	小蚕期	大蚕期	小蚕期	大蚕期		
柞叶粉/g	5.0	—	6.0	5.0	—	5.0
脱脂大豆粉/g	—	—	—	—	2.5	—
鲜大豆粉/g	1.5	1.0	1.5	1.5	1.5	1.0
石油酵母/g	—	—	—	—	0.3	—
玉米粉/g	1.5	1.0	1.5	1.5	—	—

（续表）

成 分	吕鸿声(1979)		王蜀嘉(1983)		通口方吉(1979)	中岛福雄(1981)
	小蚕期	大蚕期	小蚕期	大蚕期		
纤维素粉/g	—	2.5	1.0	1.0	滤纸粉 2.88	1.77
麦麸粉/g	—	—	1.0	1.0	—	—
大豆油/ml	—	—	0.01	0.01	—	—
蔗糖/g	0.5	1.0	—	—	—	—
葡萄糖/g	—	—	—	—	1.0	1.0
β-谷甾醇/mg	—	100.0	—	—	20.0	—
尿素氯化物/ml	—	—	—	—	20.0	—
无机盐混合物/g	—	—	—	0.1	0.3	—
维生素 C/mg	200.0	20.0	—	—	0.2	150.0
维生素混合物/g	—	—	—	—	0.1	50.0
维生素 B 混合物/mg	40.0	40.0	1.0	1.0	—	—
氯霉素/mg	1.0	1.0	—	—	—	—
柠檬酸/mg	50.0	50.0	—	—	0.15	—
丙酸/mg	100.0	100.0	—	—	—	—
山梨酸/mg	20.0	20.0	1.0	1.0	30.0	30.0
水/(ml/10g 干物)	26.0	22.0	24.0	22.0	27.0	27.0
琼脂/g	1.5	1.5	—	—	1.0	1.0
助长剂/ml	—	—	0.016	0.016	—	—

另外，1999 年赵春山等研究发现，柞蚕诱食因子存在于柞树叶片的丙酮抽提液中，咬食因子存在于柞树叶片的乙醇-热甲醇抽提液中，柞蚕吞咽因子为纤维素，并确定了摄食因子提取方法，完善了柞蚕的人工饲料配方。吉林蚕业研究所刘志文等以柞树果实橡子仁（70%~80%）为主要原料，同时添加柞叶粉（10%~20%）和其他原料，做成的柞蚕饲料具有适口性强、稚蚕发育良好、配方简单、费用低廉、便于推广等优点。

（二）柞蚕饲养方法

1. 二移法

全龄期移蚕 2 次，2 眠起移蚕 1 次，见有老熟蚕时，再移进茧场（tussah cocooning yard）。

2. 三移法

全龄移蚕 3 次，2 眠起后移蚕 1 次，早蚕见老眠进行第 2 次移蚕，5 龄蚕接近营茧时，再进行第 3 次移蚕。优点：比二移法保苗率高，发育齐，蚕体强健，单产高。缺点：比二移法费工费时。

3. 四移法

一化性地区春柞蚕常采用四移饲养法，即全龄期移蚕换场4次。先将1龄蚕场养的蚕移入2龄蚕场；再将2龄蚕场养的蚕移入3龄蚕场；第3次移蚕，把3龄蚕场养的蚕移入5龄蚕场；第4次移蚕，把5龄蚕场的蚕移入茧场。有时采用双5龄场。另外，为防止低温冷害、多风等危害，春季可采用小蚕保护性饲养。

四、收蚁

（一）春季收蚁

收蚁（beginning of silkworm rearing）用器具及房屋应在养蚕前10d消毒。收蚁室的光线要均匀，否则易造成因蚁蚕趋光性而互相抓伤和爬行遗失。室内养蚁时，收蚁可在暖卵室或饲育室进行，收蚁室温度为19~20℃，收蚁后的小蚕饲育温度为23~25℃。一般采用引枝引蚁，引枝选用榛条、珍珠梅、艾蒿、柳枝或柞枝。

蚁蚕从黎明开始孵化，8：00为孵化盛期，蚁蚕孵化数分钟后开始食卵壳，然后趋光觅食，此时便是收蚁适期。在卵上事先放上高粱秸或收蚁网，防止引枝接触卵而将未孵化卵带走。将引枝剪成10~15cm长撒放在卵面上，使叶尖和部分叶面接触卵面，便于蚁蚕爬上引枝。待蚁蚕爬上引枝适量时，取出附有蚁蚕的引枝撒在柞树上。

种茧饲养一般采用挂卵袋收蚁法，于孵化当日将卵袋挂在柞树枝条上或使之放在柞把的中间，在采用小蚕保护育地区可将卵袋或卵直接放在养蚕袋中收蚁。

（二）秋季收蚁

秋季目前多采用纸面产卵，纸面产卵适合于挂卵纸收蚁。孵化前1d下午消毒，消毒后直接将蚕卵纸撕成条状挂在柞墩分枝处，卵面朝下并用大头针等固定在枝条上，防止雨淋、日晒。孵化后及时检查、收回未孵化的产卵纸，补湿保温后继续收蚁。挂卵纸收蚁有利于防病、保苗，收蚁容易操作，密度容易掌握。缺点是常有螽斯食害蚕卵，蚁类为害刚孵化的蚁蚕等。

五、饲养技术

（一）春季小蚕饲养

春季小蚕期（young silkworm stage）因受风、鸟、虫、旱和低温等不利环境条件而大量损失，因此多采用小蚕保护性饲养方法（protective rearing of young tussah）。

1. 把场养蚁

养蚕前1~2d进行绑把，即用绳将柞树枝条捆绑成松紧适当的“把子”，将蚁蚕放到把子的中间进行饲养。通常饲养1kg柞蚕卵，需绑400~500把柞树。

2. 室内饲养

小蚕室内饲育方法有塑料薄膜包育、塑料袋育、合成袋育、土坑育（outdoor rearing in sunken pit）等。现以塑料袋育为例简要介绍养蚕方法：蚕室、用具在使用前5d采用含有效氯1%的漂白粉或3%的甲醛喷雾消毒，也可采用甲醛和高锰酸钾混合气体消毒，消毒后蚕室应密闭2~3d。将引集的蚁蚕置于塑料袋内，将新鲜柞枝剪成15~

20cm 呈“井”字形放于蚕座，防止蚁蚕爬出，每天给叶 2 次，每次给叶前打开塑料袋排湿，再扩座、匀蚕、给叶。1~2 龄春柞蚕的饲育适温为 22~24℃，由于塑料袋保湿效果好，因此不需补湿，雨天应将湿叶晾干后再给叶。饲育室内光线要均匀，防止因小蚕趋光性强而局部密度过大。一般 1 龄第 4 天除沙 1 次，眠前除沙 1 次，2 龄起齐放到柞树上饲养。

（二）春季大蚕放养

大蚕期取食量多，蚕爬行速度快，因此大蚕（grown silkworm）养蚕过程中要经常匀蚕，以保证蚕能够取食到适熟叶，匀蚕是在同一蚕场内将附有蚕的枝条剪下放到无蚕的柞墩或枝条上的操作。

当该蚕场的柞叶不能满足柞蚕取食时需要移蚕（transferring of tussah），即将蚕从无叶的蚕场转移到新蚕场的过程。移蚕时，用剪刀将附有蚕的枝条（15~20cm）剪下装入筐内，运送到新的蚕场并撒在靠近主枝的枝杈密集处，此过程称撒蚕（setting tussah）。待蚕全部上树后，应逐墩检查撤出撒蚕枝。

移蚕一般掌握眠前移蚕、起后移蚕、破梢剪、窜枝移。移蚕应在温度较低、湿度偏高时进行，一般在 10：00 前及 15：00 后移蚕。应注意：日中气温高时不移蚕，有雨、多露时不移蚕，大风天气不移蚕，刚起蚕和眠蚕不移蚕。

当蚕场内熟蚕占 3%~6%时，即可将大蚕场的将老熟营茧的蚕集中移入茧场——窝茧（cocooning of tussah）。窝茧既可为蚕提供新鲜的成熟叶起到催熟的作用，又便于防害、摘茧等。一般可砍鲜材 2kg 的柞墩约放蚕 30 头。熟蚕移入茧场，取食 2d 便可吐丝（spinning）营茧，食去柞叶 30%时营茧结束，即为窝茧适宜密度。先在柞墩中间枝杈较多的地方用杂草搭铺，再将蚕放于铺上。当茧场内约有 80%的蚕营茧时，剔出未营茧的蚕另放于叶质优良的柞墩，促进其成熟营茧。在柞蚕饰腹寄蝇为害的地区，结合窝茧采用灭蚕蝇 1 号、灭蚕蝇 3 号或灭蚕蝇 4 号进行防治。

摘茧（harvesting tussah cocoon）一般在柞蚕化蛹体壁硬化后进行。晴天可在营茧后 9d 进行，阴天可在营茧后 10d 开始。也可在化蛹前摘茧，晴天在营茧后 3~5d 吐丝完毕后摘茧；阴天在营茧后 4~6d 进行。采茧时连同茧柄、包叶一起摘下，摘下的茧应薄摊在阴凉通风处，并剥去包着茧的柞叶使蚕茧散热散湿，以防止高温日晒、蛹体伤热。

二化二放地区春茧采摘后，种茧以 2~3 粒茧厚度薄摊在茧床内，并及时将种茧穿挂起来准备秋柞蚕制种。在自然条件下种茧于 7 月中旬开始羽化，如高温多湿，应注意通风排湿；温度低时，可加温至 22℃保种。羽化后制种，卵期经过约 10d，7 月 25 日至 8 月 5 日开始收蚁饲养秋蚕，蚕期经过约 50d，于 9 月中下旬营茧结束。秋蚕期蚕场的利用，应先用山的高处后用低处，先用阴坡后用阳坡，先用芽柞后用 3~4 年生柞。秋季多采用纸面产卵，适合于挂卵纸收蚁，应于出蚕前 1d 傍晚，将消毒后的产卵纸撕成条状小块，挂在柞树分枝处，并用大头针等固定在枝条上。卵面朝下，防止日照和雨淋。饲养技术见春柞蚕饲养。

一化性地区夏、秋季保种以防高温、闷热及排湿为主，温度不超过 30℃，冬季不低于−2℃，湿度保持在 75%左右。

（三）秋季柞蚕饲养

秋季小蚕期高温、多雨、病原多，蚕生长发育快，要及早匀蚕。一般在2龄起后即可匀蚕，重点做好收蚁后、移蚕后的匀蚕工作，眠期不应匀蚕。匀蚕要根据天气状况进行，多雨季节要在雨前匀完，高温、强光照时，要在日中高温、强光照之前匀蚕。

丝茧生产采用一移和二移放养法，小蚕期一般不移蚕。种茧生产采用二移或三移放养法，一般在2眠前或3龄起移蚕，具体移蚕时间要根据蚕的生长发育及柞园叶量而定。

5龄起后5~8d，少量蚕已开始营茧时，即可移入茧场。窝茧密度要根据树墩大小、叶量多少、叶质好坏而定，一般每墩树可放蚕40~50头。撒蚕部位以树的中部为好，便于蚕分散到各枝条取食，营茧在中部，采茧方便。种茧窝茧时，应根据品种的特征特性及健蚕和劣蚕特征进行选择，严格淘汰晚蚕、弱蚕。当营茧80%~90%时，剔出晚蚕，另换新树放养。

第八节　柞蚕敌害防治

为害柞蚕的敌害主要以昆虫纲种类最多、最严重；其次是线虫纲的线虫、蛛形纲的蜘蛛等。

一、柞蚕寄生性害虫

（一）柞蚕饰腹寄蝇

柞蚕饰腹寄蝇（*Blepharipa tibialis* Chao），俗称蛆蛟、蚕蛆，属双翅目，寄蝇科。该害虫主要分布在辽宁、吉林、黑龙江等省蚕区，以幼虫寄生为害春柞蚕。寄生率在20%~70%。

1. 发生规律

辽宁地区1年生1代，以蛹在土中越冬。翌年5月上中旬成虫羽化，下旬产卵寄生柞蚕，6月上中旬为产卵寄生盛期。蛆在蚕体内寄生22~40d，于6月末至7月上旬脱蛆，并潜入土中化蛹越冬。

2. 防治

（1）用灭蚕蝇3号或4号浸蚕杀蛆

灭蚕蝇3号浸蚕用药浓度为0.025%，即20%的灭蚕蝇3号乳油的800倍液，浸蚕时期在柞蚕老眠起5~8d，浸渍时间为10s。灭蚕蝇4号的使用与灭蚕蝇3号基本相同。

（2）用灭蚕蝇1号喷叶喷蚕杀蛆

用25%灭蚕蝇1号乳油300~400倍液，于老眠起4~8d，将药液喷在柞叶和柞蚕体上，保证蚕吃喷药的柞叶4d以上。

（3）放养技术防治

蝇蛆一般在蚕营茧后的第5天开始脱出，6~8d最多。因此，在脱蛆之前，将茧摘回放置在硬实的地面上（防止蝇蛆入土），收集脱出之蛆并杀死，可减少寄蝇的越冬基数。

（二）柞蚕寄生线虫

寄生柞蚕的线虫已鉴定的有6种：秀丽两索线虫（*Amphimermis elegans* Hagmeier）、柞蚕两索线虫（*Amphimermis* sp.）、细小六索线虫（*Hexamermis micromphidis* Steiner）、粗壮六索线虫（*H. arsenoidea* Hagmeier）、短六索线虫（*H. brevis* Hagmeier）、基氏六索线虫（*H. kirjanovae* Pologentsev *et* Artyuhovsky），俗称线蛟、蛟等，属线虫纲（Nematoda）咀刺目（Enoplida）索总科（Mermithoidea）、索科（Mermithidae）。

1. 发生规律

辽宁1年发生1代，以成虫、I期或IV期幼虫、卵三态在土内越冬。越冬成虫于翌年5月上旬交尾，中旬产卵，产卵期可延至10月中旬，其中以6月上旬和7月中旬为产卵高峰期。卵经20d左右孵化为幼虫，这种幼虫全年均可见到，以8—9月最多。幼虫在柞蚕体内寄生13~23d后，脱出蚕体钻入土中越冬。

2. 防治

（1）喷洒灭线灵1号杀蚕体内的线虫

灭线灵1号是一种内吸性杀虫剂，残效期达28d。蚕连吃4d以上药叶，可杀死寄生在蚕体7d以内的线虫。使用浓度为0.03%。在雨后7d之内施药最好。放养1 800~2 000只蛾的蚕场，用药0.75kg。

（2）喷洒灭线灵2号杀蚕体内线虫

灭线灵2号也是一种内吸性杀虫剂，残效期最短为25d。可杀死寄生在蚕体7d之内的线虫。使用浓度为0.005%~0.01%。

（3）蒽油涂抹树干

可切断线虫上树的途径。撒蚕前在离地15cm以上的树干上，涂抹10cm宽的蒽油原液环带。

二、柞蚕的捕食性害虫

柞蚕的捕食性害虫主要有直翅目的螽斯类、鞘翅目的步行甲、膜翅目的胡蜂、螳螂目的螳螂等。

（一）螽斯类

为害柞蚕的螽斯有10多种，其中为害较重的有土褐螽斯（*Atlanticus zeholensis* Morl.）、紫斑螽斯（*Gampsocleis opsocura* Morl.）、青光螽斯（*Gampsocleis opsocura hokusensis* Morl.）、响叫螽斯（*Gampsocleis gratiosa* Brunner von Wattenwyi）、乌苏里螽斯（*Gampsocleis ussuriensis* Adelung），属直翅目螽斯科。

1. 发生规律

螽斯在辽宁1年发生1代，以卵在土中越冬，越冬卵于翌年4月下旬至6月上旬孵化。土褐螽斯在4月下旬可见到若虫，紫斑螽斯在5月上旬见到若虫，5月中旬青光螽斯、响叫螽斯出现若虫；乌苏里螽斯6月上旬出现若虫。成虫羽化除乌苏里螽斯较晚（7月中旬）外，其他种类均在6月下旬至7月上旬发生。土褐螽斯、紫斑螽斯和青光螽斯是在7月中旬交尾产卵，响叫螽斯在8月上旬产卵，乌苏里螽斯在8月中旬产卵。

2. 防治

利用菱瓜或马铃薯等饵料按 50：1 比例拌上 3%杀螽丹 1 号进行药杀，施药时间为 6—7 月。将毒饵撒在树墩下不被水淹的地方，以防日光直晒和雨水冲淹。

（二）黑广肩步甲

黑广肩步甲（*Calosoma maximoviczi* Mora）俗称琵琶斩，属鞘翅目步甲科。

1. 发生规律

辽宁地区 1 年发生 1 代，以成虫于土中越冬。翌年 5—6 月份成虫出土活动，8 月中旬为发生盛期，同期交配产卵，幼虫多于 8 月下旬孵化，9 月中下旬幼虫老熟，在土中作土室化蛹。10 月上中旬成虫羽化，当年不出土在原土室中越冬。成虫可越 2 次冬，寿命长达 3 年。成虫交尾后 2~4d 产卵，产卵期 2~3d。雌虫产卵量为 20 粒左右。卵产在约 3cm 深处的土中，单粒散产。

2. 防治

采用人工捕杀成虫或埋罐诱杀成虫，或采用杀螟硫磷或步甲净粉剂进行药剂防治，如用 5%步甲净粉剂触杀成虫，以柞树干为中心，40~50cm 为半径，将药剂均匀撒在柞树墩下树干基部的地面周围，呈一圆形药环。

（三）胡蜂类

为害柞蚕的胡蜂属膜翅目胡蜂科，有二纹长脚蜂（*Polistes chinensis* Anlennalis），俗称草蜂；拖脚蜂（*Polistes hebraeus*），俗称马蜂；黑胡蜂（*Vespula iewisi*），俗称土蜂；小长脚蜂（*Polistes snelleni*），俗称小草蜂子等。

1. 发生规律

二纹长脚蜂和拖脚蜂在辽宁各地区 1 年发生 1 代，以受精的雌蜂越冬，翌年 4 月下旬至 5 月上旬越冬雌蜂活动，并营巢产卵，5 月中下旬幼虫孵化，6 月中旬化蛹，6 月下旬成虫羽化，9 月下旬雌雄蜂交配，以受精雌蜂寻找适宜场所越冬。胡蜂为杂食性，春季取食植物茎叶内的汁液、花蜜、成熟的果肉等；夏秋季以肉食为主，喜食活虫，尤其是柞蚕及其他鳞翅目昆虫的幼虫、蝇类等。每年 7 月中旬至 8 月中旬，是二纹长脚蜂的职蜂大量出现和饲育幼虫的盛期，二纹长脚蜂对 1~3 龄秋蚕为害最重。蜂类对柞蚕的为害以干旱时期较重。

2. 防治

胡蜂的防治可采用人工捕杀，即寻找蜂巢捕杀或用捕虫网捕杀。也可利用自然水坑或人造水坑加入杀虫剂等药杀或采用毒饵诱杀，可用糖蜜为饵料加入农药进行诱杀。

（四）华北螳螂（*Paratenodera augustipennis*）

俗称刀螂，属螳螂目螳螂科。

1. 发生规律

辽宁 1 年发生 1 代，以卵在卵囊内于石块、树枝（干）等处越冬。翌年 5 月下旬至 6 月上旬越冬卵孵化。7 月下旬若虫发育为成虫，8 月上旬成虫开始交尾，9 月中下旬雌虫产卵。

2. 防治

采集卵囊，秋末或早春螳螂孵化前，在背风向阳的柞园采集卵囊作为农林益虫利用；捕捉若虫和成虫，秋蚕期特别是在小蚕期，逐墩检查、捕捉。捕捉时间以日出前后及日落前为宜。

第九节 柞蚕病害及免疫

柞蚕病害主要有病毒性病害、细菌性病害、原虫寄生性病害、真菌性病害及农药中毒等。

一、柞蚕病害及防治

（一）柞蚕核型多角体病毒病

1. 病原

柞蚕核型多角体病毒病是由柞蚕核型多角体病毒（*Antheraea pernyi* Nuclear Polyhedrosis Virus，ApNPV）侵染引起的，一般蚕期发病率为 5%~20%，发病重的年份约达 40%。

2. 传染途径

柞蚕核型多角体病传染途径有 2 种，即经口食下传染和创伤传染。

3. 防治

柞蚕核型多角体病毒病防治以卵面、环境消毒为主，同时采用抗病品种并加强饲养、繁育管理等进行综合防治。

（二）柞蚕非包涵体病毒病

1. 病原

早期研究认为该病病原为苏云金杆菌蜡螟变种（*Bacillus thuringiensis* Vargaillarsae），称此病为柞蚕细菌中毒性软化病（张秀珍等，1981），马文石（1985）从柞蚕吐白水软化病病蚕中分离出一株致病力强的菌株 *B. thuringiensis*，认为该菌株是柞蚕吐白水软化病的主要病原。1986 年，尤锡镇研究发现该病病原为一种非包涵体病毒，并将柞蚕吐白水软化病称为柞蚕非包涵体病毒病（Tussah nonoceladed virussis）。吴佩玉（1987）分离提取了病原，将柞蚕吐白水软化病称为病毒性软化病。目前认为，柞蚕非包涵体病毒病的病原为传染性软化病病毒属（*Iflavirus*）的柞蚕传染性软化病病毒（*Antheraea pernyi Iflavirus*，ApIV）（耿鹏等，2014）。

2. 传播途径

该病的发生影响因素比较复杂，病原通过污染柞园传染给下一代；高山冷凉的气候条件及老硬的叶质容易诱发该病的发生。

3. 防治

注意柞园的选择及饲料的搭配，适当早收蚁，使蚕饱食良叶，在低温到来前营茧；选用抗病性强、龄期短的品种；采用既能够消灭多种细菌又能抑制 Fv 病毒的药剂能够防止该病的发生。

（三）柞蚕细菌性病害

1. 病原

柞蚕细菌性病害主要是由柞蚕链球菌（*Streptococcus pernyi* sp. nov.）引起的柞蚕空胴病。2016 年孙影等测定了柞蚕空胴病病原菌基因组大小约 3.09Mb，GC 含量 38.35%，含有 3 153 个编码基因，平均长度为 854bp，从基因组层面构建的进化树明确了柞蚕空胴病病原菌属肠球菌属，重新命名为柞蚕肠球菌（*Enterococcus pernyi*）。

2. 传染途径

该病是由柞蚕链球菌通过卵面附着传染给下一代，或通过病原污染的柞园将病原菌传染给下一代，或柞园中麻蝇（*Sarcophaga* sp.）等扩大传染。

3. 防治

主要采用卵面消毒防治此病，同时选用上一代优良种茧制种，提高放养技术；防治柞园内害虫，同时可在蚕期添食“保蚕宁 1 号”“蚕安宁”等进行防治。

（四）柞蚕微粒子病

1. 病原

病原主要为柞蚕微孢子原虫（*Nosema pernyi* Wen et Ding sp. nor.），此外还有柞蚕微孢子虫新种（*Nosema* sp.）、链孢变形孢虫（*Vairimorpha chainsporum* Wen et Ding）、讷卡变形孢虫（*Vairimorpha necatrix* K. P.）、修饰内网虫（*Endoreticulatus schubergi* Z. C. & G.）。

2. 传染途径

微粒子病的传染途径主要有胚种传染和食下传染。受微孢子虫寄生的蚕、蛹、蛾的尸体、排泄物和病卵，野外与柞蚕交叉感染的患微粒子病的昆虫、养蚕用具等都可成为该病的传染源。

3. 防治

制种过程中要严格目选和镜检，淘汰病蛾、弱蛾，杜绝母体传染；分区饲养，预先检查，淘汰有病蛾区及发育迟缓的蚕，防止群体相互传染；彻底消毒，防止食下传染；消灭蚕场里的害虫，防止交叉感染。

二、柞蚕免疫学研究进展

柞蚕在野外环境中生长，容易受到各种病原微生物的侵染。在柞蚕感染的病原物中，主要可分真菌类、原虫类、细菌类和病毒类。

（一）柞蚕病原微生物的分子水平研究

对病原物本身的认知是开展免疫互作研究的基础，目前已完成了柞蚕 NPV 的基因组测序（Fan 等，2007）、柞蚕肠球菌的基因组测定（Sun 等，2016）、柞蚕微孢子虫的 cDNA 文库构建（王勇等，2014；Wang 等，2015）和柞蚕吐白水病小分子 RNA 病毒 Iflavirus（ApIV）的全基因组序列（Geng 等，2014）。

（二）病原物与柞蚕的互作

病原物侵染柞蚕以后，柞蚕产生一系列的免疫反应，这些基因如何表达是免疫学研究的重点领域之一。对患微孢子虫病柞蚕中肠的比较转录组学研究中，得到 28 000 个

UniGene，与健康柞蚕相比，筛选到差异表达基因 8 515 个，其中 7 150 个上调、1 365 个下调（姜义仁，2012）。柞蚕 NPV 侵染能够引发柞蚕中肠细胞发生免疫应激反应（Li 等，2015），也会引起柞蚕血淋巴和表皮所表达的基因产生较大变化（Wang 等，2019），其中就包括丝氨酸蛋白酶家族在血淋巴中表达量升高，同时表皮几丁质合成受到了抑制。柞蚕先天免疫方式主要分为体液免疫和细胞免疫。通过合成酚氧化酶、丝氨酸蛋白酶及产生大量抗菌肽参与体液免疫，结合细胞免疫中的集结作用、吞噬及细胞包埋等过程，完成对微生物的合力围剿。昆虫血细胞中的颗粒细胞和浆细胞参与了细胞免疫，而类绛色细胞介导黑化反应（Nakahara 等，2009）。

美国农业部昆虫生物防治实验室的 David Stanley 教授认为类花生酸（eicosanoids）在昆虫免疫中起非常重要的作用（Stanley，1999；Stanley 等，2009）。其中转化得到的前列腺素（prostaglandins，PG）参与了介导了血细胞迁移、吞噬作用，也促进了类绛色细胞裂解释放 PPO（Shrestha 和 Kim，2008），同时，PGs 介导细胞内部骨架的形变和 AMP 的释放（Phelps 等，2003）。而在花生四烯酸（AA）生成的过程中，一氧化氮（NO）具有重要的催化作用（Rivero，2006）。对柞蚕中肠免疫系统的研究中，通过检测 NO 和一氧化氮合成酶（NOS）的活性，发现感染了微孢子虫的柞蚕中肠具有更高的 NO 含量和 NOS 活性。注射 NO 抑制剂，能够降低 AMP 和免疫相关基因 *βGRP*、*Relish* 和 *Dorsal* 的表达，而注射 NOS 供体则相反。同时通过抑制 NO 含量能够影响柞蚕微孢子虫的感染率（Liu 等，2020）。

（三）柞蚕抗菌物质研究

在对抗菌肽的研究中，柞蚕蛹中分离得到抗菌肽 cecropins B 和 D，且与前人研究的惜古比天蚕的 cecropins 可能起源于单一的祖先基因（Qu 等，1982）。2017 年，克隆得到柞蚕 Cecropin-like peptide（ApCec）基因，编码 64 个氨基酸，包括 22 aa 的信号肽、4 aa 的前导肽和 38 aa 的成熟肽（Fang 等，2017）。目前，从柞蚕体内分离出了 10 余种抗菌肽。

（四）柞蚕对病原物的识别机制研究

模式识别受体（pattern recognition receptor，PRR）是昆虫先天免疫系统中重要的组成部分，能够识别外来微生物表面的病原相关分子模式（pathogen-associated molecular patterns，PAMPs）并结合进而激活不同的免疫代谢通路。目前，柞蚕上鉴定的模式识别受体主要包括凝集素（lectin）、β-1，3-葡聚糖识别蛋白（β-1，3-glucan recognition protein，βGRP）及肽聚糖识别蛋白（peptidoglycan recognition protein，PGRP）等。柞蚕 lectin 具有多种类型，现已克隆鉴定的有 lectin-5、C 型 lectin1 及 C 型 lectin 等，Lectin-5 与 C 型 lectin1 在识别病原种类及组织表达上均存在差异，C 型 lectin 是一种可以和大量的 PAMPs 结合的广谱识别蛋白，同时还具有识别和启动对细菌和真菌的凝集反应，表明 lectin 种类丰富、在不同组织中具有不同的功能。柞蚕 βGRP 可以被革兰氏阴性或阳性菌、真菌及病毒诱导，并有报道可以参与酚氧化酶系统的激活（Ma 等，2013）。PGRP 能够激活 Toll 通路或 IMD 通路而产生作用，在柞蚕中发现了 4 种不同的 PGRP 分子，分别为 ApPGRP-A、ApPGRP-B、ApPGRP-C 和 ApPGRP-LE。其中 ApPGRP-B 和 ApPGRP-C 具有酰胺酶活性位点。RNA 分别干扰酰胺酶型 PGRP 和非酰胺酶型 PGRP，检测多种抗菌肽的表达特征。非酰胺酶型 PGRP 受到抑制以后，抗菌肽的表达量降低。而酰胺酶型 PGRP 受到抑制，抗菌肽表达量反而上升，表明酰胺酶型 PGRP 能够反向调节抗菌肽的表达。酰胺酶型 PGRP 在柞蚕体内可能起到一种平衡作用，能够控制过量表达的抗菌肽损伤蚕体本身，可以认为是免疫反应过程中的刹车系统（Liu 等，2019）。此外，柞蚕载脂蛋白（apolipophorin-Ⅲ）也是一种功能丰富的模式识别受体，同样与 PAMPs 结合激活酚氧化酶原反应，基因沉默后也影响抗菌肽的表达。而柞蚕类免疫球蛋白 Hemolin，可能与病毒的识别有关。

（五）柞蚕与病原物的相互作用

柞蚕识别病原物以后，通过不同的免疫通路，开启相关基因进行免疫反应。在 Toll、IMD/JNK 及 JAK/STAT 通路中存在大量免疫相关基因，包括丝氨酸蛋白酶（serine protease）、酚氧化酶（phenol oxidase）、溶菌酶（lysozyme）等。柞蚕体内胰蛋白酶样丝氨酸蛋白酶（trypsin-like serine protease）基因，在中肠组织表达量最高，外源微生物诱导后基因表达上调（Sun 等，2017）。柞蚕酚氧化酶基因在病原诱导组织中均上调表达，重组蛋白可以在病原诱导的血淋巴中产生，进而杀灭细菌，且注射重组蛋白 24h 后可以诱导 cecropins 的表达（Wang 等，2015）。柞蚕溶菌酶基因包含 2 个内含子，编码 140 个氨基酸（张波等，2009），4 个不同微生物诱导处理组柞蚕蛹血淋巴中溶菌酶基因的表达量在诱导后 4~8h 内迅速上调，雌蛹和雄蛹中的表达量分别在诱导后 24h、8~12h 达到最大（宋佳等，2013）。免疫反应虽然一方面可以杀灭病原菌，但另一方面也会对宿主本身产生影响。为了更好的降低过量免疫，维持免疫水平在一个可控范围之内。昆虫体内具有一定的“刹车”系统，如前面所提到的酰胺酶型 PGRP。在庞大基因家族丝氨酸蛋白酶引发的免疫系统中，有一类因子被称为丝氨酸蛋白酶抑制剂（serpin），也充当了这样的角色。在柞蚕中发现了 kazal 型 serpin（王磊等，2014）、serpin1 基因（于慧敏，2017）、serpin3（Wang 等，2016）和 serpin6（曾军等，2017）。原核表达系统表达的重组 Apserpin-6 蛋白，能够抑制血淋巴中 proPO 的活性，但对 PO 活性没有影响。Apserpin-6 可能作为一种负调控因子参与调控柞蚕血淋巴对于病原菌的免疫防御反应。改变 Apserpin-6 中心环（RCL）的结构，通过构建不同氨基酸突变的质粒，会对柞蚕血淋巴中 pro PO 的活性产生影响（Wang 等，2020）。

另外，昆虫激素同样也会影响免疫反应。其中 20E 对昆虫细胞免疫有明显增强作用，而对体液免疫的影响则比较复杂。20E 的刺激能够上调表达细胞黑化过程中的 PPO 转录表达，20E 也能促进体液免疫中的抗菌肽基因上调表达，也能促进一部分基因的下调表达。美国密苏里大学宋齐生等认为神经肽类鞣化激素 bursico 不仅与昆虫表皮黑化、鞣化，翅展密切相关，同时也参与了免疫反应（An 等，2012）。Bursicon-α 和 Bursicon-β 能够通过结合核转录因子（nuclear factor-kappa gene binding，NF-$_{K}$B）的 Relish 配体基因，促进羽化期的昆虫抗菌肽 AMPs 的表达。在柞蚕化蛹过程中通过选取蛹表皮测定的转录组数据库中，也筛选到了 *bursicon* 基因，并且该基因在同样发生鞣化的黑色蛹中表达量高于黄色蛹 8 倍，可能 *bursicon* 的表达与免疫黑化反应关系更为紧密（汪琪等，2021）。

第十节 柞蚕茧丝蛹等加工利用

一、柞蚕茧及加工

（一）柞蚕茧

柞蚕茧为椭圆形，尾端稍尖，中部稍大，头部稍钝并有茧柄，茧色为褐色。秋季雌茧重约11g，雄茧重约9g；雌蛹重约10g，雄蛹重约8g。在二化性地区可分为秋茧、春蛾口茧（大扣）、秋蛾口茧（小扣）三类；一化性地区分为春茧和蛾口茧两类。

每粒柞蚕茧都由一根连续不断的茧丝纤维组成，一根茧丝是由两条单纤维并列结合而成，每条单纤维中间主体是丝素（fibroin），外围是丝胶，还含有少量脂肪、蜡质、色素及无机盐。其中，丝素占84.9%~85.3%，丝胶占12%~13%，脂肪、蜡、色素占0.64%，灰分占1.32%~1.75%。

柞蚕丝素、丝胶均是由18种氨基酸组成（表2-8）。丝素中丙氨酸、甘氨酸、丝氨酸3种氨基酸占丝素中氨基酸总量的80%以上，其余15种氨基酸约占10%。丝胶中丝氨酸、天门冬氨酸、苏氨酸、甘氨酸4种氨基酸占丝胶中氨基酸总量的69%以上。

表2-8 柞蚕茧丝的氨基酸组成 （单位：g/100g丝素或丝胶）

氨基酸种类	柞蚕丝素	柞蚕丝胶	氨基酸种类	柞蚕丝素	柞蚕丝胶
甘氨酸	25.85	12.55	谷氨酸	2.12	6.86
丙氨酸	44.11	2.82	赖氨酸	0.21	1.61
缬氨酸	1.52	1.56	精氨酸	5.13	5.49
亮氨酸	0.40	0.69	苯丙氨酸	0.47	0.99
异亮氨酸	0.38	0.60	酪氨酸	9.01	5.64
丝氨酸	12.89	23.49	组氨酸	1.56	1.70
苏氨酸	0.47	15.26	脯氨酸	0.47	1.63
胱氨酸	0.23	0.27	蛋氨酸	0.50	0.14
天门冬氨酸	8.22	17.72	色氨酸	1.75	0.20

注：表中数据为每100g丝素或丝胶中各种氨基酸的克数

（二）柞蚕茧的加工

1. 缫丝

缫丝用的原料茧为防止羽化出蛾，必须进行杀蛹处理。杀蛹方法有冻杀法和烘杀法两种。冻杀法是利用冬季-23~-18℃将蛹冻死。烘杀法是利用烘茧机杀蛹，杀蛹温度为100℃，杀蛹时间30min。杀蛹后的柞蚕茧干燥后即可缫丝。

（1） 煮茧及漂茧

煮茧（cocoon cooking）是利用水、热和药物的作用溶解茧层中的杂质和污染物，使茧丝外层的丝胶充分膨润，为漂茧创造条件。

柞蚕茧经煮茧处理后还需用解舒剂处理才能达到解舒的目的，这种处理叫做漂茧。

常用的解舒剂有甲醛、甲矾；漂茧用药剂有过氧化氢、氢氧化钠等。为了使煮液、漂液能很好地渗透到茧的内层，使茧层各部的漂熟程度一致，解舒处理中可使用少量的肥皂、红油、胰加漂、烷基苯磺酸钠等表面活性物质作渗透剂。漂茧目的是除去茧层中的杂质、色素，软化并溶解部分丝胶，使茧丝能顺次离解，便于缫丝。

漂成茧保管时，要求夏季温度不超过 24℃，冬季温度不低于 18℃。夏季温度高，需将漂茧原液放出，用冷水保存。冬季温度低，可保留适当量的漂茧原液再加部分冷水保存。

(2) 缫丝

柞蚕茧缫丝有干缫法和水缫法两种。干缫法是将煮漂处理过的茧脱掉茧腔内的水分，使茧呈湿润状态，在干缫机的台面上进行缫制。水缫法是将解舒处理后的茧，置于一定汤温、汤色的缫丝锅中进行缫丝。水缫法的生产效率高，所缫得的生丝质量好，是目前缫丝生产采用的主要方法。

1）索理绪　用拇指和食指将茧层表面乱丝缠绕起来，慢慢地理出正绪，理好绪的茧放进备绪锅内备用。

2）接绪　生丝是由数根茧丝组成的，茧数由生丝的目的纤度和一批茧的平均纤度而定。缫丝时由于落绪而使生丝纤度变细，为保证生丝纤度达到目的纤度，需及时添上正绪茧，将绪丝交给发生落细的绪头并引入缫制着的绪丝群中，成为组成生丝的茧丝之一。

3）集绪　经接绪后形成的丝条中含有大量的水分，且茧丝之间抱合松散，裂丝多，需经集绪器和丝鞘，然后卷绕成形。

4）捻鞘　丝鞘是丝条通过集绪器上、下鼓轮时，利用丝条前后段相互捻绞，再通过定位鼓轮而形成的。丝鞘有增加丝条的抱合、脱水和减少形态较小的颣节的作用。

5）卷绕　丝鞘引出的丝条，需要有规律地卷绕在小籰上，使丝条干燥成形。卷绕后使之迅速干燥，使生丝达到一定的回潮率，确保生丝结构固定、抱合良好。

6）复摇　将小籰上的丝重新返摇在大籰上，使丝片的宽度、长度和重量具有一定的规格，便于包装和运输。

2. 丝绵加工

将茧用水浸泡 24h，除去杂质并放入含碱液浓度为 1.5%~2.0%沸腾碱液中脱胶 40~50min，取出蚕茧用流水冲洗至中性。将脱胶后的茧放入 45℃温水中，撕开茧口套于一定形状的丝绵（floss silk）小弓（弓高约 20cm）上，均匀地拉至弓的底板，使之形成一层厚薄均匀的丝绵。取下丝棉晒干即为丝绵成品。再经漂洗液（水：硅酸钠：双氧水比例为 80：1：2）煮沸漂洗 45min，冲洗脱药、晒干即可得到白色的丝绵。目前多采用机械加工丝绵，并已形成制作丝绵被产业。

3. 柞蚕丝素粉的制取

柞蚕丝及丝素粉具有极强的防止紫外线照射的功能。在化妆品中加入丝素粉 10%左右就能够有效地吸收紫外线，抑制黑色素的生成，进而预防黑色斑和雀斑的生成等。柞蚕丝可用酸、碱或酶水解成低聚肽或氨基酸，用磷酸水解柞蚕丝制取复合氨基酸的方法。

首先，将柞蚕茧丝剪成长约3cm，放入沸腾的85%磷酸中，以蛇形冷凝管冷凝磷酸蒸汽，在100~120℃条件下回流4h。水解后加入生石灰浸泡液并搅拌，即有磷酸钙生成，生石灰浸泡液加至磷酸水解液呈中性为止。在0.09MPa条件下，用400目尼龙布减压过滤中和液，滤液再用尼龙袋过滤。滤液中加入5%（重量）的活性炭，在60℃下保温脱色1h，重复2~3次。

其次，采用强酸型阳离子交换树脂进行层析除去提取液中的阳离子（如Ca^{2+}、Na^{+}），控制提取液流速为300ml/min，待洗出液使茚三酮呈紫色时停止。然后用纯水以400ml/min流速洗柱，至流出液呈中性时停止。洗脱时，用0.1mol/L的氨水作洗脱液，流速控制在250~300ml/min，收集洗脱液即为混合氨基酸液。

最后，混合氨基酸经冷冻或喷雾干燥后，加20倍量的80~90℃纯水溶解，每升氨基酸溶液加15g三级活性炭进一步脱色，趁热过滤，水浴蒸发至出现晶体，室温冷却。加3倍量95%酒精，置4℃条件下12h，抽滤得结晶氨基酸，再用酒精洗涤2次，然后抽滤，在60~70℃条件下干燥，即得白色结晶纯品。

4. *柞蚕丝在材料学上的应用*

利用柞蚕丝/碳纤维混杂构建抗冲击复合材料，将柞蚕丝和碳纤维混杂作为强韧相，构建了一系列高刚性、高强度的环氧树脂基体复合材料，实现了两种高性能纤维的完美结合，并为天然蚕丝纤维的应用开辟了全新的方向（Yang等，2019）。上海科技大学凌盛杰团队通过一种速度可控的力缫丝方式，仿照蜘蛛丝提出了使用强拉柞蚕丝（FRSFs）替代蜘蛛丝制作高性能纤维驱动器，可获得连续纺长大于1km的均匀柞蚕丝纤维。这种FRSFs机械韧性几乎是柞蚕茧丝（CSFs）的2倍（Lin等，2020）。

生物材料作为引导组织再生的支架发挥着重要作用，为细胞附着、增殖、分化和促进组织新生提供了一个类似于自然细胞外基质（ECM）的仿生微环境。Kuniyo等（1998）研究了哺乳动物细胞和昆虫细胞在丝素薄膜上的生长，发现丝素蛋白完全可以用作细胞生长的基质，可替代常用的胶原蛋白。左保齐等（2006）制备了含有RGD序列的再生柞蚕丝素蛋白膜，再生柞蚕丝素膜的分子构象以α生螺旋和无规线团为主，空气环境下放置30d后只发生少量无规线团向α生螺旋转化，而不会向β-折叠转化。在医学组织修复中，以柞蚕丝素（TSF）和聚乳酸（PLA）复合物比纯PLA有利于细胞的增殖。当柞蚕丝素含量为10%时，制备的纳米纤维纱强度相对较大，纱中纤维均匀，能有效地调控HAP在纤维表面的沉积，具有良好的生物学性能及用于骨仿生支架的潜质（余志才，2015）。

柞蚕丝胶可用于促进成骨干细胞的分化（图2-5），相对于家蚕丝胶，柞蚕丝胶的作用更为明显（Yang等，2014）。柞蚕丝素蛋白（ASF）含有大量Arg-Gly-Asp多肽序列，可以提高Schwann细胞附着能力和细胞增殖，通过与家蚕丝素蛋白（BSF）比较，具有更好的稳定性，能够应用于神经细胞的修复（Ge等，2019）。脱去丝胶的柞蚕丝素蛋白在对坐骨神经损伤的大鼠模型具有功能恢复作用（Huang等，2012），后期也发现在中枢神经系统的修复中同样也具有很好的作用，具有恢复脊髓的潜在能力（图2-6）（Varone等，2017）。

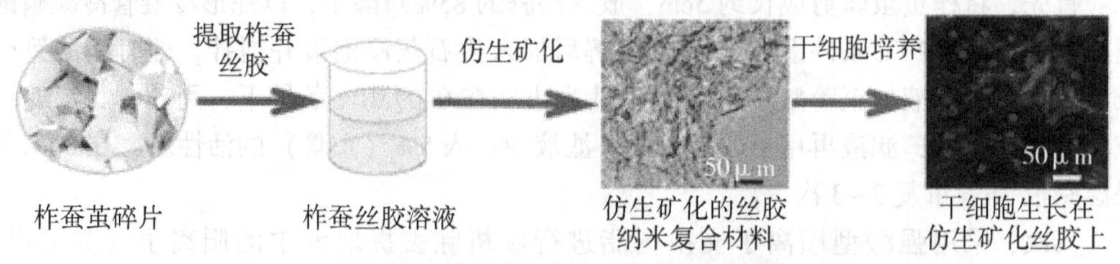

图 2-5　柞蚕丝胶在成骨细胞中的应用（Yang 等，2014）

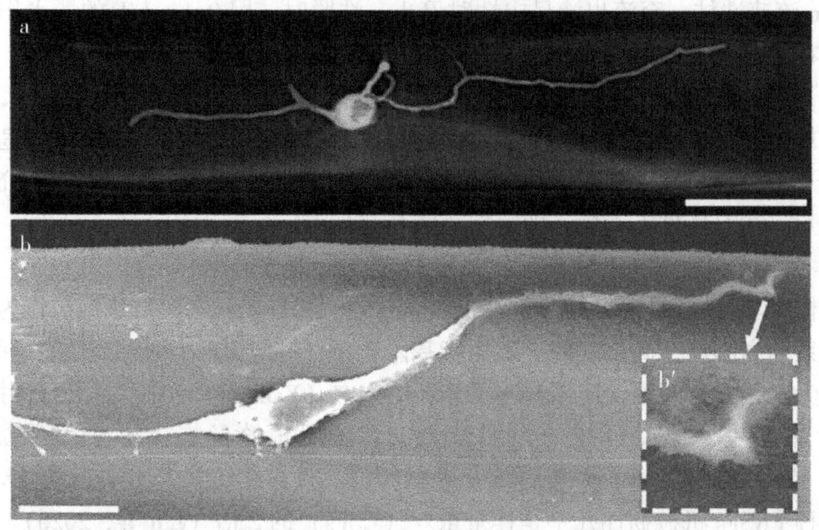

图 2-6　脱去丝胶的柞蚕丝素蛋白支持出生后的大鼠皮质神经元细胞生长（Varone 等，2017）

注：a 为 β-tubulin Ⅲ标记的荧光显色；b 为扫描电镜下的神经细胞；b′为生长中的神经足

二、柞蚕蛹、蛾的利用

（一）柞蚕蛹的利用

1. 柞蚕蛹的营养物质

柞蚕蛹含有丰富的营养物质（表 2-9），是一种理想的营养资源。

表 2-9　柞蚕鲜蛹及缫丝蛹的主要化学成分（何德硕，1985）　　（单位：%）

蛹	水分	粗蛋白	粗脂肪	粗纤维	盐分	钙	磷	粗灰分	其他
鲜　蛹	74.95	13.780	6.671	0.994	0.075	0.019	0.173	1.010	2.328
缫丝蛹	72.90	15.482	7.751	1.412	0.049	0.022	0.159	1.011	1.214

柞蚕蛹干物质中，粗蛋白含量占 56.88%，蛋白质中含有 18 种氨基酸，其中含有人体必需的 8 种氨基酸，并且含量较高；粗脂肪含量占 26%～28%，脂肪中含有多量不饱和脂肪酸甘油酯，其中油酸、亚油酸和亚麻酸等占 75%以上。这些不饱和脂肪酸有较高的保健和药用价值。柞蚕蛹还含有钾、钠、铜、铁、磷、钙、锌、镁、维生素 A、维生素 B_1、维生素 B_2、维生素 E 及胡萝卜素等。

2. 柞蚕蛹的利用

(1) 柞蚕蛹的食用

中医早就有“食用蚕蛾可以补肝益智、强精健体”之说，柞蚕蛹多为直接煮、炒食用。现已开发出蚕蛹膨化果、蚕蛹面包、蚕蛹罐头、炒蚕蛹、袋装油炸蚕蛹、真空包装五香蚕蛹、蚕蛹酒等多种产品。

(2) 柞蚕蛹的药用

柞蚕蛹作为药材已被《东北动物药》和《中国动物药》收录。柞蚕蛹作为治糖尿病、尿多药用时，用蚕蛹 25g 水煎服，日服 2 次即可；作为治疗癫痫病药材时，用蚕蛹 7 个，加冰糖适量，蒸熟后服下。柞蚕蛹焙干、研粉，可以治疗小儿营养不良和消化不良，从柞蚕蛹油中提炼的亚油酸是治疗动脉硬化、高血脂及高血压症的良药。

柞蚕脱脂蛹干粉中，核酸含量占 3%~6%。可用于治疗白血球减少症、急慢性中毒性肝炎和生理衰退等病症，取得良好效果。

蚕蛹中的蛹油可用生榨法、热榨法或浸出法提取出来。精炼后的蛹油再经过脱色、脱臭，即可制得无臭、透明的蛹油，也可进一步加工制得不饱和脂肪酸。以此为原料能制取治疗肝炎、动脉硬化及各种类型的高胆固醇血脂症等药物。

(3) 柞蚕蛹的保健价值

柞蚕蛹油含有大量的不饱和脂肪酸和多种脂溶性维生素，具有明显的药理作用和营养作用。柞蚕蛹油能使动物角质层变薄，表皮层有明显的增生现象，发生层和颗粒层细胞肥大，排列整齐。

柞蚕蛹蛋白是一种高级营养动物蛋白。提取蛹蛋白可用脱脂后的柞蚕蛹，通过等电点沉淀法制备。先用 1%~3%氢氧化钠溶解蚕蛹中的蛋白质，在 40℃条件下抽提 6h 后，过滤除去蛹壳等杂质，再用 10%盐酸将滤液调至 pH 值 4.2~4.5，即有蛋白质沉淀析出。静置数小时后，收集蛹蛋白于尼龙袋中，流水洗涤至 pH 值 6.0 时，烘干，研磨成粉即可。提取的蛹蛋白可用作食品添加剂，还可制取复合氨基酸和单种氨基酸。制备氨基酸时，用 6~10mol/L 的盐酸水解蛹蛋白 16~18h，温度保持 100℃，至反应液中无双缩脲反应为止。然后在 80℃，0.067~0.098MPa 的条件下减压脱酸。纯化液经真空浓缩、精制、干燥、磨碎、过筛后即为复合氨基酸粉。复合氨基酸用阴离子交换树脂分离为单种氨基酸。此外，还可以利用柞蚕蛹皮制取壳聚糖等。

(4) 柞蚕蛹虫草培养

柞蚕蛹因其滞育期长，便于周年生产，因此是培养蛹虫草的上好材料。用柞蚕蛹培养的北冬虫夏草，其培养方法同家蚕蛹虫草的人工培养。

柞蚕蛹虫草具有镇静、抗惊厥、耐疲劳的功效；能明显提高大鼠血浆中皮质醇和睾丸酮含量，具有雄性激素类物质作用；体外药敏试验证明，柞蚕蛹虫草对人喉癌细胞(Hep-2) 有杀灭作用，对 Lewis 肺癌有抑制作用；柞蚕蛹虫草能保护人体骨髓细胞的造血功能，促进白细胞增长，增强细胞免疫和体液免疫，能增强网状内皮系统吞噬功能，激活 T 细胞、B 细胞，促进抗体形成。

蛹虫草中的基因簇同时合成虫草素（Cordycepin，COR）和喷司他丁（Pentostatin，PTN），PTN 具有抗癌活性并可以抑制虫草素降解为 3′-脱氧肌苷（3′-deoxyinosine，

3′-dI)，从而保护虫草素不被降解（Xia 等，2017）。

(5) 柞蚕蛹繁殖白蛾周氏啮小蜂

白蛾周氏啮小蜂（*Chouioia cunea* Yang）是美国白蛾（*Hyphantria cunea*）主要寄生性天敌之一，可用柞蚕蛹进行繁殖用于生物防治。接蜂有 3 种方法：瓶内接蜂时，用脱脂棉球着附小蜂后封闭装有柞蚕蛹的瓶口；或者在 10~20℃条件下，用毛笔将小蜂成虫扫入柞蚕茧内，快速用胶布封口；也可在柞蚕茧上削 3 刀，便于蜂进入茧内寄生，然后将茧和蜂种放入繁蜂箱内。蜂种和柞蚕蛹的比例为 20∶1，接种时，在暗光下操作，接种后置 25℃、相对湿度 70%~80%条件下寄生 12~24h。

(6) 柞蚕抗菌物质的制取

注射大肠杆菌或阴沟肠道菌等于柞蚕滞育蛹可诱导产生抗菌物质。此外，经 3%甲醛处理过的大肠杆菌、大肠杆菌核酸、其他来源的 DNA、氨基酸、柞蚕链球菌（*Streptococcus pernyi*）以及超声波等处理柞蚕滞育蛹，也能诱导产生抗菌物质。其中的柞蚕抗菌肽（cecropin）是一类分子量为 4kDa 左右，含有 13~14 种氨基酸、36~37 个残基的碱性多肽，是抗菌物质的主要成分。

1）抗菌肽的诱导　将柞蚕链球菌接种于液体培养基中，在 37℃条件下培养过夜，次日转管继续培养 6~7h，用无菌昆虫生理盐水稀释 20 倍，制成 10^5个菌体/ml 的菌液备用；诱导源为柞蚕 NPV 和柞蚕微粒子孢子时，将病原提纯制成悬浮液，再加入适量的 5%甲醛至终浓度为 1/2 000，25℃放置 5d，4 000r/min 离心 20min，沉淀用无菌昆虫生理盐水悬浮，使悬浮液含柞蚕 NPV 多角体 37 600 个/μl，柞蚕微粒子孢子 42 000 个/μl；诱导源为大肠杆菌时，将液体培养的大肠杆菌制成目的浓度的稀释液。将诱导源自蛹体背部节间膜处注射于蛹体内（500μl/蛹），在 25℃温度下培养，在诱导后第 72~96h 内生成的抗菌物质活性达到高峰。

2）抗菌肽活性检测　采用测量琼脂板上抑菌圈直径的大小进行。溶菌酶活力测定一般用 Hultmark 等（1980）的方法进行。即取一定量的溶壁微球菌（70mg/L）悬浮于 pH 值 6.5、0.1mol/L 的磷酸钾盐缓冲液中，在 3ml 上述底物悬浮液中加入一定量待测样品，37℃水浴中保温 30min 后取出放到冰浴中冷却 10min，测定反应前后菌液 570nm 消光值 A 的变化，活力单位以［$(A-A_0)/A_0$］计算（A 为保温前的底物光密度值，A_0 为经酶水解后的光密度值）。

3）抗菌物质的分离鉴定　可采用酸性聚丙烯酰胺凝胶电泳法进行。抗菌物质的分离纯化可在活性达到高峰时，收集蚕蛹血淋巴，沸水浴 30min 后离心（10 000r/min，30min）取上清液，经 CM-Sepharose CL-6B 离子交换层析及 Phenyl-Sepharose CL-4B 疏水层析后，透析除盐，冷冻干燥，-20℃保存备用。

另外，凝集素（Lectin）是有机体中具有识别作用的一类蛋白质，屈贤铭等（1984）用大肠杆菌诱导柞蚕蛹后，凝集素滴度第 2 天就已达到最高水平，直至第 8 天基本维持在同一水平，认为凝集素担负的功能是识别外源异物，所以应答较快。

（二）柞蚕蛾的加工

1. 柞蚕蛾含有的营养物质

柞蚕蛾蛋白质和脂肪的含量较高，特别是雄蛾脂肪含量明显高于雌蛾（表 2-10）。

雄蛾体内脂肪中，油酸、亚麻酸和亚油酸等不饱和脂肪酸含量高达78.6%，其中必需脂肪酸占43%。柞蚕蛾除含有蛋白质、脂肪和碳水化合物外，还含有激素、维生素、无机盐和细胞色素C等多种具有生理活性的物质。激素中主要有保幼激素（JH）、蜕皮激素（MH）、促前胸腺激素（PTTH）和羽化激素（EH）等。柞蚕雄蛾体内还含有促甲状腺激素（TSH）、泌乳激素（PRD）、促卵泡成熟激素（FSH）、促黄体生长激素（LH）、雌乙酚、孕酮、睾丸酮等多种人类激素（表2-11）。

表2-10 柞蚕蛾的化学组成表（余东华等，1997）

柞蚕蛾	能量/mJ	水分/%	蛋白质/%	脂肪/%	碳水化合物/%	灰分/%
雌蛾	447.27	71.4	14.9	4.5	1.70	4.80
雄蛾	898.89	63.2	13.9	17.0	1.56	4.34

表2-11 柞蚕雄蛾10%水提液中人的激素种类及含量（余东华，1997）

激素种类	化学类别	含量	正常参考值
皮质醇	类固醇	0g/dl	5~25g/dl
腺激素（HOG）	糖蛋白	0mIU/ml	<3.1mIU/ml
促甲状腺激素（TSH）	糖蛋白	1.2uu/ml	<10uu/ml
泌乳激素（PRD）	蛋白质	2.0ng/ml	男0~20ng/ml，女2~25ng/ml
促卵泡成熟激素（FSH）	蛋白质	5.7mIU/ml	男3~30mIU/ml，女3~41mIU/ml
促黄体生长激素（LH）	糖蛋白	2.1mIU/ml	男5~28mIU/ml，女7~208mIU/ml
雌乙酚	类固醇	<20pg/ml	男0~44pg/ml，女20~375pg/ml
孕酮	类固醇	1.0ng/ml	男0~1.28ng/ml，女0.11~30.9ng/ml
睾丸酮	类固醇	14.9ng/ml	男270~1 070ng/dl，女6~86ng/dl

2. 柞蚕蛾的利用

(1) 柞蚕蛾的食用

柞蚕蛾的食用方法有多种，将蚕蛾去翅并搓洗去掉蛾毛，沥干的蚕蛾倒入勺内翻炒，加入调味品，炒制5min即可食用。此外，还可将蚕蛾去翅后烘干、粉碎、过筛制成蚕蛾粉，作为营养食品添加剂加入到饼干、面包等食品中。

(2) 柞蚕蛾的药用及保健作用

柞蚕雄蛾有“补肝益肾，壮阳涩精”的医疗保健功能，作为药用时主要用于治疗阳痿、尿血、溃疡及烫伤等病症。以柞蚕雄蛾为主料的产品有“龙蛾酒”“佳特奇”“柞蚕公蛾酒”等。例如，“龙蛾酒”配方：柞蚕蛾浸液30%，补骨脂10%，淫羊藿15%，何首乌10%，菟丝子10%，熟地10%，刺五加5%，白糖1%，白酒5%，其他4%。

雄蛾酒的制备方法：用50%白酒浸泡雄蛾，雄蛾（干）与白酒的比例为1∶5，浸提时间30~45d。再采用压滤方法将蚕蛾与浸提液分开，用抽滤泵抽滤浸提液除去杂物，即得纯净的蚕蛾酒。将中药切碎蒸30min后放入50%白酒中浸提。然后将中药浸提液和雄蛾浸提液按一定比例混合、搅拌，放入4%~5%煮熟的肥猪肉中醇化，使酒中的有机酸和肥猪肉中的脂肪作用生成特有的香气。再将雄蛾浸提液、中药浸提液、50%白酒和水按 3：3：2：1 的比例勾兑、过滤除去杂质即可。以柞蚕雌蛾为主料配制的“九如天宝”对治疗前列腺肥大和妇女更年期综合征有较好疗效。

三、柞蚕卵的利用

（一）柞蚕卵卡制备

柞蚕卵是繁殖赤眼蜂优良寄主卵。取出雌蛾腹内的卵，清水洗净、晾干。用桃胶液粘卵剂（水：桃胶为 1：2）将卵黏附于卵卡纸（长约 39cm、宽约 28cm）上，平放晾干后可用于接蜂。

（二）卵卡接赤眼蜂

接蜂在 25℃、湿度 80%的条件下进行。当暗室内种蜂羽化率达 80%时，就可开始接蜂。接蜂换卡要在 20W 普通灯光下进行，一般凡每张卵卡上有 80%左右的卵上有一头蜂时就可以换卡，进行下一批接蜂。换下来的卵卡放入黑暗的繁蜂室内，让蜂在鲜卵上产卵寄生。产卵 24h 左右即可取出卵卡，扫去附在卵上的残蜂并送往发育室发育，2d 后即可应用或低温保存待用。冷藏蜂卡是将 1 日龄的赤眼蜂幼虫贮存在温度 2~3℃、湿度 60%的环境中。

四、柞蚕幼虫的利用

柞蚕幼虫主要是用于食用，将幼虫中肠内容物去除，用清水清洗干净后沥干，沥干的幼虫倒入锅内翻炒，加入调味品，炒制 5~10min 即可食用。此外，还可将清洗干净的幼虫放到水中煮开，加少许盐调味，煮到香味出来。虫体伸直后沥干，再将幼虫放入油锅中炸至酥脆后也可食用。

在饲养秋柞蚕时，常常会因为放养量过大，或者特殊年份霜冻、柞树叶早烘等，致使柞蚕不能完成营茧，此时的柞蚕幼虫可直接上市销售，尤其是熟蚕深受市场欢迎。

第三章 蓖 麻 蚕

第一节 蓖麻蚕生产的历史和现状

蓖麻蚕（eri silkworm）属鳞翅目大蚕蛾科樗蚕属樗蚕种蓖麻蚕亚种（*Samia cynthia ricini* Boisduval），是一种无滞育多化性完全变态的泌丝昆虫。蓖麻蚕主要饲料为蓖麻叶，还可取食木薯、马桑等 40 多种植物叶，又称为木薯蚕、马桑蚕等。蓖麻蚕起源于印度东北部阿萨姆邦地区，因食蓖麻叶而得名。1676 年印度就有饲养的文献记载，1854 年后开始向外传播，20 世纪 50 年代初期中国科学院实验生物研究所和广东省蚕业研究所从印度引种饲养成功，并在安徽、广东、广西、福建、江苏等省区饲养和发展，在育种上由蓝皮、花黄、花白、印花黄等引进种经过杂交选育，选育出 10 余个品种。印度年产蓖麻蚕茧丝 350~800t。通过以蓖麻蚕和樗蚕远缘杂交选育，获得了具有越冬性能的蓖×樗新品种，解决了蓖麻蚕冬季保种困难等关键问题。目前，蓖麻蚕在广西、山东、广东、云南等省（区）仍有生产，广西蚕业技术推广总站保留有蓖麻蚕品种资源 30 多个。蓖麻蚕生产能充分发挥蓖麻、木薯产业的多元化利用价值，提高其综合经济效益，这将会对蓖麻蚕生产带来恢复与发展的新机遇，目前约有 20 多个国家和地区饲养蓖麻蚕。

蓖麻蚕具有发育快、龄期短、蚕体质强健、易饲养等优点，饲养成本低，收益快，发展容易。饲育 1 盒蓖麻蚕卵（约 10 000 粒），用饲料约 330kg，生产蚕茧约 23kg。我国生产量最高年份为 1965 年，年饲育蓖麻蚕 300 万盒，生产蚕茧 42 000t。

第二节 蓖麻蚕的生物学特性

一、蓖麻蚕的形态特征

（一）卵

卵呈圆形稍扁平或椭圆形，卵长 1.7~2.5mm，卵幅 1.2~1.9mm，卵厚 1.0~1.27mm，卵前端较钝圆，每蛾产卵 250~500 粒。在 23~28℃的适温环境中受精卵经 8~10d 孵化。卵的一端有一个深黑色的受精孔，受精孔周围的卵壳较为平滑，具有极细密的呈放射状的卵纹，卵表面有黏液腺分泌的物质，刚产下卵色为黄白色，黄血系统的卵壳呈淡黄色，白血系统的卵壳呈淡绿色。孵化前 2~3d 卵内胚胎已发育成蚁体，卵色也由黄白色变成青灰色。产卵 2~4d 后，由于胚胎发育消耗了营养物质及水分蒸发，卵表面出现卵涡，当胚胎发育至转青期，卵面又逐渐鼓起，卵涡消失。

（二）幼虫

1. 幼虫的外部形态特征

幼虫体呈长圆筒形，胸部有 3 个环节，腹部 10 个环节组成，胸足 3 对，胸节各有 1 对胸足，腹足含尾足共 5 对，第 3、4、5、6 腹节各有 1 对腹足，第 10 腹节腹面有 1 对尾足。除第 2、3、12、13 体节外，其余各体节的两侧各有 1 个椭圆形黑褐色或淡褐色的气门，共 9 对，在第 12 体节背面中央有 1 个瘤状突起。

1 龄幼虫呈黑褐色或略带绿色，体壁上密生瘤状突起，突起上生黑色刚毛，随生长发育，体色逐渐变淡，龄末体色为棕黄色，头壳为黑色；2 龄起蚕体色淡黄色，头壳及肉瘤为乳白色略透明，随后体色为淡灰色，头壳为黑色；3 龄幼虫体色为青灰色或青白色，体壁上有白色粉末；4 龄、5 龄体色变为固有色，体壁表面有白色粉末。幼虫 4 眠 5 龄，全龄经过 16~18d。

蓖麻蚕体壁色素有白色和蓝色 2 种，血淋巴颜色有白色和黄色之分，蚕体又分有斑纹和无斑纹两种，斑纹有大花斑和小花斑之分，形状有圆形、三角形、条形和不规则形，斑纹多为黑褐色或黑色。在有斑纹中又分为大花斑和小花斑。5 龄 5~6d 后，成熟营茧，2~3d 营茧结束。全茧量 2. 4g，茧层量 0. 29g，茧层率 12. 5%。

2. 蓖麻蚕幼虫内部组织器官

蚕体外面由体壁包被而形成体腔，所有内部组织和器官都浸浴在开放式血淋巴系统中（图 3-1）。

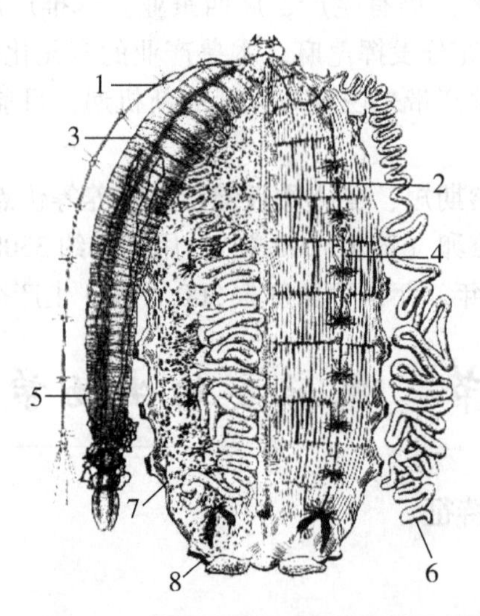

图 3-1　蓖麻蚕内部组织器官分布

1 神经；2 肌肉；3 消化管；4 气管；5 马氏管；6 丝腺；7 脂肪体；8 背血管

幼虫消化系统开口于口腔，终止于肛门，纵贯体躯的中央，由前肠、中肠、后肠所组成。前肠有口腔、咽喉、食道、贲门组成；后肠由幽门区、结肠、直肠组成。中肠组织结构由外向内分为底膜、上皮细胞、围食膜。

幼虫血淋巴循环系统为开放式循环系统，各种内部组织器官都浸浴在血淋巴中。血淋巴由血浆和血细胞组成，血细胞有原白细胞、吞噬细胞、颗粒细胞和绛色细胞。背血管由自脑下延伸止于第9腹节。

幼虫神经系统由中枢神经、外周神经和交感神经三大神经系统组成。

幼虫生殖系统：雄性生殖器官由精巢、生殖导管和海氏腺三部分组成。雌性生殖器官包括卵巢、生殖导管和石渡氏腺三部分。

幼虫内部还有由气门和气管系统组成的呼吸系统，由外层脂肪体和内层脂肪体构成的幼虫脂肪组织，以及由吐丝部、前部丝腺、中部丝腺、后部丝腺组成的丝腺组织，由消化道与马氏管组成的排泄系统等。

（三）蓖麻蚕蛹

蛹期17～18d，雌蛹体长约28mm，最大幅宽11.8mm，重约2.4g；雄蛹体长约26mm，幅11mm，重约2.1g。蛹呈纺锤形，淡黄色至棕黄色，额的两侧有1对触角，靠近触角基部有1对褐色复眼。复眼下方为退化口器，可见上唇、上颚和下颚。中、后胸两侧各长翅原基1对，后翅原基较小为前翅原基掩盖，胸部腹面各生胸足1对，外面只能看到前足和中足的一部分。前胸两侧各有气门1个。腹部为10个环节，第1～8腹节的左右两侧各有1个呈长椭圆形气门，第1腹节气门隐在翅之下，第8腹节气门已退化，仅存残痕。雌蛹腹部第8～9腹节腹面正中有一线缝与第8腹节前缘、第9腹节后缘相连形成“X”形的裂缝；雄蛹腹部小而末端尖，在第9腹节腹面中央有1个褐圆小点。雌雄蛹的肛门均位于第10腹面正中，外观呈纵裂状。

蓖麻蚕茧呈纺锤形，无茧柄，一端有羽化孔。茧白色，因品种、饲料不同而有灰黄色、米色或红褐色等。全茧量2.3～3.2g，茧层量0.35～0.5g，茧层率12%～15%，茧衣约占茧层量的1/3，茧衣与茧层间缺乏明显界限。

（四）蓖麻蚕成虫（蛾）

蛾期7～10d，成虫全身覆着浓密的白色或棕黑色的鳞毛，头部为椭圆形外披褐色或灰褐色间有黄色的鳞毛，着生一对羽状触角、1对卵圆形的黄褐色复眼及退化的口器，蛾的口器已退化，但可区分为上唇、上颚、下唇和下颚4部分。蛾胸部分为前、中、后胸3个环节，胸足3对，胸足由基节、转节、腿节、胫节、跗节等组成，足端有爪和感觉突起。中后胸两侧各有翅1对，前胸两侧有气门1对。翅呈棕黑色间有灰白、棕黄色带状斑纹，前后翅各有一对透明的月牙斑。雌蛾有7个腹节，雄蛾有8个腹节，第1～7腹节两侧各有气门1对（图3-2）。腹部末端为外生殖器和肛门，雄蚕生殖器由钩形突、抱器、阳茎、基环等组成；雌蚕生殖器由诱惑腺、产卵孔、交配孔、锯齿板等组成。雄蛾善飞，傍晚后飞翔求偶，雌雄蛾交配后攀附于地面。

二、蓖麻蚕的生活史

蓖麻蚕属无滞育多化性完全变态的泌丝昆虫，经过卵、幼虫、蛹、成虫（蛾）4个发育阶段（图3-3），夏秋季一个世代需45～50d，冬季55～60d。蓖麻蚕无滞育期，需要周年饲养，在中国南方亚热带地区，一年可完成4～7个世代。蓖麻蚕在26℃下，完成一个世代需45d。茧呈纺锤形白色，一端有羽化孔，有樗蚕血统的有时会出现红色茧。

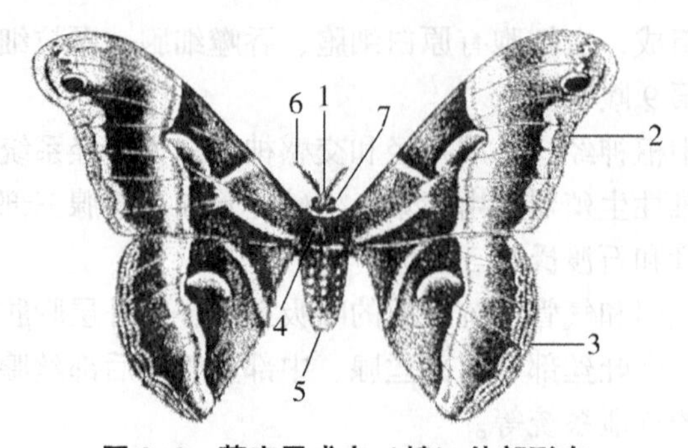

图 3-2　蓖麻蚕成虫（蛾）外部形态

1. 头部；2. 前翅；3. 后翅；4. 胸部；5. 腹部；6. 触角；7. 复眼

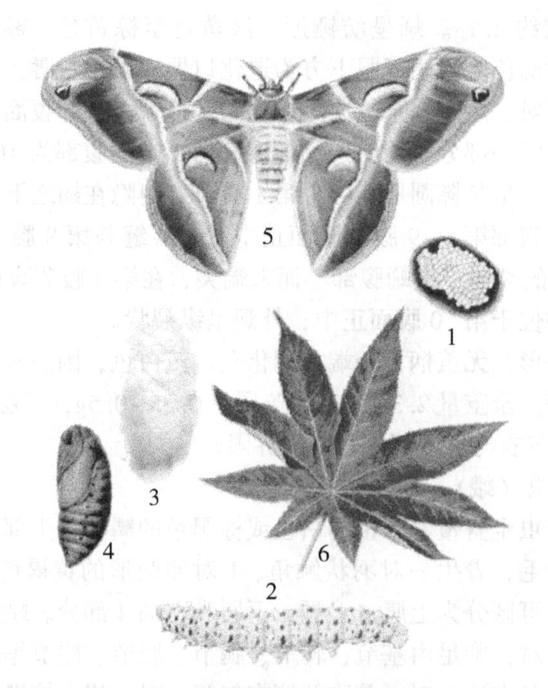

图 3-3　蓖麻蚕生活史（根据周仙美和徐照宏原图改进）

1. 卵；2. 幼虫；3. 茧；4. 蛹；5. 成虫；6. 蓖麻叶

（一）卵

受精卵在 23~28℃下 8~10d 完成胚胎发育，每克卵约有 600 粒。卵发育起点温度为 10℃，16.5℃以上为蚕卵孵化温度，卵期发育有效积温为 146℃。卵期适合湿度为 90%~95%。

（二）幼虫

幼虫 4 眠 5 龄，幼虫期为 22~23d。5 龄盛食期过后食欲减退，开始从体内排出稀粪，蚕体呈透明状，此时可上蔟吐丝营茧。幼虫发育最适温度 24℃，一般在 22~28℃都可养蚕。幼虫发育最高界限温度，小蚕期 32℃，大蚕期 30℃。幼虫期发育的有效积温为 292℃。幼虫的适合相对湿度范围：小蚕期 80%~85%，大蚕期 85%~90%。

（三）蛹

在25℃条件下，蛹期为17~18d。蛹发育起点温度为10℃，前蛹期的最高界限温度为30℃，后蛹期为28℃，蛹期发育的有效积温为285℃。蛹期适合相对湿度为80%~90%。

（四）成虫

成虫一般早晨羽化，傍晚飞翔、求偶、交尾，雌雄蛾羽化后1~2d交配产卵性能良好，每只雌蛾产卵400~500粒，蛾的寿命7~10d。

三、蓖麻蚕的生活习性

（一）喜湿性

蓖麻蚕幼虫及卵、蛹、成虫各阶段都有喜湿的习性，相对湿度80%~90%为宜。高温干旱季节可适当喂以水叶。

（二）群集性

蓖麻蚕群集性强，1~3龄幼虫时常群集在叶背面整齐排列休息，食叶时才分散。饲养要及时匀蚕扩座，防止拥挤、食叶不均匀导致发育不齐。

（三）避光性

蓖麻蚕各龄期均有较明显的避光性。1~2龄幼虫背光性强，在叶背休息取食，整个发育期直至熟蚕吐丝营茧在避光下进行，羽化和交尾也喜避光环境。

（四）自卫性

幼虫全身瘤状突起上着生许多刚毛，具有感觉和自卫作用。

（五）抓着性

蓖麻蚕足的附着力较家蚕强，尤其是小蚕和起蚕的足附着力强，能牢牢抓住附着体，若遇外界物体触及蚕体一般不易移动，并从口器中吐出黄绿色消化液。饲养时应连叶带附在叶上的蚕一起移动，以防伤蚕和感染蚕病。

（六）杂食性

蓖麻蚕可取食蓖麻、木薯、乌桕、臭椿、马桑、扁蓄、红麻、蒲公英、向日葵等多种植物的叶。

（七）自卫性

蓖麻蚕幼虫瘤状突起发达，其上有许多刚毛，这些具有感觉和自卫作用；大蚕体表面分泌一层白粉，可防止寄生蝇等侵袭。

此外，熟蚕上蔟吐丝前，将体内粪便及黏液排泄完毕才寻觅吐丝结茧场所。蓖麻蚕蛾具有夜出性，雄蛾善于夜间飞翔求偶，雌蛾也多在夜间产卵。

第三节 蓖麻蚕良种繁育

一、蓖麻蚕良种繁育规程

蓖麻蚕良种繁育的目的是根据蓖麻蚕茧生产需要，足量、及时繁育适合当地生产的高产、优质、好养的蚕种。良种繁育要严格执行良种繁育技术操作规程，实行科学养蚕制种，严格选择，保持并提高品种的优良特性，繁育出优质无病的蚕种。蓖麻蚕良种繁育主要分原原种（母种）、原种（一代杂交原种）、普通种（一代或二代杂交种）三级制种。

（一）原原母种繁育

原原母种是从同一品种数量较多的原原种蛾区中选择优良个体制种。原原母种要求无微粒子病，并保持品种固有的优良性状、遗传特性、纯正无混杂以及生命力不降低。在繁育过程中必须要进行提纯复壮，实行双线保育。即同一原原母种选择若干单蛾区或双蛾混区，分为 A、B 两组，一年中每一组继代 6~8 批，以蓖麻叶为饲料交叉繁育。

（二）蓖麻蚕原原种繁育

原原种采用原原母种繁育，原原种繁育采用单蛾区或双蛾区育。同品种异蛾区交配，单蛾产卵，单蛾显微镜检查。种卵 5 蛾区/单位，每蛾区卵量为 0.8g。同品种分双线继代繁育，以蓖麻为饲料饲养。在做好养蚕前、中、后蚕室蚕具及饲料消毒基础上，实施雌蛾显微镜检查，防治微粒子病，杜绝食下传染和胚种传染。从收蚁至化蛾产卵，实施严格选择。原原种采种蛾区数为饲养蛾区数的 50%~60%，而选留母种的蛾区数为饲养蛾区数的 20%~25%。采取在蛾区选择基础上进行个体选择，各蚕期必须逐龄淘汰早眠蚕、迟眠蚕、迟起蚕、小蚕、畸形蚕、病弱蚕，逐龄抽查镜检迟眠蚕，发现微粒子病时以蛾区为单位予以淘汰。每蛾区原原母种生产原原种 80~90 蛾区（表 3-1）。

表 3-1　蓖麻蚕原原种合格标准

项　目	微粒子病率/%	5 龄蚕病死率/%	死笼率/%	单位收茧量/(kg/单蛾)	羽化率/%	单位制种量/(蛾区/单蛾)
合格标准	0	小于 2	小于 1	0.65	95	50

（三）蓖麻蚕原种的繁育

原种采用原原种繁育，原种繁育必须由有具备蚕业技术人员、符合良种繁育条件的省（区）、地（市）或县级蚕种场（站）承担。繁育过程应严格遵守蓖麻蚕良种繁育技术规程，并接受当地农业（蚕业）主管部门的指导和检查监督。原种采取 5~10 蛾区饲育，同品种异蛾区或同品系异蛾区交配，或者不同品种、不同品系间杂交，分区制种。全龄蓖麻叶饲育，饲料不足时可用部分木薯叶（或臭椿、乌桕叶）等补充；或者小蚕用蓖麻叶，大蚕用木薯叶（或臭椿、乌桕叶）饲育。实行以消毒防病为中心的良种繁育技术措施，蚕种场（站）应有蓖麻等饲料基地，对饲料管理和消毒防病技术与原原种繁育技术相同。不同品种必须分开饲育，对交两品种制种前应将雌雄分开，使两品种（或品系）彻底杂交。蚕、茧、蛹、蛾、卵的选择与原原种繁育方法一致。每一蛾区原原蚕催青 8~10 蛾区，在以饲育小区选择为基础上再进行个体选择。蚕期淘汰和选择与原原种方法相同。每蛾区原原种生产原种 2.5~3 盒，每盒原种卵量为 20g。制种中全部实施雌蛾显微镜微粒子病率检查。原种的质量检验标准如

表3-2所示。

表3-2　蓖麻蚕原种制种标准

项目	微粒子病率/%	5龄蚕病死率/%	死笼率/%	单位收茧量/(kg/蛾区)	全茧量/g	茧层率/%	羽化率/%	单位制种量/(盒/kg)
合格标准	0	小于3	小于3	6.5	3.2	13	90	4.0

(四) 蓖麻蚕普通种繁育

普通种繁育由市（县）蚕种站选择条件较完善的重点蚕区民营蚕种场或养蚕大户进行。在蚕种场站邻近农村建立蓖麻蚕原蚕饲养基地，派出技术员下原蚕饲养基地技术指导，以户为单位饲养原蚕，并由蚕种场将种茧收购回站进行制种。饲养原种为卵量饲育，每区20g或10g（1盒或1/2盒），饲养2个原种或杂交一代原种。按预定的两品种对交制一代杂交种，或者采用一代杂交原种蚕混区制一代杂交种。分户或小区（组）制种，用全室穿挂种茧发蛾的交配方式。制成的普通种合格种卵装20g/盒，每盒有效卵10 000~12 000粒。饲料应以蓖麻或木薯为主，分户制种，分户抽检雌蛾，抽取雌蛾10%检验。

二、蓖麻蚕制种

按蓖麻蚕蚕种品质检验标准抽样检验，依据死笼茧率、结茧量、茧层率和茧干燥程度、杂质率等成绩分级评价定级收购。

(一) 种茧保护

种茧运回蚕种场后及时铺开摊薄，严防堆积，合理保护种茧。种茧收购后进行茧质调查和再次选择，选择茧皮厚、茧型大的作为种茧，用穿茧或铺茧两种方法保护。穿茧保护是用大号针和细棉、麻（或尼龙）线穿过种茧中部外层，每隔5~6个茧后一个要穿两针，以防种茧下坠，穿茧时注意勿伤蛹体。每串长1.5~1.8m。将茧串悬挂于挂茧架上，茧串之间相隔1~1.5cm，离地面30cm高以利通风和蚕蛾羽化展翅。种茧保护和制种室内挂5~6kg/m^{2}茧串。铺茧保护即将种蚕放于茧床或茧箔上平铺成一层保护，铺茧厚度以平铺1~2粒茧为度，早上蔟的置低处，迟上蔟的置高处，以调节发育。保种室保持空气流通，室温不超过30℃，干湿要均匀适当；室内温度如低于20℃时，应加温。蓖麻蚕蛹在适温范围内（22~28℃），温度升高发育加快，温度降低则蛹期经过延长。在正常温湿度范围内，蓖麻蚕蛹从化蛹到羽化发蛾经过18~20d。

为了使异蛾区交配或制杂交种的异品种对交，要求对交品种雌雄蛾同时羽化。原蚕饲养应同一天收蚁，在相同条件下用同一种饲料饲养，达到同天上蔟；种茧保护应在同一环境下实现同时羽化；一般早批雄蛾多，晚批雄蛾不足，可将早上蔟的种茧放在比常温低2℃环境保护1~2d，然后放回同一环境条件中保护；或将雄蛾放入15~20℃的环境中保护1~3d。

(二) 制种

蓖麻蚕制种包括发蛾、捉蛾、选蛾、交尾、整对、拆对、产卵、收蛾、收卵、蚕种整理等。

1. 发蛾

蓖麻蚕在25℃环境中，从上蔟到羽化经过19~20d。雌雄蛾羽化时间有差异，如雄蛾先羽化，雄蛾19：00开始羽化，5：00—7：00最盛；雌蚕蛾多在23：00羽化，6：00—11：00羽化最盛。

2. 捉蛾

1）雌雄茧保护捉蛾法　待蚕蛾羽化后已经双翅平展变硬，腹部饱满充实时及时捉蛾，每天8：00前及11：00—12：00各捉蛾一次，若仍有羽化则在16：00再捉一次，把雄蛾、雌蛾分开捉到交尾笼或交尾网帐中保护。

2）雌雄茧不分开保护的捉蛾方法　先把已交尾的蛾对提出，放在交尾笼（或交尾网帐）内，待交尾时间10h以上，于16：00左右拆对产卵。提蛾对后再捉单蛾，先捉雄蛾，后捉雌蛾，雌雄蛾分别放到交尾笼或交尾网布上，每平方米可摆放蛾子160~200只。标明品种、羽化日期和产地。用平面羽化器（茧箔）铺茧和羽化的捉蛾方法，则先把提早交尾的蛾对捉出集中一处。捉单蛾时将长1.3m、宽0.5m的交尾网铺在下层平面羽化器上，将上层平面羽化器底部的蛾捉落至下面的交尾网。捉蛾时，将上层平面羽化器向前推，使铁线上的小木片碰到铁钉，平面羽化器便倾斜成一定角度，每捉完一层蛾，把平面羽化器摆回原位，同时取出交尾网。每张交尾网放满蛾后，使蚕蛾分布均匀再挂在竹竿上，网与网之间距离20cm。

3. 选蛾

捉蛾、晾蛾和拆对时进行选蛾，淘汰翅萎缩、畸形、鳞毛脱落的秃蛾、腹部细长、过分肥大无收缩力蛾、腹部环节有黑斑或硬化蛾等。剩余雄蛾或雌蛾分放在15℃笼箱内保护，雌蛾在15℃中可保护2d，雄蛾在15℃中可保护4d，制种时遇30℃以上高温持续较长时间时，室内用空调降温或用清水喷洒种茧和蛾体降温。

4. 交尾

交尾在15：00—16：00进行，投雄蛾撒于雌蛾笼或交尾网中，雌雄比例为100：110，黄昏后蛾自行交尾。每交尾网帐1.5m×3.3m×0.8m可放雌蛾2 500~3 000只、雄蛾2 700~3 000只。配对后在20：00—21：00整对和巡蛾，将交尾网上未成对的雌雄蛾捉出另行配对，次日早上再捉对，在网上已交尾成对的使蛾对分布均匀，防止蛾对过密相互干扰造成过早离对。已脱对的蛾再配以新蛾交配。交配室内温度以22~28℃、干湿差2~3℃为适，注意通风换气，避免阳光直射。蓖麻蚕蛾交尾持续时间14~16h，夏秋季高温交尾时间6~8h即可拆对产卵。雄蛾可重复利用3次。

5. 拆对

人为地把蛾对分离，交尾时间达16h的蛾对即可拆对。拆对时左手拇指和食指轻轻捏雌蛾胸腹交界处，中指轻抵雌蛾腹部，右手捏雄蛾胸腹部交界处向上提，雌雄蛾即可分开。拆对后的雄蛾放入15℃室内保护以便再次利用；雌蛾应立即进行剪翅或压翅让其产卵。

制原原母种、原原种及原种、普通种数量不多时，单蛾产卵或者没有用压翅产卵器的情况下用剪翅产卵法，即在离翅基0.5cm处剪断，然后送产卵室产卵。制母种、原原种实行单蛾产卵，把已剪翅雌蛾直接放入纸袋或塑料纱袋中产卵，以产1d卵为宜。

原种和普通种制种可采用分区产卵或混合产卵等形式，用产卵布或产卵纸等，使产卵用具垂直或倾斜悬挂、摆放于产卵室内，剪翅雌蛾在其上产卵，密度为200~300头/0.5m^2 雌蛾产卵。混合产卵可取3d卵，但应分天采卵集中不可混杂，以免造成孵化不齐。

压翅产卵法可省去剪翅剪足，将蛾固定并适应其特性腹部垂直产卵，产卵集中整齐，工作效率和产卵室的利用率高，便于分区（户）抽检雌蛾病毒。即将已拆对的雌蛾依次排列在压翅产卵器木片的行间，另用薄木片压住蛾翅固定产卵，薄木片一头插入产卵器长边木槽中，另一头用小块活动木片压住。原原种每行压雌蛾10~14只，蛾间相距1.5cm，原种和普通种每行压28~30只，为使产卵整齐集中，每天产卵分别收集。如在压翅产卵器底部装大小、规格一样的木格套插入产卵器底部，刚好接上雌蛾腹部产卵，可以方便做到分天产卵分天收卵。产卵室温度24~26℃、干湿差2℃为好，通风换气。卵产下后36h以内避免30℃以上高温冲击。雌蛾白天不产卵，19：00—21：00产卵最多，一般产卵2~3d。压翅后雌蛾会立即产卵，在黑暗环境下也会产卵。压翅产卵第1天产85%，第2天产10%，每蛾产300~500粒卵，产下卵呈燕窝状。

6. 收蛾和收卵

原原种产1天卵，在第2天早晨收蛾；原种产3d卵可在第3天早上收蛾；普通种则在第4天收蛾。收蛾后雌蛾经烘蛾处理后显微镜检查微粒子病。使用压翅产卵器制种的，因雌蛾是固定压翅产卵，生产中只用2~3d卵，通常先取卵后取蛾。经镜检合格的蛾区收卵，先把有毒蛾区的卵淘汰。单蛾镜检的找出有毒雌蛾产的卵淘汰；集团镜检的把该区的蚕卵全部淘汰。原原种以单蛾分别收卵，原种、普通种以小区和产卵日期小区分别收卵。先把有微粒子病毒的卵淘汰，同时注意淘汰不良蛾卵、不见蛾的卵、卵色不正常、无卵胶的卵，把合格卵收集起来。为了提高制种工效，可采用全室交尾制种法和茧串交尾制种法。

（1）全室交尾制种法

种茧保护和羽化交尾同一室，室内挂种茧或搭架放置平面羽化器上铺种茧。制种室设南北对流窗，使室内空气流通。门、窗用10~12mm目网或塑料纱帘网遮住，防止雄蚕蛾飞出。墙壁摆挂活动交层网（网高1.6m，宽0.8m，离地面0.3m）。雌蛾羽化双翅平展变硬、蛾腹结实即捉放在交尾网上并摆放整齐，捉雌蛾至16：00时结束，待傍晚后雄蛾飞来交配。次日8：00前整对，14：00—15：00拆对。捉雌蛾同时在茧串上或平面羽化器上捉已交尾的蛾对，8：00捉对，当日16：00后拆对。

（2）茧串交尾制种法

种茧保护和羽化交尾同一室，蛾羽化后留在茧串上或平面羽化器上自行交配。每天8：00前从种茧上捉出已交尾蛾对放在交尾网上保护，当日下午拆对。每天上午捉的蛾对也放在交尾网上保护，次日9：00拆对。在夏秋季节温度较高，交尾6~7h即可拆对压翅。

（3）显微镜检查

原原种、原种产卵雌蛾应逐蛾镜检，普通种为抽检10%，检查合格的雌蛾所产的蚕种为合格蚕种。

(4) 蚕种整理

蚕种整理是把蚕种整理包装成有一定规格要求的商品向养蚕户出售。蚕种整理包括蚕卵脱粒、卵面消毒、装盒等工序。脱粒分为干剥和水脱法，干剥是在产卵次日，经过检查淘汰有微粒子病蛾卵和淘汰不良蚕卵后，把卵块从压翅产卵器或产卵布（纸）上剥下来，根据区号、产卵日期分别平摊在蚕匾内保护。水脱法用于产卵布的脱卵方法，将产卵布浸渍于盛水的木盒中，经过10~15min卵即可脱离；散卵布浸润后，即在水盆中放一块平板（木板或塑料板），将卵布衬托板上用竹刀自上而下带水平刮将卵粒脱下；脱浆是把脱下的卵放在水盆中洗去卵胶液，漂去死卵、不受精卵以及蛾尿、鳞毛等不洁物，再经过一次漂洗。

(5) 卵面消毒

常用消毒药物为甲醛，消毒时间为产卵后经过3d左右，对镜检保留的健康卵即进行卵面消毒。如果蚕种需远途运输，则可在产卵36h后卵面消毒。消毒液甲醛稀释浓度为2%，1kg甲醛可消毒160~200盒卵。消毒时先将卵用纱布或塑料纱包好，原原母种单蛾包装，原原种双蛾或5蛾包装，原种和普通种可用大包装，即每袋装200~500g卵。注明品种、区号、产卵日期等，袋口用胶圈或麻线等扎紧。将蚕卵放入盆中，加入清水，轻轻搓洗使卵粒散开，洗去卵面上鳞毛、蛾尿等杂质，把卵袋取出滤干水分，再把蚕卵投入液温22~28℃的甲醛稀释液里消毒20min，取出卵袋用清水冲洗至无药味为止，将消毒后的蚕卵拿到晾卵室铺有80g以上牛皮纸桌子上摊薄晾干，可采用风扇把蚕卵吹干。

(6) 蚕种包装

经消毒晾干后的蚕卵即可包装。包装用的纸盒或种袋必须有通气小孔，包装时按种级要求不同，母种、原原种用棉纸包装，母种为单蛾或双蛾卵单独包装，原原种为5蛾1包。原种、普通种直接装入牛皮纸制作的蚕种袋，每盒称量干卵20~22g，卵量10 000~12 000粒。

(7) 蚕种运输及保护

蓖麻蚕卵没有滞育特性，在室温条件下即可发育，应及时运输。种卵用竹片或木片制成的通风透气种箱包装运输。运输途中防止高温、有害气体及降雨等。

第四节 蓖麻蚕的越冬保种技术

蓖麻蚕多化性无滞育的特性，一年中需连续饲养繁殖才能保种，可采用低温驯化饲养方法实现越冬保种，即人为创造蓖麻蚕自然越冬（冬眠）的条件，使之在冬季到来之前，在生理上有所准备。饲养温度由高逐渐降低，从大蚕期开始接受低温抗寒锻炼，使之适应低温环境，增加体内营养物质的积累，使蓖麻蚕蛹期呈现冬眠状态自然越冬，蛹期可由原来的20d延长到200d以上。

一、蓖麻蚕越冬保种

第一，选择合理的收蚁时期，饲养自然越冬期蚕应在蓖麻落叶枯死前30~40d收蚁，大蚕期自然温度逐渐下降至20℃以下即可。第二，选择营养丰富的饲料，保证蚕体内营养物质积累的需要。第三，选用越冬性能强的蚕品种。第四，小蚕期温度为24℃，4龄后降为18~20℃，5龄至上蔟化蛹后2~3d温度为14~18℃，当蛹体壁着色时转入5~8℃保护。湿度以80%~85%为宜，光照时间在12h以内，以自然明暗为好，防止阳光直射蚕座，保持空气新鲜。暖茧时先接触15℃左右的中间温度2~3d，再升温至23℃，湿度为85%~90%，保持至羽化、交配、产卵及卵期保护。

二、冬季连续繁殖传种技术

在蓖麻冬季不落叶的地区连续饲养循环保种。保留品种分A、B双线连续饲养循环保种，以蓖麻为饲料春秋各种1次，用木薯叶补充蓖麻叶的不足。采用不同种类饲料饲育的蚕相互交配、异品系交配、同一品种异地养的不同品系间交配、一雌多雄交配、人工高温多湿环境饲养和系统连续不断的综合选择等方法，对防止品种退化、巩固和保持品种典型性状、提高品种特性等有明显效果。也可采用冬季温室种蓖麻或代用饲料、人工饲料养蚕保种。

三、种茧、种卵短期冷藏

蓖麻蚕蛹在合适的阶段可以在一定的低温范围下短时间冷藏。采用化蛹后2~3d的嫩蛹，冷藏于5℃±2℃环境中，时间为30d以内，低温保护时间越短越好。卵期低温冷藏是用转青卵在8~10℃库中保护，可延长卵期12~15d。

四、连代驯化改变化性

用“模拟深秋”环境条件养蚕，夏季人工越冬、保蛹、连续驯化三代的特殊培育方式，将纯多化性蓖麻蚕培育成有休眠期的新类型“6102”，其休眠率达95%以上，可保持稳固的冬季休眠特性，休眠蛹期达210d。技术要点是连续多代15个月在人工模拟深秋气候环境驯化饲育，卵期、小蚕期用常温25℃±2℃、12h短光照饲养；大蚕期偏干燥常规加短光照（10h/d±2h/d）饲养。化蛹后置17℃湿度90%保护30d入库，以3.5℃冷藏。采用复式冷藏方式，种茧冷藏中期出库在15℃中保护5d，再放入3.5℃，相对湿度90%黑暗中冷藏保蛹，越冬蛹期保护可长达210d。

五、蓖麻蚕、樗蚕杂交育种

蓖麻蚕与樗蚕属于同种异亚种，樗蚕有一化或二化，每年最后一代以蛹滞育。采用蓖麻蚕与樗蚕远缘杂交育种，培育出蓖×樗新品种，如110、广花黄、闽黄兰等，这些杂交育成种，耐低温性能强、蛹期可长时期耐低温冷藏过冬。

第五节　蓖麻蚕饲养技术

一、蓖麻蚕饲料

蓖麻蚕的主要饲料为蓖麻和木薯，还取食樗树、马桑、红麻等40多种植物的叶子。

（一）蓖麻（*Ricinus communis* L.）

蓖麻属大戟科蓖麻属植物，在中国东北地区为1年草本植物，在南方亚热带地区为多年生小乔木或灌木。蓖麻品种有4个种类：即血红色蓖麻（*R. communis* L. var. *sanguineus* Hort）、中国东北蓖麻（*R. communis* L. var. *manhuyricus* Bork）、桑给巴尔蓖麻（*R. communis* L. var. *zainribariensis* Hort）、波斯蓖麻（*R. communis* L. var. *persicas* Popoia）。蓖麻的叶片大而多，富含蛋白质、脂肪、碳水化合物、多种维生素和矿物质，可用于蓖麻蚕的饲养，分期、适量疏叶养蚕不影响蓖麻籽的生长利用，有助于蓖麻的通风透光，可减少蓖麻生产中的病虫害，同时提高蓖麻产业的经济附加值。目前我国主要推广的蓖麻栽培品种主要有淄蓖麻1号、淄蓖麻2号、淄蓖麻3号、淄蓖麻5号、晋蓖麻2号、汾蓖7号、通蓖杂6号等。一般原种每蛾区卵量可收蚁蚕200~300头，全龄需蓖麻叶为6~9kg；饲养普通种1盒（20g）卵量，约收蚁蚕10 000头，全龄用叶量约330kg。

（二）木薯（*Manihot esculenta* Crantz）

木薯属大戟科小灌木，原产于南美洲巴西亚马孙河流域，广泛分布在热带、亚热带的50多个国家和地区，木薯一般亩产鲜薯2 000~3 000kg，产叶250~400kg，是热带、亚热带的高产淀粉作物，也是世界三大薯类（甘薯、马铃薯、木薯）中最高产的一种。随着木薯生长，荫蔽或植株封行后下层叶片因光照不足会出现发黄和落叶现象，因此适时、适度疏叶养蚕可减少对木薯块根影响，提高薯农的经济效益。春种木薯7月前是木薯的茎、叶生长初期，也是块根开始分化与条数形成的主要时期，此时叶片不多，光合作用旺盛，不宜采叶；8—9月为木薯生长旺盛期，茎秆基部由浓变淡时开始采叶，每月采叶一次，每次不超过全株叶片数的1/5；10月以后木薯块根逐渐成熟，可以在挖薯前充分利用叶片养蚕并缩短每次采叶相隔时间，每次采叶由全株叶数的1/5增至1/3。广西每年种植木薯300万亩以上，利用木薯叶养蚕是在单位土地面积上提高经济效益和木薯综合利用率的有效途径。木薯蚕蛹干物中蛋白质含量67%、脂类含量22%、糖类7%，营养成分在不同饲料间（蓖麻叶、木薯叶）略有差异，但不明显。

（三）樗树（*Ailanthus altissima* Swingle）

樗树别名臭椿、红椿，属苦木科樗属落叶乔木，原产于我国华北、华中，现在分布全国各地，叶是蓖麻蚕喜食的饲料。樗树叶分青色和带红色的两种类型，樗树是中国古老树种，樗树高大可达10m以上。樗树叶是蓖麻蚕喜食的饲料，用樗树叶饲养蓖麻蚕，全龄经过比食蓖麻叶长3d，茧质稍差。一般春季和初期的叶养蚕效果好，幼龄树叶比老龄树叶养蚕成绩好，可以采用不同的剪梢形式延迟樗树发芽，使樗树能在春、夏、秋、冬都可以提供养蚕用叶。

（四）乌桕（*Sapium sebiferum* Rorb）

我国在 1 500 年前的《齐民要术》就记载了乌桕、山乌桕和圆叶乌桕养蚕效果较好。乌桕树高达 5m 左右，树直径 40cm 以上。乌桕性喜湿，抗风力强，耐瘠薄，但不耐寒。分布于中国黄河以南各省（区）。乌桕种子中可提取脂蜡和青油，广泛用于肥皂、化学、油漆工业和国防工业。乌桕叶养蚕全龄期比用蓖麻叶饲养的长 4~5d，产茧量相当于食蓖麻叶的 60%~70%，通常用作大蚕饲料，茧色白，质量好。

（五）马桑（*Coriaria Sinica* Maxin）

马桑为马桑科马桑属的多年生落叶小乔木或丛生小灌木。世界有 12 个种，我国有 6 种。马桑主要分布在湖南、湖北、四川、贵州、广西、云南、江西、甘肃、陕西、江西、河南、西藏等省（区）。马桑一般高 2m 左右，最高可达 6m。马桑喜阳光，耐旱瘠。一般在春季萌发茎叶生长繁茂，秋季雨水适宜时生长也较茂密，春秋两季养蚕较好，夏季如气温高雨水较少时，叶少而薄叶质差，利用价值低。用马桑叶饲养蓖麻蚕，蚕发育正常齐一，产茧量相当于用蓖麻叶饲育的 60%~70%。

（六）鹤木（*Evodia meliaefolia* Benth.）

鹤木为芸香科吴茱萸属的落叶乔木。鹤木分布于热带和亚热带地区，多分布在我国海南、广东、广西、云南、贵州、江西、浙江、福建等地，其中以海南最多。鹤木属中型阳性乔木，高达 20m，胸径 60cm，树皮暗褐色有皮孔。鹤木喜好土层深厚，湿度适中，在瘠土生长不良。鹤木木材质量优良，为高档家具及车船、箱板等用材。种子可入药，含油量 26.27%，可制肥皂和润滑油。鹤木叶养蚕，全龄经过比蓖麻叶多 2d，其养蚕、制种成绩仅次于蓖麻叶，优于木薯叶。

二、蓖麻蚕饲养

（一）养蚕准备

养蚕所需饲料量，原原种每一蛾区（约收蚁蚕 300 头）需饲料 10kg 左右，饲养一盒普通种（20g 卵量，约 1 万头蚕）需要蓖麻 300~350kg，或木薯叶、马桑叶 250~300kg，或臭椿叶（连小枝）550kg 左右。蚕室选择坐北向南、南北有对流窗、光线好的房间，或采用简易大棚养蚕，需要配套的贮叶室。用具有蚕匾、蚕架、蚕网、箩筐、蚕蔟等。蚕架用竹竿等搭架，固定立式或吊架、活动蚕台等。蚕架 6~8 层，上放蚕匾或用草席、塑料编织布等，蚕架层与层之间相隔 25~30cm，也可地面养大蚕。蚕网是用于清除蚕沙的工具，小蚕网为 2 分目，大蚕网为 4 分目的尼龙网，网大小应与蚕匾或蚕座大小相等，可利用家蚕用蚕网。小蚕期需覆盖用打小孔塑料薄膜，蚕蔟是熟蚕吐丝结茧的器具，蚕蔟可用树叶，也可用家蚕用的塑料蚕蔟等。采用植物叶则应晒干后使用。此外，养蚕用具还有蚕座纸、木质给叶架等。

（二）蚕种催青

把种卵保护在最适宜的环境中，使蚕卵内胚胎能够顺利发育的过程称为催青。蓖麻蚕受精卵须保护在温度 22~28℃、相对湿度 85%~90%的条件下经 8~10d 即孵化成蚁蚕。催青的种卵摊放在蚕筐中要求平摊均匀，每天要调换 1~2 次蚕匾位置，使蚕卵感温均匀。蚕室保持昼明夜暗的自然光线，放置种卵的蚕室严禁贮放有刺激性气味物资等。收蚁当日温度 27~28℃、湿度 95%~96%，以利蚕卵孵化整齐。

(三) 收蚁

把孵化的蚁蚕收集起来给叶饲养的过程称收蚁。收蚁方法有叶引法、纸收法和倒卵法。

叶引法收蚁时，将附有蚁蚕的卵袋或包卵纸打开，平铺在垫蚕座纸的蚕匾内，把蓖麻适熟偏嫩叶切（或撕）成小方块盖在蚕体上，待蚁蚕爬上叶片后，连蚕带叶移至蚕匾上，用鹅毛将蚕座整理成正方形或长方形，未爬上叶的蚁蚕继续用叶吸引，待蚕爬上叶片后再将蚕移到同一蚕匾里饲养。

纸收法是在蚕卵转青后把蚕种袋撕开，将蚕卵倒在铺有蚕座纸的蚕匾内，蚕孵化后在蚕卵面上覆盖一张棉纸，在棉纸上面撒放切成条状的蓖麻嫩叶，蚁蚕爬到棉纸的底面，当大部分蚁蚕爬上后，即将棉纸翻开向上，连同蚁蚕平铺在蚕匾内给叶。纸收法收蚁后，卵壳上附有少量蚁蚕，仍用叶引法收集。

倒卵法则在卵转青后，用棉纸把蚕卵包好，收蚁前一天晚上用喷雾器将清水喷洒棉纸使之略湿，蚁蚕孵化出来后聚集在棉纸上，蚕爬上后将包装纸打开倒去卵壳给叶。蓖麻蚕附着力强，收蚁时不能采用打落或用羽毛扫刮法。

收蚁当日 5：00—6：00 感光并调控好温湿度，8：00—9：00 大部分已孵化完毕，10：00 左右收蚁给叶。夏秋季气温偏高时，可适当提早收蚁。收蚁后仍有未孵化的蚕卵时，应包好置于蚕匾内继续催青保护，翌日收蚁。

(四) 饲料管理

采叶应根据蚕的发育程度和对叶质的要求进行。不采黄叶、烂叶、泥沙叶和病叶、虫叶等不良叶。采叶时要快采、松装速运，避免叶晒干或发热发酵而导致变质。贮叶时宜选择光线较暗的半地下室做贮叶室，先在地面铺塑料薄膜或草席，再在其上摊放饲料叶，摊放时将叶堆成畦状，高度不超过 0.5m，干燥时可略喷洒清水，保持叶新鲜。叶的贮藏时间一般不超过 24h。小蚕食叶要求适熟偏嫩、叶质柔软。把叶片用手撕或刀切成小方块，均匀地撒布蚕座上。随着蚕龄的增长，所撕的叶片也逐渐增大，大蚕可喂整片叶（臭椿、乌桕、马桑等枝条叶）。换不同种类饲料喂养时应在各龄眠起饷食时进行。每天定时给叶 2 次，大蚕期每天给叶 3 次，饲养蓖麻蚕各龄所需鲜叶量和蚕座面积参考表 3-3。

表 3-3　蓖麻蚕各龄用叶量及蚕座面积参考表（1 盒种）

饲料情况	1 龄	2 龄	3 龄	4 龄	5 龄	盒
蓖麻叶/kg	1	3.5	10	40~45	245~290	300~350
木薯叶或马桑叶/kg	1	3	9	35~40	200~245	250~300
臭椿叶/kg	1.5	7.5	30	90~100	400~450	500~600
蚕座面积/m^2	0.33~0.66	1.00~1.33	3.33~4.00	7.78~10.11	16.66~22.23	

(五) 饲养

1. 小蚕饲养

小蚕共育可节省劳力、房屋、工具、燃料，降低生产成本，同时有利于防病，小蚕体质强健，大蚕好养，达到稳产高产的目的。目前每个共育室一般每批可养30~100盒蚕种，3眠起蚕第2次给叶后再分发给大蚕专养农户饲养。

小蚕适宜温度27~29℃，湿度85%~90%。1~2龄要求上盖下垫塑料薄膜，蚕匾上覆盖薄膜有保温、保湿和保持叶新鲜的作用，3龄只盖不垫。蚕眠时停止覆盖，保持蚕座干燥。

1~2龄小蚕采适熟偏嫩的叶，选叶质嫩绿、柔软顶穗下第3、4片叶为好，3龄蚕采适熟叶，要求叶色深绿，适熟为好，防止采过嫩、过老，枯黄叶、泥污脏叶、虫口叶不能喂小蚕。1龄给叶时应将叶撕或切成约1cm大小，每次喂叶前先扩座匀蚕，将叶片平撒一层。2~3龄用叶可以切成蚕体2~3倍大小，每次给叶厚度1.5~2层。每天给叶4次。及时淘汰病蚕、弱小蚕，以防止病原扩散。

2. 大蚕饲养

大蚕是丝腺形成时期，养好大蚕，才能夺取高产。饲养大蚕要选摘成熟新鲜叶，4龄起蚕后便可给全叶，每天定时给叶4次，每次给叶厚度2~3层；5龄期要做到让蚕饱食良叶，每2次给叶中间，应及时翻叶补叶，通风换气。大蚕期食量大，排泄量也大，容易造成蚕座和蚕室内空气不良。保持蚕室空气流通，不给湿叶，及时扩座除沙。

大蚕饲养形式可采用地面育、室外饲养、简易大棚养蚕。上蔟材料可用木刨花、桉树枝叶、玉米苞壳、芭蕉叶、家蚕塑料蔟等。树枝叶等可扎成一束，注意通风透气，使蚕安适结茧。如生产平板丝，可将熟蚕控制在竹箩筐里，使其排净蚕沙，待17：00—18：00才摊匀于平板或草席上吐丝，熟蚕密度为60~90头/m^{2}熟蚕，防止蚕跌落，及时调整蚕的位置使吐丝均匀分布。

除沙的目的是清除蚕座里的蚕沙和残叶，保持蚕座清洁卫生，预防病菌传染。1龄蚕仅催眠时除沙一次，2、3龄蚕起蚕、催眠期各除沙一次。除沙、倒蚕沙后要用含有效氯1%~2%的漂白粉液消毒蚕室地面及蚕沙出口通道。扩座目的是扩大蚕座，让蚕儿有适合的活动觅食空间。扩座一般结合给叶或除沙时进行，让每头蚕有2~3头蚕的位置为适。当蚕发育不齐时，要分批提青，清除蚕座上过多的残叶，保持蚕座清洁。大蚕期食叶量大，排粪量也多，天气闷热时蚕沙易发热、发酵、发霉引起蚕病，因此，必须勤除蚕沙，一般4龄蚕每天除沙1次，5龄蚕每天除沙1~2次，除沙方法同小蚕期相同，大蚕期还要注意及时扩座。

3. 眠起蚕处理

各龄蚕将眠前体壁有光泽，蚕体逐渐缩短肥大，肉瘤缩小，食欲减退，排出蚕沙，吐少量丝固定腹足，不吃不动而就眠。蓖麻蚕就眠迅速，应注意适时加眠网，加眠网后再给叶1~2次进行眠除。大蚕眠期要防止高温闷热，加强蚕室通风换气，但要防止阳光直射和强风。起蚕达到90%以上时就可以饷食，起蚕要给新鲜偏嫩的叶，给叶量以80%叶蚕为宜。眠起蚕齐是养好蚕的主要标志，控制蚕日眠是养蚕的关键技术。日眠是指使各龄蚕都在白天全部停食就眠，就眠是蚕的一种生理现象，有其相应的内在规律，蚕早上不就眠，盛眠期多在中午、下午出现。下午就眠，蚕眠得整齐，晚上就眠则不整齐，需要提青分批饲养。

4. 上蔟

蔟具有竹木制作的方格片蔟、木刨花、折蔟等。一般 0.1m^2 上蔟面积可上熟蚕 50~60 头。蓖麻蚕成熟多在 10：00—17：00，以 12：00—14：00 熟蚕最多。原原种、原种上蔟要做好批号、区号品种和上蔟日期标记，分蛾区上蔟，防止品种区号混杂。普通种则注意不同成熟日期分批上蔟。熟蚕成熟前应该给带柄饲料叶或短枝条叶，待有 70%~80%熟蚕时，在蚕座底垫草纸或在蚕座上撒一层干燥短稻草、干木屑等吸湿材料，以隔离蚕污等污染物。将未成熟蚕移到空匾内继续用叶饲养。熟蚕上蔟后 3d 吐丝完毕，5d 左右化蛹。一般在上蔟后 2d 即可采毛脚茧。

5. 采茧

以制种为目的种茧育采茧，最好用方格片蔟为蔟具，采用早采茧的办法。将良茧平铺在匾里防止混杂，茧质调查并选择种茧后移入低温库保护。下茧调查后作丝茧出售。蔟中和蛹期适宜温度为 22~27℃，湿度 70%~80%，室内光线均匀、阴暗为最好。种茧平铺 1~2 层，不要堆积多层。蓖麻蚕制种茧用棉（麻）细网线穿挂保护，有利于通风、补湿。普通蚕茧是除蛹取茧壳出售的，采茧后用剪刀剪开茧口除蛹或采毛脚蚕除蚕取壳出售。拔毛脚蚕即在蚕吐丝完毕未化蛹之前，取蚕茧开口一端，将茧口撕开或用剪刀剪开，再轻轻拉出毛脚蚕，将蚕集中放在蚕匾上，使裸蚕化蛹。拔毛脚蚕茧没有剪口或剪口很小，茧质白净无杂质，质量较好。茧壳是蓖麻蚕主要产品，茧壳应及时晾干，贮藏于通风避光的仓库里。

6. 蓖麻蚕越夏技术

蓖麻蚕大蚕期如较长时间接触 30℃以上高温，上蔟化蛹后，蛹大部分不能羽化或羽化蛾展翅不良，导致交配制种困难。因此必须采用人工降温、保湿措施使蓖麻蚕安全越夏保种。蓖麻蚕越夏技术是改善蓖麻蚕养蚕、保蛹、制种、产卵环境条件，降温排湿，使蓖麻蚕安全越夏。其次是高温季节饲养原蚕应严格选择各龄适熟良叶，养蚕室内外地面用冷水泼洒补湿降温。大蚕期、眠期和上蔟期采取通风换气降温与排湿措施，结合蚕座和蔟中与穿茧和铺茧稀放等措施，保证高温制种产卵成功率。

第六节　蓖麻蚕病害防治

蓖麻蚕病害有传染性和非传染性病两大类，传染性病有微粒子病、血淋巴型脓病和软化病，非传染性病有中毒症。

一、微粒子病

（一）病原

蓖麻蚕微粒子病是蓖麻蚕微孢子虫（*Nosema ricini* N.）寄生于蚕体内的一种原生动物病。微孢子虫生活周期有孢子、游走体、静止体等发育阶段，成熟孢子也称滞育体，通常为长椭圆形或卵圆形，大小为 3~5μm×1.4~2.4μm，表面光滑，未成熟孢子呈不规则椭圆形或梨形，具折光性，呈蓝绿色光泽。孢子遇 30%盐酸会溶解消失，遇碘化钾、碘溶液不着色。孢子对环境有较强抵抗力，在黑暗多湿环境中经过 2 年或在泥土中

2个月仍具感染能力。孢子在1%有效氯的漂白粉溶液中或2%甲醛溶液中25℃、30min即失活。

（二）传染途径

微粒子病是因胚种传染或食下传染而引起的一种慢性病害，从感染到发病大约需4~8d。蓖麻蚕微粒子病可与柞蚕、天蚕、樗蚕等大蚕蛾科泌丝昆虫以及斜纹夜蛾、黄褐蛱蝶等微粒子病相互感染，饲料受病原污染和蚕座内重复感染是本病的主要传播方式。母体感染时，幼虫则较早出现发育不齐现象，但发病多集中于4~5龄期。小蚕、起蚕及饥饿蚕易受感染，发病率也高。

（三）防治

蓖麻蚕微粒子病的防治需要严格执行良种繁育技术规程，做好雌蛾检验、杜绝胚种传染；严格消毒防病，及时淘汰迟眠蚕、弱小蚕；做好贮叶室和养蚕环境消毒防病工作，防止饲料污染和食下传染；做好卵面消毒和蚕种保护，增强蚕体质和抗病能力；及时防治饲料植物害虫，防止与野外昆虫交叉感染。

二、脓病

（一）病原

蓖麻蚕血淋巴型脓病又称蓖麻蚕核型多角体病，是由蓖麻蚕核型多角体病毒侵染而引起的传染性病害。

蓖麻蚕核型多角体病毒分为光亮粒、点圈体和多角体等3种类型，3种形态可共存于同一寄主体内。显微镜下观察病蚕血淋巴中的病毒多角体有三角体、四角体或不规则形，折光性强，大小为1.7~2.8μm，病毒粒子呈杆状。病毒多角体的大小形状随寄主发育阶段、营养状态等有差异，1~3龄病蚕的多角体多为五角体、六角体，4~5龄蚕以三角体、四角体为多。蚕食下病毒多角体后，在中肠碱性肠液作用下，多角体溶解释放出病毒粒子，病毒粒子在中肠上皮细胞内复制，进而侵入血细胞、脂肪体、真皮等组织细胞，随着病势进展，中肠的圆筒形细胞、丝腺细胞、神经细胞及生殖细胞的核内部被感染而形成多角体。

蚕感染后，小蚕期经过3~4d、大蚕期经过5~7d发病死亡，病蚕尸体变软。感病蚕发育缓慢、食欲减退，多出现不眠蚕、不蜕皮蚕、斑蚕、假熟蚕。不眠蚕多发生在各龄催眠期，蚕迟迟不入眠成不眠蚕，病蚕体肥大、体壁紧张，环节肿胀，节间膜发亮，狂躁外爬，体壁易破流出乳白色浓汁。不蜕皮蚕或半蜕皮蚕多出现于眠中，病蚕环节肿胀有光泽，背部乳白色，各环节或瘤状突起周围现黑褐色斑点，病蚕头胸紧贴蚕座而死，尸体黑褐色。斑蚕多发生在大蚕期，病蚕胸、腹部两侧、气门有褐色斑点，病斑逐渐扩展到背部成斑蚕或“老虎斑”，最后病斑呈黑色或黑褐色遍及全身而死亡。假熟蚕多发生在5龄后期，病蚕体透明有光泽，狂躁爬行，迟迟不能成熟，熟蚕不吐丝或仅结薄皮茧，随后出现病斑而死于蔟中。病蛹多为暗斑蛹、黑头蛹或毛脚斑蚕，环节间略肿胀，胸腹间松弛露出白色，蛹皮易破。病蛾多为卷翅蛾和半羽化蛾。

（二）传染途径

蓖麻蚕血淋巴型脓病有食下传染和创伤传染两个途径，以食下传染为主。感染病毒后，一般小蚕期3~4d，大蚕期5~7d发病死亡。病蚕、病蛹尸体、蚕沙及其污染物、病蚕蚕茧等为传染源。饲养中管理不善、食叶不足、高低温冲击、极端干燥或湿度大、蚕座拥挤等引起蚕体虚弱时容易诱发本病。小蚕和各龄起蚕时抗病毒感染力弱，蚕座偏密拥挤、闷热或低温环境可加快脓病发生和死亡。蓖麻蚕血淋巴型脓病和家蚕血淋巴型脓病能相互感染。

（三）防治

蚕室、蚕具和周围环境严格消毒；大小蚕分室饲养，严格淘汰病、弱、小、迟蚕，处理好蚕沙及病死蚕；加强饲养管理，调节饲养环境，良叶饱食，增强体质和抗病能力；加强对饲料的除虫治虫，防止与野外昆虫交叉传染；选育抗病蚕品种。

三、软化病

（一）病原

蓖麻蚕软化病是细菌性胃肠病和细菌性败血病的总称。细菌性胃肠病是食下传染，细菌性败血病为创伤传染。

（二）病症

1. 细菌性胃肠病

(1) 小黄蚕

多发生于1~2龄蚕眠起时，病蚕体色褐黄、收缩、体质弱，活动力和附着力差，食欲减退，易吐消化液，常伏于饲料叶下死亡，死后尸体发软、干涸、萎缩。1~2龄中的迟眠蚕、不眠蚕、半蜕皮蚕和不蜕皮蚕等均为小黄蚕先兆。

(2) 下痢蚕

多发生于4、5龄蚕前期，小蚕也时有发生。病蚕体软收缩，蜕皮后瘤体下垂、无食欲，易吐消化液，常排连珠蚕沙、稀蚕沙，甚至泻出黄水或脱肛，死后尸体黑褐色或紫黑色，进而液化发臭。

(3) 萎缩蚕

多发生于4、5龄蚕前期，蜕皮后蚕体萎缩，体色淡黄无光泽，瘤突下垂，背血管凹陷，食叶迟缓，易吐消化液，熟蚕体色灰暗或呈假熟状，落地蚕多，死后尸体久不变色，且不腐烂。

(4) 蚕沙结节

病蚕腹部第4~6节肿胀，胸部和尾部缩小，体色异常呈紫黑色或暗黑色，肛门黏有蚕沙。

(5) 蜕皮异常蚕

多发生于眠后期或起蚕时，常见有不蜕皮蚕、半蜕皮蚕或蜕皮后不能爬起。蚕体色污暗、体软无力。

2. 细菌性败血症

蚕体受伤后受短杆菌感染而致，病蚕紫褐色，死后尸体腐败液化，此病病程短，经24~48h引起蚕死亡。病蚕成熟时，仅吐少量丝或不吐丝，结薄皮茧，在茧中死亡成为死笼茧。病蛹为不正形或半化蛹，也有环节伸长或蛹体缩小成畸形蛹，蛹易腐烂。病蛾体软弱，环节伸长松弛等。

细菌性病害的病原主要是肠杆菌科中的非特异性细菌，分布广泛，致病力强，有球菌、杆菌和连环菌，如副痢菌、副大肠杆菌、灵菌、志贺氏痢菌、宋内氏痢菌等。

（二）传染途径

蚕沙是蓖麻蚕软化病的原发传染源，病蚕、病蛹、病蛾及其蚕沙、尸体等污染物则是软化病的续发传染源。病原污染饲料，使蚕食下感染。饲养管理不当，气候环境异常造成蚕体虚弱，往往会诱发软化病；卵期如在30℃以上高温催青或卵长途运输途中闷热，蚁蚕体质虚弱也易发生软化病；叶质不良，大蚕遇持续高温也都会引发软化病。血淋巴型脓病与软化病有协同促进作用。

（三）防治

蓖麻蚕细菌病病害防治需做好消毒防病工作，及时处理蚕沙及病死蚕，防止蚕座重复感染；做好卵面消毒和运输工作，防止高温闷热环境；加强饲养管理，及时扩座、分匾、稀放，良叶饱食，防止蚕体受伤；合理调节饲养环境，增强蚕体质和抗病力；添食大蒜汁或防治胃肠型软化病和败血病的蚕药，对增强蚕体质和控制发病发生有一定效果。

四、农药、烟草和工业废气中毒

（一）病症

蓖麻蚕在敌敌畏、敌百虫等有机磷农药中毒后，会表现头胸昂起、乱爬、滚动、颤抖、口吐消化液、腹部后端及尾部缩短，继而侧倒，头部伸出，胸部膨大，10min以上死亡。菊酯类杀虫剂中毒，表现为翻身打滚扭曲、体躯向背面、腹面弯曲、卷曲呈“S”状、吐液脱肛死亡。烟草中毒，轻者不活动，不食饲料，胸部膨大，后胸抖动；中毒重者停止食叶，胸部缩短膨大，头胸昂起左右摆动不久死亡。工业废气中，氟化物中毒分慢性和急性中毒，慢性中毒表现为发育迟缓、大小不齐，部分蚕节间膜处出现高节或黑斑；急性中毒表现为食叶量减退、蚕体平伏呆滞，行动不活泼吐消化液死亡。二氧化硫中毒表现为食欲减退、发育不齐、体壁带锈色而无光泽、排泄软粪或稀液、病蚕死后尸体变黑。

（二）防治

为防止蓖麻蚕受到毒害，用叶期间停止向饲料地喷洒农药，或者分片喷洒残毒期短的农药；大田喷洒农药避免在离饲料地上风头近处喷洒，养蚕期间避免在近饲料地使用高毒长效农药；选择距离工业废气源远的地方建饲料地，不在饲料地周围种烟草；发现蚕中毒后，停用污染饲叶，蚕室开窗换气，蚕座上撒布石灰加网除沙，给新鲜叶，叶用茶叶水、解毒药（如阿托品）解毒；初期中毒蚕投入清水中泡1~2min使蚕吐出中毒液后捞出晾干，能减缓中毒。

第七节　蓖麻蚕资源利用

蓖麻蚕资源包括卵、蛹、蛾、茧丝及蚕沙等。

一、蓖麻蚕卵

蓖麻蚕卵主要是作蚕种用，其不良卵、废卵、蛾腹卵也可用于繁殖赤眼寄生蜂用作害虫生物防治。

二、蓖麻蚕蛹

蓖麻蚕蛹干物质含蛋白质 64.63%、脂肪 22.75%、糖类 7.37%。蛹含有多种氨基酸：如异亮氨酸 2.04%、亮氨酸 2.82%、赖氨酸 2.669%、苯丙氨酸 2.27%、酪氨酸 0.45%、胱氨酸 0.52%、蛋氨酸 0.16%、苏氨酸 1.96%、缬氨酸 1.89%、精氨酸 2.06%、甘氨酸 1.73%、天门冬氨酸 3.94%、谷氨酸 5.18%、丝氨酸 3.98%、脯氨酸 2.06%、丙氨酸 2.05%（其中人体必需的 9 种氨基酸含量占总含量的 45.92%）。蛹还含有多种维生素，如维生素 A 9.51mg/kg、维生素 B 14.24mg/kg、维生素 B_2 6.44mg/kg 以及微量维生素 E。蓖麻蚕蛹是一种高蛋白、低脂肪、营养丰富的食品，鲜蚕蛹可以直接食用，还可以作为婴幼儿和老年人的保健食品开发利用。蓖麻蚕蛹可提取蛹蛋白粉、蛹油，生产水解蛋白、核苷酸和油原、亚油酸、抗菌肽、几丁质等。蓖麻蚕蛹还可以生产蛹虫草以及禽畜、渔业用饲料。

三、蓖麻蚕沙

蓖麻蚕沙含氮 3.14%、磷 1.3%、钾 4%，每 100kg 蚕沙相当于 7.5kg 硫酸铵、2.5kg 过磷酸钙或 50kg 草木灰，是改良土壤、提高地力、增加产量的好肥料。

四、蓖麻蚕茧

（一）蓖麻蚕茧的性状

蓖麻蚕茧两端较尖，呈菱形，茧的一端有一小孔。茧多为白色，也有灰黄色或米色。茧长为 3.5~4.5cm，茧幅 1.5~1.8cm，全茧量 2.3~3.2g，茧层量 0.35~0.49g，茧层率 13.5%~15.0%。茧衣较厚，约占茧层量的 1/3。丝缕无一定的组成规律，与茧层间缺乏明显的界限。茧层松弛，外层松、中层次之、内层紧密。茧层以中腰部为最厚，头部较薄、尾部次之、近似多层茧。干茧茧层率 20%~30%、蛹体 60%~75%，茧衣率约为茧层率的 1/3。全茧量 2~3.5g，茧层量 0.35~0.5g，茧层率 13%~16%。

（二）蓖麻蚕茧分级

广西施行地方标准 DB/450000 B4701-90，蓖麻蚕茧皮标准回潮率为 12%。蓖麻蚕茧皮的剪口规格：从开口处单边剪，剪口长度不超过全茧长的 2/3。剪口、撕口、蛾口茧皮均应晒干、整理干净。蛾口茧皮含有的死蛹率（包含死蛹、死蚕、死蛾）不超过 3%。蛾口茧壳内的蚕皮、蛹屑不作杂质处理。同一色的剪口、撕口、蛾口茧皮色泽必须均匀一致，黄色和白色的茧不能混杂。剪口、撕口茧皮的含杂率按级别不同有差异，规定一级含杂率（%）≤0.8%，二级在 1.0% 以内，三级低于 1.3%，级外在 2.0% 以内。剪口、撕口蚕茧皮评级办法：按主要条件最低 1 项定级。参考条件：两项都低于主要条件所定级或其中 1 项低于主要条件所定级的次一级者应该降一级处理。蛾口茧皮分级规定是按 25g 的茧壳个数，一级在 85 个以下，二级在 85 个以上。检验方法包括检查含杂测定、色泽差异率测定、轻污染茧率测定、剪口合格率测定、茧层厚薄测定和回潮率的测定等检查项目。

（三）蓖麻蚕茧皮加工

拔毛脚蚕取茧皮，在蓖麻蚕吐丝完毕未化蛹之前取蚕茧开口一端，将茧口撕开，用手轻捏茧下端，使毛脚蚕头部伸出茧口，将其拉出放在蚕匾上使裸蚕化蛹，收集茧皮加工。

剖茧去蛹取茧皮，即在蚕上蔟后 6~7d，当蛹体变成棕黄色时，从茧开口一端剪开取出蛹体，收集茧皮加工；此外，还有蛾口茧的加工。

五、蓖麻蚕丝

（一）蓖麻蚕丝的性状

茧丝纤维纵截面形状与家蚕茧丝纤维相似，锐角（短径与长径比值）较小，截面呈麻纹，中央有孔腔。纵面与柞蚕丝纤维相似，纵面具有规则的条纹，较柞蚕丝细密。蓖麻蚕茧丝纤维由 2 根单丝组成，茧丝的纤度为 2.5~2.8 旦尼尔，精炼纤维的纤度范围在 1.1~1.3 旦尼尔，以外层最细、中层较粗、内层较细。精炼丝的束纤维相对强力在 3.8g/旦尼尔左右，精炼丝的平均断裂伸长在 23%左右，干湿态的强力比为 0.83 左右，伸长的干湿比将增加一倍。标准温度状态下，蓖麻蚕茧丝的回潮率为 12.5%。经脱胶的蓖麻蚕茧丝摩擦系数为 0.195，纤维屈曲少，抱合力较差。脱胶后的蓖麻蚕茧丝比重约 1.30，蓖麻蚕茧丝由丝素和丝胶组成，丝素占 80.2%~90%，丝胶占 7%~15%。还有少量脂类、蜡、色素（含 1.5%）、无机物质以及碳水化合物等。灰分中钙含量达 72.02%，且难溶于水。蓖麻蚕丝质较好、弹性大、纤维均匀、抗碱性强。茧丝长约 300m，最长达 567m，平均纤度 2.35~3.36dtex，解舒丝长约 20m，解舒率约 7%，目前主要作为绢纺材料。蓖麻蚕丝含有 17 种氨基酸，主要为丙氨酸（27.42%）、甘氨酸（24.46%）、酪氨酸（9.04%）、丝氨酸（8.62%）。蓖麻蚕茧丝纤维具有较强的耐酸性，在高温下尤其明显。蓖麻蚕茧丝对稀纯碱溶液在低温时有较强的适应性，染色性与家蚕丝相仿，但显色性较家蚕茧丝差。

（二）蓖麻蚕丝的用途

蓖麻蚕茧丝可纺成高档支纱，织物表面疵点少，绸面清晰平挺，但光泽略暗淡。利用蓖麻蚕茧可加工绵片、绵球，用于制作太空服、太空被等。纺成各种不同支数的绢丝，织造轻薄优良的绢纺绸、平绢纺、方格绢纺、绢绸等，能织造多种款式的围巾纱、袖丝、绵绸、丝毯等，也可与棉、麻、羊毛、化纤等混纺织造各种绢纺织物和高级衣服面料。

第四章　天　　蚕

天蚕（Japanese oak silkworm）是大蚕蛾科的重要泌丝昆虫，其丝质优良，具有天然的宝石绿色，素有“钻石纤维”之称，是重要的出口创汇产品。天蚕属鳞翅目大蚕蛾科柞蚕属的泌丝昆虫，又称日本柞蚕、乌苏里蚕，学名 *Antheraea yamamai* Guérin Méneville。

第一节　天蚕生产的历史与分布

一、天蚕生产的历史

赤井弘等（1990）所著《天蚕》中认为天蚕原产于日本。印度学者 Jolly（1981）在研究 *Antheraea* 属起源与分化时指出，该属起源于印度东北部的阿萨姆邦地区，原始种为琥珀蚕（*A. assamensis*）；日本天蚕是从印度经泰国、中国台湾、西南诸岛到达日本的。日本在《大同类聚方》（808 年）中首次记载天蚕，饲育天蚕约有 200 年的历史。中国有关天蚕的记载最早见于《旧唐书·太宗本记》，书中记载：“贞观十三年（639 年），滁州言：野蚕食槲叶，成茧大如柰，其色绿，凡收六千五百七十石。又十四年六月己未，滁州野蚕成茧，凡收八千三百石”。根据食槲叶而为绿色的大型茧唯有天蚕茧，6 月正是天蚕的营茧期，这是我国天蚕自然资源数量及分布较早的记载。我国南自南岭山脉，北至长白山山脉，均有野生天蚕分布，而且各地天蚕具有不同的特点，有可能成为天蚕的起源地。

1933 年，在东北开始饲养天蚕。周匡明于 1956—1957 年在江苏省镇江市饲养天蚕并取得宝贵经验。牡丹江市蚕业管理站于 1973 年开始野生天蚕驯化方面的研究，在克服天蚕蛾交尾困难等方面取得了进展。采用人工助交法大大提高了天蚕的交尾率，并研究了天蚕卵滞育解除的方法，为年养二次天蚕奠定了基础。之后，开展了野生天蚕资源分布及生物学特性的研究，查明了天蚕在我国的分布概况，建立了天蚕的饲育方法及研究了天蚕微粒子病、真菌病害等。20 世纪 80—90 年代，我国黑龙江、辽宁、吉林、浙江等省曾经每年饲养天蚕茧 1 400kg±200kg，生产天蚕丝 70kg±10kg。

1716—1735 年，日本八丈岛居民用天蚕茧丝织出鲜丽的“八丈绢”。广岛古来生产的诸绸，就是采集野生天蚕茧为原料，手缫天蚕丝作经纬线织成的。

二、天蚕的分布

天蚕主要分布于亚洲各地，1862 年曾移入欧洲。俄罗斯乌苏里江、朝鲜北部山区的栎林中也有天蚕分布。在日本天蚕主要分布于北海道、本州、四国、九州等地，但数量不多。目前，天蚕生产主要集中在长野县境内，还有岩手、鸟取、神奈川和高知等县。20 世纪 80—90 年代是日本天蚕养殖的鼎盛时期，如 1989 年就有 28 个都县，133 个市镇村，364 个养蚕户，产茧 4 439kg（栗林茂治，1993）。长野县的穗高镇是天蚕先进的饲养基地，与旅游观光业相结合，从饲养到缫丝，进而成品化销售。

我国栎林资源及野蚕资源非常丰富，目前在黑龙江、吉林、辽宁、安徽、云南等省都有野生天蚕分布。冯绳祖（1990）将天蚕在中国的分布划分为几个区域，即长白山区天蚕、大别山区天蚕、南岭天蚕。各分布区的气候特点不同，栖息的天蚕具有不同的特性。

第二节 天蚕的生物学特性

天蚕有不同的亚种，分布于日本的天蚕（*A. y. yamamai*）蛹期有夏眠现象。分布于中国的天蚕（*A. y. ussurinisis*），其蛹期无夏眠现象。此外，还存在其他不同的亚种，如日本奄美大岛、冲绳岛的亚种为 *A. y. yoshimotoi* Inoue，中国台湾的亚种为 *A. y. superba* Inoue，朝鲜半岛的亚种为 *A. y. taitan*。

一、天蚕的外部形态

（一）卵

天蚕卵呈扁平的椭圆形，中国天蚕卵的长径为 2. 80 ~ 2. 95mm，短径 2. 60 ~ 2. 80mm，厚 1. 80mm。日本天蚕卵长径为 2. 80mm 左右，短径为 2. 60mm，厚约 1. 80mm，1g 卵数为 120 ~ 140 粒。通过与柞蚕卵进行超微结构对比，卵表面基本结构相似，但细微结构差异明显。

天蚕卵产下后外观呈黑色，由于黏液腺分泌的胶着物质在卵面上分布不均，使得天蚕卵外观有灰白色斑点，洗去附着物质后变为乳白色。天蚕卵壳的主要成分是蛋白质，在外层尚含有酚类物质，起鞣化作用，使卵壳具有一定的坚韧性。此外尚含有金属元素，以钙、钾、铁、镁等较多。天蚕卵受精孔位于卵的钝端，略凹陷，受精孔 7 ~ 10 个，受精孔管的数目 7 ~ 13 条。

（二）幼虫

蚁蚕体色为黄色，有 5 条纵走黑色体线，背部第一胸节有 2 个黑色圆点，2 龄起蚕体色呈绿色，黑色条斑消失，只有背中线、亚背线具有蓝色线条。大蚕期气门线以下为深绿色、背部为黄绿色，有个别个体呈蓝色。

1 龄幼虫头壳为暗红色，2 龄幼虫头壳为棕褐色，3 龄幼虫头壳变为淡褐色且稍呈淡绿色，4 龄幼虫头壳为蓝绿色，5 龄幼虫则为绿色。3 龄开始在胸部亚背线的疣状突起外侧、气门的上端与气门上疣状突起之间常有银白色辉点存在。腹足的趾钩数目 1 ~ 2 龄为单序，3 ~ 5 龄为双序呈半环形排列。各龄腹足趾钩数：1 龄 22，2 龄 24，3 龄 26+27，4 龄 28+27，5 龄 44+44。幼虫臂板两侧各有一块三角形的黑点，大蚕期臂板上有三角形的蓝边。幼虫的外部性别特征在第 5 龄期比较明显，雌蚕为石渡氏腺，雄蚕为赫氏腺。

（三）蛹

天蚕蛹体呈纺锤形，体色可分为黑褐色、棕色、棕黑色及黄色，其中黑褐色占多数，雄蛹体长 3.60cm，雌蛹长 4.00cm，蛹幅 1.8cm，雌蛹重 6.30g，雄蛹重 4.60g。雌蛹在第 8、第 9 腹节腹面中央各有一生殖孔，生殖孔与前后缘略呈“X”形线纹。雄蛹在第 9 腹节中央仅有一个点状生殖孔。天蚕蛹粗蛋白质量分数为 18.20%，含有人体所需的 18 种氨基酸，氨基酸总质量分数为 18.26%，其中 8 种人体必需氨基酸质量分数为 7.79%；粗脂肪质量分数为 6.43%，另含有人体不可缺少的矿物质元素和维生素，如锌的质量比为 71μg/g（岳冬梅等，2017）。

（四）成虫

天蚕蛾体色有深黄、浅黄、红褐、黄褐、深灰、浅灰 6 个类型。蛾触角 1 对，呈双栉状。雄蛾触角比雌蛾触角发达也为双栉状，外观羽毛状。翅展 13~16cm。各翅中央均有眼点。后翅“眼状斑”的土色轮廓是上层展开形成弧状点斑。天蚕蛾前翅外缘与后缘所成的夹角为 100°~110°，前翅的顶角很尖，中横脉略内陷。

雄蛾外生殖器由第 9、10 两腹节组成。第 9 腹节有一对不如柞蚕蛾发达的抱握器，而且几丁质化程度也不如柞蚕蛾，阳茎也比柞蚕小，被尾端体节的鳞毛覆盖着，仅先端露出，第 8 体节骨化程度差。

二、天蚕的生活史

天蚕是完全变态的泌丝昆虫，为一化性，以预一龄幼虫在卵壳内滞育越冬。中国的贵州、湖南等省人工饲育下有二化性发生。

（一）卵期

7 月下旬至 8 月上旬，受精卵产下后，经 10~15d 胚胎发育，到后期形成前幼虫态便滞育越冬，翌年 4 月下旬至 5 月上旬开始孵化，卵期经过约 270d。

（二）幼虫期

幼虫在 5 月上旬孵化，4 眠 5 龄，少数为 5 眠 6 龄，全龄经过 50~60d，每头蚕食叶 35~50g，其中 5 龄幼虫食叶量占全龄总食叶量的 75%左右。

（三）蛹期

我国东北地区天蚕的蛹期 20~30d。日本天蚕蛹期有夏眠现象，夏眠经过的时间在个体间开差较大，蛹期为 50~90d。

（四）成虫期

天蚕蛾在完成交尾、产卵后，经 4~8d 即自然死亡。单蛾产卵 100~200 粒。

三、天蚕的生活习性

（一）活动的昼夜节律

天蚕蛾的羽化发生在 19：00—21：00，天蚕蛾野生性强、飞翔力强，可用诱光灯诱之，当夜不交尾或少交尾，第 2、3 夜间交尾，交尾时间多在深夜，时间约 2h。

（二）天蚕的食性

天蚕以栎属植物为食料，还可食苹果、蒿柳（*Salix viminalis* Linn.）、抱树、花梨、春榜、柯树、白桦等多种植物。天蚕小蚕期喜食嫩叶，甚至能连主侧脉一起食下，食叶先从叶尖开始，5龄盛食期从叶片中部边缘开始食叶，一直食到叶脉，将叶咬断常有剩余叶尖落于地面。

1头天蚕全龄平均取食35g±5g，其中1龄取食量占0.5%，2龄占2.4%，3龄占5.7%，4龄占20.7%，5龄占70.7%。该取食量小于中岛福雄（1987）在日本用麻栎饲养的总取食量51.5g。

（三）化性

天蚕在自然条件下，每年发生一个世代，属于一化性昆虫。中国天蚕在贵州人工养殖条件下，一年可发生2个世代，表现为二化性。

（四）滞育

一化性的天蚕以预一龄幼虫在卵内滞育越冬，天蚕蛾产卵后胚胎发育到完成幼虫状态时进入滞育。天蚕预一龄幼虫滞育是由存在于中胸的抑制因子（RF）和存在于第2~5腹节的成熟因子（MF）共同作用的。人工处理能使之解除滞育。

（五）眠性

自然条件下，天蚕幼虫为4眠5龄。有时也发生3眠蚕或5眠蚕。谈恩智等（1985）的研究表明，3眠起蚕用15μg/μl抗保幼激素KK-42（咪唑类化合物，1-benzyl-5［*E*］-2，6-dimethyl-1，5-heptadienyl imidazole）处理时，能诱发早熟变态。用3眠素也可诱导出3眠蚕。

（六）趋性

天蚕1龄幼虫呈正趋光性。大蚕期呈负趋光性，则不喜欢阳光直接照射，多分布在树冠中下部一侧的偏嫩枝稍或叶片背面，天蚕喜在树下部和侧枝取食。天蚕幼虫随龄期增加渐呈负趋湿性，天蚕喜欢晴天，因而天蚕有“照虫”之称。天蚕幼虫呈现负趋密性。

（七）天蚕的耐受性

天蚕卵和幼虫比柞蚕对低温有较强的耐受力，幼虫开始食叶的温度为6~7℃，天蚕卵在-10℃下保卵，其孵化率基本正常，调查发现天蚕卵可耐-30℃左右的低温。天蚕3~4龄幼虫遇炎热时如饲料不适极易离树下地。

（八）天蚕的属间杂交

天蚕可以与同属的柞蚕和多音天蚕（*A. polyphemus*）杂交产生后代。天蚕（$n=31$）和柞蚕（$n=49$）能够进行杂交但不能继代，只有F_1能够正常发育，F_1代的雌蛾经过越冬（0℃±2℃）保种后卵巢管内没有形成卵，营养物质多以绿色的体液充满腹部（小林胜和秦利，1994）。通过天蚕柞蚕正反交试验，观察精巢内的显微结构变化，从精原细胞到精母细胞的分化过程，直至成熟分裂。精原细胞进行6次分裂成为精母细胞，细胞内的细胞器与成熟分裂后期相比还未完全发育。一个生精囊内的细胞数为64个，实际上在分裂过程中发生了固缩现象的异常细胞。从同源染色体配对过程中形成了联合复合体，可以认为来源于双亲的染色体能够配对，并可观察到均等分配到两极的图像，未发现混在一起的1价和2价染色体。岩下嘉光等（1991）对两亲分裂第1次全部呈现“8”字形，而杂交种第1次分裂是“0”和“8”两种形态，第2次分裂全部是

“0”字形。

天蚕与多音天蚕（美洲野蚕）远缘杂交的后代无论自交、互交还是回交，其后代都是可育的。杂种后代的单倍染色体数似双亲，多为 30、31，分别占 53%和 38.2%。杂种后代均以卵滞育越冬，滞育期为前幼虫态，95.5%的卵表现为一化性，仅 4.5%夏季产的卵表现为二化性。从 F_1代开始，就有完全滞育蛾区和不完全滞育蛾区之分，完全滞育蛾区占总受精蛾区的 37.7%，而不完全滞育蛾区内的滞育卵占总受精卵数的 91.0%，低温可以促进夏卵滞育的解除。杂种后代幼虫期形态似天蚕，交配性能和产卵性能、茧丝工艺性能好于天蚕（朱有敏等，2002）。

四、天蚕基因组

（一）天蚕的线粒体基因组

刘玲玲（2005）对天蚕线粒体的 *CO* Ⅰ、*CO* Ⅱ、*ATP*8、*ATP*6 等 4 个蛋白编码基因进行了扩增、测序，分析了它们的序列组成特点，同时结合已公布线粒体基因组全序列的昆虫进行了系统发生分析。根据无脊椎动物线粒体 DNA 密码子（Codon5，translate-table=5）进行了蛋白编码序列的翻译。天蚕 *CO* Ⅰ基因全长 1 528bp，*CO* Ⅱ基因全长 681bp，*ATP*8 基因全长 168bp，*ATP*6 基因全长 681bp。4 个线粒体蛋白编码基因偏好使用 A、T 碱基，而且 A+T 平均含量都明显高于 G+C 平均含量；在氨基酸组成上，偏好使用第三位是 A 的密码子，而较少使用第三位是 C 的密码子。Kim 等（2009）测定了天蚕线粒体全长，共 15 338bp。基因的排布与其他鳞翅目昆虫相似，但与典型的类型有所差异，$tRNA^{Met}$转移到了 5′端 $tRNA^{Ile}$的位置（图 4-1）。*CO* Ⅰ基因没有典型的起始密码子，而是以四核苷酸 TTAG 作为临时性起始密码子。13 个蛋白质中的 3 个具有不完全的终止密码子 T 或 TA。

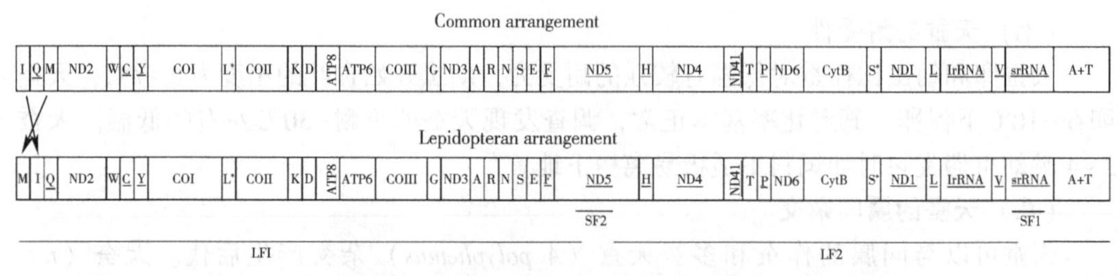

图 4-1　常规类型线粒体基因组排布和鳞翅目昆虫（包括天蚕）线粒体基因组差异（Kim 等，2009）

（二）天蚕的核基因组

Kim 等（2018）通过 Illumina 平台测定 210 倍覆盖度，得到了 147G 的数据库，预测的基因组大小为 700Mb 左右。为了降低昆虫的杂合度，选择测序的昆虫为一只雄性（ZZ），并去掉其肠道。经过拼接分析到 3 675 个 scaffolds，N50 的长度为 739kb，GC 含量为 34.07%，基因组大小具体为 656Mb（>2kb）。重复单元占到总基因组大小的 37.33%，基因组的完整度为 96.7%。基因组数据分别上传到了华大基因 GigaDB、中国科学院北京基因组研究所组学原始数据归档库（Genome Sequence Archive，GSA）和美国 NCBI 数据库中。在基因组拼接过程中，选取了 10 个不同的组织进行转录组测序，包括血淋巴、马氏管、中肠、脂肪体、前中部丝腺、后部丝腺、头、表皮、精巢、卵巢等。获得了 76Gb 的转录组数据来辅助基因组的拼接。通过与选取的另外 7 个昆虫基因组进行比较后发现，家蚕基因组大小虽然比天蚕要小很多，但短散在序列（SINE）却是天蚕的 5.77 倍。排名前 5 的重复序列分别为 DNA/RC、LINE/L2、LINE/RTE-BovB、DNA/TcMar-Mariner 和 LINE/CR1。通过 EVM 整合从头（*de novo*）、同源、转录组的三种基因预测方法得到基因数目为 15 481 个，平均基因长度为 11 016bp，GC 含量为 34.38%，平均每个基因含有 5.64 个外显子序列。通过与 NR、NT、Swiss-Prot、pfam 等数据库进行注释，发现大部分基因集中在分子结合、催化活性、膜内部成分、代谢过程、氧化还原过程与跨膜运输等功能方面，注释准确性较高。利用 orthmcl 和 RBH 共同进行直系同源筛选，一共得到了 17 000个左右的基因家族和 3 568个单重复（one copy）基因（图 4-2）。天蚕基因组中快速扩张的基因家族有 15 个，主要包括进行转座酶、脂肪酸合成酶、锌指蛋白、绒毛（卵壳蛋白）、反转录酶、前列腺素脱氢酶、RNA 指导的 DNA 聚合酶、Gag 蛋白、保幼激素酸甲基转移酶等。在基因组中发现的与卵表皮的绒毛膜基因发生了大量扩增，可能与保护胚胎抵抗干燥、降水、冻害及微生物侵染有关，能够使滞育卵保持一定的良好状态。通过对分裂中期的生殖细胞进行染色体核型分析，单倍型染色体数为 31（图 4-3）。

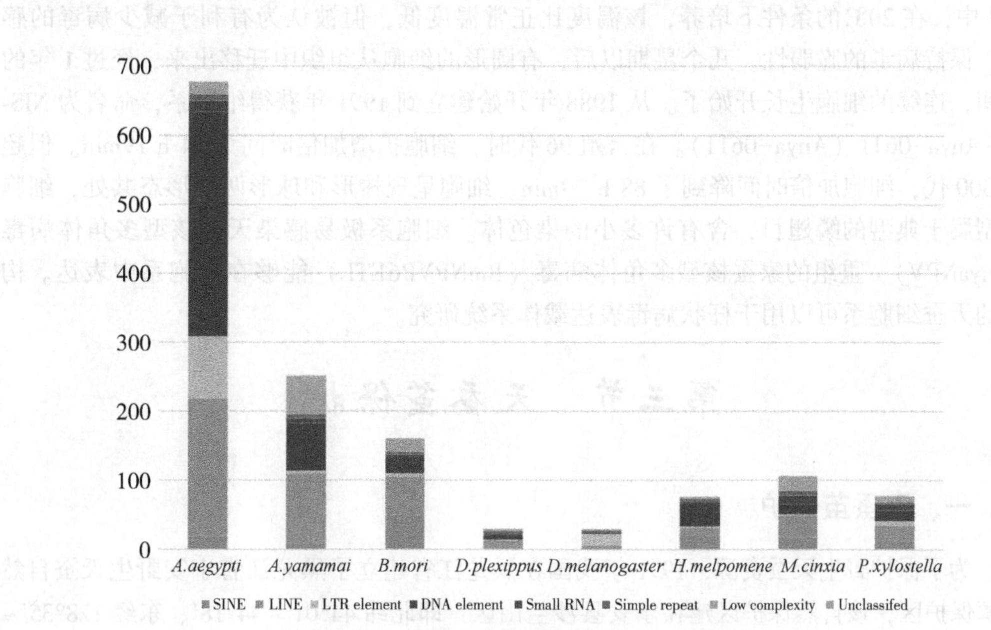

图 4-2　天蚕基因组重复单元种类及数量

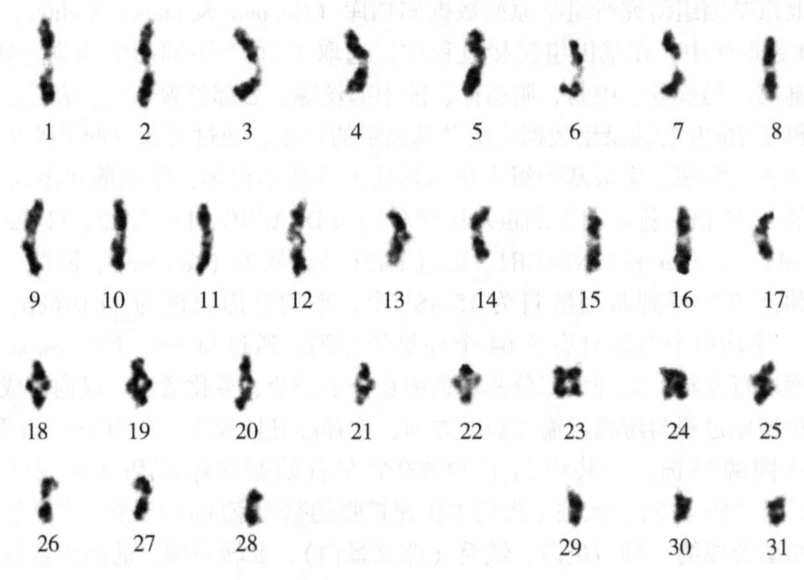

图 4-3　单倍体染色体核型分析（B）（Kim 等，2018）

五、天蚕细胞系

Imanishi 等（2002）利用天蚕蛹的卵巢组织在含有 10%胎牛血清（FBS）的 MGM-448 中，在 20℃的条件下培养，该温度比正常温度低，但被认为有利于减少病毒的感染，保持病毒的脆弱性。几个星期以后，有圆形的细胞从组织中迁移出来，经过 1 年的时间，连续的细胞生长开始了。从 1988 年开始建立到 1991 年获得细胞系，命名为 NIS-ES-Anya-0611（Anya-0611）。在繁殖 96 代时，细胞扩增加倍时间为 54 h 19min。但超过 300 代，细胞加倍时间降到了 88 h 29min。细胞呈现梭形和球形两种形态共处，细胞核型属于典型的鳞翅目，含有许多小的染色体。细胞系极易感染天蚕核型多角体病毒（AnyaNPV），重组的家蚕核型多角体病毒（BmNPVP6ETL）能够在细胞系中表达。构建的天蚕细胞系可以用于杆状病毒表达载体系统研究。

第三节　天蚕茧保护

一、天蚕茧保护

为了保护野生天蚕资源，1991 年我国在黑龙江省建立了黑龙江省宁安野生天蚕自然资源保护区，该自然保护区建在宁安县沙兰山区，即北纬 44°01′~44°18′、东经 128°35′~128°56′，总面积为 868km²，中心区为 236km²。黑龙江省于 1990 年又建立了曙光省级野生天蚕自然保护区，位于东经 131°01′07″~131°17′06″、北纬 45°26′40″~45°38′38″，总面积 19 942km²。保护区的建立对于保护野生天蚕资源具有重要意义。

天蚕种茧保护在自然温度下，放在通风良好、无直射阳光的场所保护，厚度以 2 粒为宜，也可穿挂起来。保持室内空气新鲜，通风良好，防止湿度过大造成霉烂变质。干湿差一般为3℃左右。

二、天蚕蛹的夏眠

日本天蚕蛹羽化从7月开始至10月结束，羽化数量出现两个高峰，在7月下旬至8月下旬及9月下旬。由于幼虫在6月下旬至7月上旬化蛹，所以羽化分散是由蛹期长短所致，即天蚕蛹具有夏眠现象。中国天蚕的蛹期为20~30d，个别蛹期经历40d左右。

天蚕蛹的夏眠是由光照制约的，当幼虫在L：D=16：8的光周期、温度为25℃条件下饲育时，生长发育经过略短，可诱导蛹夏眠。幼虫期的短光照可以抑制夏眠的产生，蛹期短日照有助于夏眠的提早解除。短光照（<12L）具有促进夏眠解除的作用，光照强度在20~30lx范围内，即可产生光周期效果。从吐丝后到蜕皮化蛹，用短光照控光至化蛹后8~10d，是夏眠蛹解除滞育的最佳控光时期。

烟台地区1991年从日本引进天蚕，大部分蛹有夏眠特征，夏眠期长达57~90d。5龄幼虫期7d后或吐丝开始用短光照处理至化蛹，夏眠蛹解除休眠分别为40%和26.67%；若控光时间延长到化蛹后6~8d，则夏眠蛹解除休眠明显提高至87.5%或100%。若蛹期越早控光，则解除休眠效果越好（沈孝行等，1996）。

此外，在10℃下保护天蚕蛹15~25d，再在室温下继续保护，有利于解除夏眠。天蚕蛹的夏眠解除，由短光照、低温促进；长光照、高温抑制。另外，机械振动也有助于夏眠的解除。

第四节　天蚕制种

天蚕制种时期为7月15日至8月20日。分布于我国的天蚕蛾野生性强，交配特性不同于日本天蚕蛾。采用柞蚕制种的交配方法，其交配率也很低。通常在午夜至天亮以前，在野外适宜的自然条件下天蚕蛾才能交配。

一、制种技术

（一）羽化

在平均温度24℃下，天蚕蛹期20~30d。天蚕蛾羽化不整齐，同一时期饲养的天蚕，蛾的羽化持续时间为22~30d。天蚕蛾羽化多在19：00—21：00，先出雄蛾，后出雌蛾。

应及时捉蛾，避免刚羽化的蛾互相抓伤和落地摔伤，防止雄蛾飞逃。捉蛾时，将雌雄蛾分别装筐悬晾在蛾筐的筐盖上。

（二）交配

天蚕雌蛾展翅后就会出现性冲动，即腹部末端缓慢伸缩，外生殖器突出，释放性外激素，诱引雄蛾来交配。雄蛾展翅后先飞舞活动，待到午夜至黎明前才寻偶交配。天蚕蛾交配盛期为24：00至翌日2：00。在温湿度适宜的情况下，黎明前开始离对，天明时全部离对。温度高交配的时间短，温度低和阴云细雨天交配持续时间长。一般交配经过时间为1~3h。

交配方法有人工助交、容器内自交及野外交配。

1. 人工助交

在雌蛾展翅出现性冲动后，雄蛾展翅飞翔时即可人工助交，一般在24：00以后开始。两手分别捏住雌、雄蛾翅基部，将雌雄蛾腹部下端轻轻接触并使之轻微摩擦，促使蛾腹部末端缓慢伸缩和蠕动，当雄蛾胸足抱握住雌蛾腹部后，腹部末端贴靠在雌蛾腹部末端不停的缓慢伸缩和蠕动时，可放开雄蛾待其交配。如果雌蛾静止不动，则需轻轻抖动雌蛾促其交配。交配后，将蛾对挂在室内的柞树枝上或尼龙纱网上晾对。

2. 小笼内交配

将雌蛾和雄蛾各一头放入竹制的小笼内，挂在通风良好、没有阳光直射庭院内的树下或饲育林中交配和产卵。竹笼直径和高约15cm、笼眼直径为2cm。

3. 拴雌蛾交配

将天蚕蛾于24：00拿到柞林中，用细线拴在雌蛾后翅基部，另一端拴在距地面1~1.5m柞树枝条上，同时在场内放出雄蛾，雌雄蛾比例为1：1.5。交配蛾对自然离对后，取回雌蛾在室内产卵。也可将雌蛾放在蚕场柞树枝上，放出雄蛾，雌雄蛾比例为1：2，任其自由交配。

野外交配场所应选择在远离村庄和公路的山坡上，以阴凉、湿润的北向坡为好，山坡需有5~10年生的柞林。

（三）产卵

交配的天蚕蛾天明后自然开对，气温高时蛾会立即产卵，极少数待到天黑产卵。一般产卵2~3h，8：00以后逐渐停止产卵，傍晚又开始产卵，翌日天明停止产卵。天蚕蛾产卵数为125粒左右。

1. 单蛾袋产卵

采用15cm×12cm的塑料纱袋，将剪去2/3翅的雌蛾装入袋中，扎紧袋口，并将袋中部撑开，使蛾能在袋内活动。将蛾袋放或挂在产卵室内。

2. 单蛾纸面产卵

将牛皮纸叠成长12cm、宽8cm、高2.5cm的小盒，纸的粗糙面向里，光滑面朝外。将雌蛾剪去2/3翅并剪去胸足的跗节，每盒放1只雌蛾产卵。把盒摆放在茧床中，茧床距地面50cm。

天蚕蛾产卵以自然温度为好，湿度为85%左右，保持自然明暗及通风，温度不低于16℃。产卵48h后进行雌蛾显微镜检查。

二、天蚕卵期保护

（一）天蚕卵的滞育及解除

天蚕为一化性，以卵滞育，卵期长达270d左右。进入滞育前，海藻糖含量会增加，卵黄原蛋白降解（Furusawa等，1989）。天蚕胚胎产卵后7d进入反转前期，8d头部及体壁着色，幼虫形态基本完成；10d进入滞育。

天蚕卵难以用盐酸处理等人工方法终止滞育。谈恩智（1986）采用咪唑类化合物成功解除了天蚕卵的滞育，建立了天蚕卵的人工孵化法，即天蚕卵产下后10d即进入滞育阶段，用0.5%的漂白粉洗去卵上的胶着物质，晾干后在2~5℃下冷藏1~10d。将冷藏卵用丙酮溶液溶解的KK-42溶液（10μg/卵）浸卵2s，即有95%以上的卵解除滞育。Suzuki等（1988）发现抗保幼激素是一种控制天蚕预1龄幼虫滞育的有效试剂，KK-42解除天蚕卵滞育的作用机制与抗保幼激素或抗蜕皮激素有所不同，认为有一种血淋巴抑制因子从幼虫中胸开始，促使产生成熟因子在第2~5腹节中被释放，幼虫前部分限制了滞育期间后部的活动（Suzuki等，1990）。从天蚕体内克隆到一个KK-42结合蛋白（45kDa），该蛋白一直出现在滞育前和滞育中，当使用KK-42或长期5℃低温（90d）处理的情况下该蛋白就会消失，免疫组化显示该蛋白定位于卵黄原细胞中（Shimizu等，2002）。一个细胞色素P450基因*CYP4G25*被发现在滞育卵和滞育解除的卵中差异表达，在KK-42处理或低温处理90d后，其蛋白表达量出现了明显的下降，被认为与1龄幼虫的滞育解除密切相关（Yang等，2008）。

谈恩智等（1986）等通过结扎试验研究认为，假设存在着两种因子，游离头胸部存在抑制因子（RF），因咪唑类化合物的作用而减少，但因缺乏腹部存在的成熟因子（MF）而处于滞育状态。游离腹部因头胸部切断，解除MF的抑制打破滞育开始发育，说明RF抑制MF表达的状态为滞育。滞育中存在于中胸的RF借助于体液，抑制了存在于2~5腹节的MF的表达，咪唑类化合物减少了RF的作用或者停止合成而解除抑制，MF借助于体液发生作用打破滞育。因此，咪唑类化合物的作用为抗RF。推测在内分泌学上存在着新的激素系统，是与已知的脑、咽侧体、咽下神经节、前胸腺及中枢神经系统不同的RF-MF控制系统。

天蚕卵接触17.5℃以下温度约30d，再接触10℃约10d，即可解除滞育。天蚕卵经越冬保护至翌年4月即可全部解除滞育。

天蚕卵的解除滞育应在产卵后25℃下保护30d以上，然后在5℃下冷藏60d，其孵化率可达96%以上。说明幼虫态胚胎解除滞育，需接触5℃温度60d以上，而冷藏前在25℃下保护30d以上，则是缩短暖卵时间、提高孵化率的必要条件。如果采用化学药剂处理解除滞育，则β-蜕皮素、早熟素Ⅱ或KK-42在组合低温5℃下处理15d均可终止卵的滞育。而先以药剂处理，再采用药物涂布卵表的效果较好，其中以滞育早期的卵在5℃下处理15d后，再涂布KK-42（10μg/卵）的效果最好，卵的孵化率达96%，孵化历期4~6d。

（二）卵面消毒

天蚕卵面消毒标准同柞蚕卵面消毒标准。卵面消毒适期为孵化前1~2d。消毒后蚕卵用清水洗净，以2~3粒厚薄摊晾干。采用3%甲醛液或甲醛气体进行卵面消毒时，可用0.5%的氢氧化钠水溶液洗卵1min，脱去卵面胶着物，并用清水洗干净，再用3%甲醛消毒，有利于卵的分散、晾干及孵化。采用1%漂白粉液消毒不需再脱胶。

（三）天蚕卵保护

天蚕卵产下后采用自然温度保护10d以上，保证胚胎发育到蚁体完成，并耐低温冷藏，然后进行低温冷藏，抑制胚胎发育，保证适时出蚕。冷藏时期为3月上旬，冷藏温度0℃±1℃，相对湿度95%左右。

（四）暖卵

暖卵日期应根据当年柞树发育、气象因素并参照历年暖卵日期而定。一般在柞树开叶长0.5~1.0cm时暖卵为宜。天蚕卵在室外饲育时，于5月5日前后孵化。

天蚕卵出冷库日期在4月中下旬，先在8~12℃放置2~3d，避免蚕卵由低温下直接暖卵，使胚胎受到激烈的温度冲击。一般采用20~22℃，相对湿度为75%~85%，自然明暗下暖卵，5~7d孵化，孵化前1~2d和孵化当日应补湿。

第五节　天蚕饲养

一、天蚕饲料

（一）天然饲料

天蚕的饲料植物为壳斗科（Fagaceae）栎属（*Quercus*）植物和杨柳科（Salicaceae）的蒿柳（*S. viminalis*），主要有辽东栎（*Q. wutaishanica* Mayr）、蒙古栎（*Q. mongolica* Fisch）、麻栎（*Q. acutissima* Carr）、白栎（*Q. fabri* Hance）、栓皮栎（*Q. variabilis* Blume）。若林巳喜雄等（1984）比较了4~5年生栽培麻栎、野生麻栎和枹栎（*Q. serrata*）饲养效果，认为以栽培麻栎最适。叶恭银等（1990）证实白栎（*Q. fabri*）优于麻栎。小蚕饲育林可剪伐养成低干树型（桩高15~20cm），大蚕饲育林可养成中干树型（桩高20~30cm），以扩大树冠，增加产叶量和担蚕量。

为防止鸟害，可采取塑料或尼龙网罩饲养，如拱形网室育、塑料纱套墩（把）育等。网罩距地面的高度为2m。一片200m^{2}的防鸟网可罩柞林150m^2，密植中刈放拐枝柞树30~35棵。

（二）人工饲料

天蚕人工饲料的配制见表4-1，5—6月从柞林内采集麻栎或辽东栎叶片，去除叶柄后洗净，置40~50℃干燥机内鼓风干燥10h左右，粉碎并过60~100目筛。

表4-1　天蚕人工饲料配方

通口芳吉，1990			胡萃，1991			王蜀嘉，1997	
成　分	含柞叶粉配方（g）	不含柞叶粉配方（g）	成　分	1~2龄配方（g）	3~5龄配方（g）	成　分	数量（g）
柞叶粉	5		柞叶粉	3.5	3.0	柞叶粉	5.0
大豆粉	1	2.50	大豆粉		0.6	大豆粉	1.5
葡萄糖	1		葡萄糖	0.4	0.4	玉米粉	0.5
纤维素粉	1.52	3.42	滤纸粉	0.2		纤维素	1.0
琼脂粉	1.20	1.20	琼脂粉	0.40		淀粉	1.5
山梨酸	0.03	0.03	山梨酸	0.015	0.01	山梨酸	0.03

（续表）

通口芳吉，1990			胡萃，1991			王蜀嘉，1997	
成 分	含柞叶粉配方（g）	不含柞叶粉配方（g）	成 分	1~2龄配方（g）	3~5龄配方（g）	成 分	数量（g）
维生素C	0.20	0.20	维生素C	0.20	0.10	维生素C	0.01
β-谷甾醇	0	0.03	琼脂	0.40	0.40	鞣酸	0.03
无机盐混合	0	0.30	韦氏盐		0.01	K_2HPO_4	0.015
乳酪	0	1.50	蔗糖			蔗糖	0.50
维生素混合	0.05	0.10	维生素混合	0.10		维生素B群	0.03
氯化胆碱	0	0.02	酵母粉	0.10		抗生素	0.01
			干酪素	0.40		大豆油	0.01
			胆固醇	0.01	0.005	促生剂	0.01
水（ml）	27.30	27~30	水（ml）	18.00	13.00	水	1.5倍

将大豆洗净晾干、磨粉，在120℃烘箱内烘烤1~1.5h，烘后过60~100目筛备用。将柞叶粉末、大豆粉、纤维素粉末（或滤纸粉末）、葡萄糖、柠檬酸、无机盐等混合搅拌均匀；再将琼脂、山梨酸、蒸馏水等混合，在容器内蒸煮10min后取出，将上述2种物质混合搅匀待冷却到50℃时，将维生素C及维生素混合物加入并搅拌混合均匀后倒入容器中冷却凝固，装入聚乙烯袋中置4℃冰箱中冷藏备用。通口芳吉（1990）报道了6种柞叶粉的比较结果，优劣顺序为麻栎、槲栎、槲、日本石柯（*Pasania edulis*）、蒿柳和青冈栎。胡萃等（1991）利用白栎叶粉为原料，筛选5种适用于1~2龄饲育的配方，其存活率均达到86%以上；2种适合3龄后饲育的配方，蚁蚕化蛹率为43%；其中干酪素、大豆粉、葡萄糖、蔗糖、抗坏血酸和维生素混合液对幼虫发育的不同阶段均有不同程度的影响，干酪素、葡萄糖的营养效应分别优于大豆粉、蔗糖。

二、饲养方法

（一）饲养时期

根据当地气候条件选择适合天蚕生长发育的最有利时期，一般麻栎以叶长2cm为饲育适期；蒙古栎叶长3cm，辽东栎可稍长，槲栎4cm为宜。山东和辽宁在5月1日前后出蚕，河南省以南地区在4月上旬饲育较好。东北地区早春的低温冷害、风害等严重影响天蚕的产量，采用室内保护育对提高收蚁结茧率有很好效果（杨志忠等，1991）。室内育可采用塑料薄膜，张涛等（1991）比较了6种不同种类的塑料薄膜对天蚕幼虫饲育的影响，结果显示透明塑料膜和半透明白色塑料膜效果最好。

天蚕幼虫要求在叶质偏嫩，在枝叶郁蔽繁茂的柞林里生长。应选择无病源污染，柞树生长茂盛的2~3年生阳坡饲育林饲育小蚕，3~4年生的阴坡饲育林饲育大蚕。

（二）天蚕生长发育特点

天蚕生长发育与温度密切相关，在20~27℃的适宜温度范围内，温度高龄期经过短，反之则长（表4-2）。

饲育天蚕的温度标准：1龄28℃，2龄27℃，3龄26℃，4龄25℃，5龄24℃，若全龄采用恒温饲育，则25℃较好。天蚕幼虫发育有效积温为582.9℃，幼虫食叶最低温度为6~7℃。

表4-2　不同温度下天蚕的发育经过

处理	温度/℃			全龄经过/d
	1~2龄	3~4龄	5龄	
1	20	20	20	37.2
2	24	24	24	30.5
3	27	27	27	27.3
4	30	30	30	27.3
5	27	24	22	30.8
6	22	24	27	35.8
7	27	22	24	27.4

天蚕适宜的湿度1龄为80%，以后每龄降低5%，5龄为60%。

天蚕幼虫适宜光照周期为10~12h光照，12~14h黑暗。光照强度强的（4 000lx）茧呈绿色，光照强度弱的（40lx）茧呈黄色，400lx光照茧呈黄绿色。通常天蚕室外育营绿色茧较多，室内育营黄色茧偏多。

在绿色茧中存在两种色素成分，即蓝色成分为胆汁色素，黄色成分为糖基化的类黄酮。黄色茧中只含有一种成分（类黄酮），在明亮条件下（4 000lx）饲育的幼虫丝腺是绿色的，含有蓝色和黄色两种色素成分，营绿色茧；在黑暗条件下（40lx）饲育的幼虫丝腺是黄色的，营黄色茧。幼虫血淋巴的颜色在明或暗的条件下都呈绿色，含有的色素成分也相似，除胆汁色素和类黄酮外，还含有丝腺所不具有的胡萝卜素。天蚕茧丝变绿色与5龄幼虫空沙阶段光照强度有密切关系，在0~4 000lx光照下，光照越强，茧色越绿，在排清消化管以后，只要照射30min就能使茧绿色化。

（三）收蚁

天蚕孵化在5时—10时。由于长期低温冷藏及湿度偏低等，天蚕孵化时逆出蚕较多，而且孵化后的匍匐运动和捻转运动时间较长。天蚕卵出库后在25℃条件下，4d孵化，应及时收蚁。

1. 柞枝引蚁法

将新鲜的柞枝放到盛蚕卵的容器上，卵上放高粱秸等防止收蚁时将未孵化卵带出，蚁蚕自行爬到柞叶上，将带蚁蚕的柞枝分放到不同的容器内饲养。

2. 室外挂袋（纸）收蚁法

清晨将盛有蚕卵的卵袋选择柞树适当部位挂好敞开袋口，最好将柞枝插进卵袋使蚁蚕自行上树觅食。纸面产卵则直接将产卵纸挂在柞树枝上。

(四)饲育

天蚕饲育可分全龄室内育、全龄室外育及1~3龄室内育、4~5龄室外育。

1. 全龄室内育

饲养容器有玻璃(塑料)瓶、塑料盒、塑料薄膜袋等,1~2龄塑料蔟立体饲养和室内容器插柞树枝饲养等。

瓶育有单头育与混合育2种。混合育每瓶收蚁10头,2~3龄每瓶饲育5头,4龄3头,5龄1头至营茧,用塑料薄膜或玻璃盖瓶封住瓶口,防止幼虫爬出。单头育从收蚁开始至营茧结束,每日给叶1~2次,1~3龄每2d除沙1次,4~5龄每1d除沙1次,眠中需打开瓶口排湿。

塑料盒规格为40cm×40cm,每盒可收蚁100头,随着蚕体生长发育,逐渐扩大蚕座,减少单位面积蚕头数,到5龄盛食期时每盒10头。

1~2龄塑料蔟立体饲养,可采用PVC膜覆盖饲养,待蚁蚕在蚕座内安宁后,从第4日起,将带蚕的引枝移到PVC蔟具上立体喂养,此法通气性好,蚕粪落下隔离,蚕座清洁,减少除沙次数。

室内插柞树枝条饲养则采用泡沫箱等(40cm×40cm×30cm)作为容器,内放入河沙插柞树枝条6~8枝,河沙中灌入清水保持柞树新鲜,可饲养1龄蚕150头,2龄蚕100头,3龄蚕50头左右。箱一端接水管供水并保持一定水位。

室内饲养天蚕至营茧时,将蚕移到野外柞树上或光线较强处营茧,保证营绿色茧。

2. 全龄室外育

小蚕场要选择向阳、温度高、避风场所,有利于保苗。3眠前后,由于个体间发育不一致,需及时提出小蚕分批放养,以改善体质发育齐一。及时匀蚕和移蚕,调节饲料;应用网罩育防止鸟害。通常2~3龄移蚕1次,4龄移蚕1次,5龄移蚕2次。

在眠前剪移或起后剪移,应在温度低、湿度大、蚕少活动的时间进行。发现少数蚕吐丝营茧时即为窝茧适期。窝茧场应选用阳光充足,通风透气性好,树型高大的柞林。按营茧先后分批窝茧和采茧。

采茧在营茧后第10天(化蛹后)进行。采茧要避免损伤蚕蛹,防伤茧层,要保持茧柄完整,应从茧柄先端采下,及时剥去茧外柞叶,放在室内阴凉、无阳光直射处保护。

3. 小蚕室内育,大蚕室外育

小蚕采取室内保护育方法,3龄2~3d或眠前野外饲育。

4. 人工饲料饲育

饲育环境温度:1龄28℃,2~3龄26~27℃,4龄26℃,5龄25℃。相对湿度:1~2龄为85%,3龄为80%,4~5龄为75%。光线对幼虫的龄期经过及茧质有较强的影响,如L:D=16:8适合天蚕生长发育,由于人工饲料饲养在室内进行,茧色一般为黄色;如用不含柞叶粉的人工饲料饲育,则无光时茧多为白色,有光时多为蓝色。因此人工饲料养蚕到营茧前要注意补充光照。做好蚕室蚕具及养蚕环境的消毒工作,防止病原微生物感染。

散卵收蚁利用天蚕蚁蚕的趋光性，室内光照强度在5~10lx范围内，使蚁蚕趋向光源，集中用羽毛将蚁蚕扫至装有人工饲料的容器内。如果是纸面产卵，可直接将产卵纸放于饲育容器内，待蚁蚕孵化后撤出产卵纸。

小蚕饲养密度：1龄100头/400cm^2，2龄100头/800cm^2，2~3龄100头/1 600cm^2。

通常，1~3龄2~3d给饲料1次；4龄2d给饲料1次，5龄1d给饲料1次。给饲料量1龄第1天约30g/100头，1龄第3天约40g/100头，2龄第1天约60g/100头，3龄第1天约150g/100头，3龄第3天约200g/100头。给饵形态常为棒状、块状、片状，一般收蚁为条状或薄片状，1~3龄为片状或棒状，4~5龄为块状。人工饲料饲养的容器以消毒方便、利于防病的为好，一般选用塑料盒即可，可在盒的底部设支持框，间距7~10cm，根据蚕的生长发育，在框上设置网孔不同大小的网，以便除沙。一般每龄除沙1次，4~5龄可增加除沙次数。

第六节　缫　丝

一、天蚕茧

天蚕茧呈椭圆形，茧长约43mm，茧幅约22mm。雌茧大于雄茧，全茧量为6.1g，茧层量为0.5g，茧层率为9%。野生天蚕茧以及自然条件下饲育的天蚕茧为绿色，在室内饲育时，则与饲养时尤其是5龄末期中肠排空至营茧期的光照强度及光照时间有关，有光（5 000lx）则为绿色，无光则为黄色，光线较弱（50lx）则为黄绿色（Yamada和Kato，2004）。茧层厚度在0.15~0.34mm，朝阳光一面较厚，而且茧色为绿色，贴树叶一面较薄，茧色为淡绿色或黄白色。幼虫丝腺在1龄已分化完成，1龄幼虫丝腺细胞数量为3 200个±400个，其中前部丝腺细胞数为850个±55个，中部丝腺细胞数为950个±54个，后部丝腺细胞数为1 400个±142个。赤井弘等（1988）报道了天蚕后部丝腺超微形态特征，细胞核呈分支状插入细胞质中，粗面内质网和高尔基体十分发达，充满整个细胞质。丝素蛋白小球在高尔基体中形成。丝素蛋白小球中的原纤维最终在胞质端部通过胞吐作用（逆胞饮作用）释放到腺腔内并形成丝素纤维团。后部丝腺腺腔中液状丝物质包括丝素纤维团和空泡两种主要成分，茧丝中液体含有大量空泡，推测茧丝中的空泡源于后部丝腺中液状丝物质的空泡。田村（1990）克隆了天蚕丝腺基因并分析了其结构。与家蚕同源基因序列比较表明，第一外显子和剪接点周围的序列相当保守，而编码主要多肽的核心区域却无序列同源性。天蚕丝素基因的5′侧翼区序列中含有许多同家蚕同源的区域，包括TATA序列。说明两种蚕可能用同一种因子来调控丝素基因的表达。

天蚕茧为天然绿色，蚕丝的截面扁平，扁平度最小值在12.5%以下，有闪光效应，被誉为“钻石纤维”，而家蚕丝为60%左右，这是天蚕丝具独特光泽的主要原因。天蚕丝受热后，色泽会发生改变，天蚕丝在阳光中暴晒约一个月后，其色泽会由绿色转变为褐色。天蚕丝有很强的遮挡紫外线功能，普通的蚕丝只能遮挡紫外线中波长较长的部分，但是天蚕丝还能阻止短波紫外线穿过。在紫外线照射下，天蚕茧茧色容易转变为黄色，即使将紫外线屏蔽剂附着在天蚕丝上，经过紫外线照射后茧丝的绿色仍会逐渐消失。其单丝截面呈不规则扁平状，而且天蚕丝纤维蓬松，柔软性好，吸汗传湿性和耐酸性优于家蚕丝。蚕茧部位不同，茧丝颜色不同。蚕茧内中外 3 层丝色也不一样，外层最浓，内层最淡。一粒茧丝长 600~700m，而且天蚕丝存在难以上色等困难，蚕丝的伸长率（约 41%）比家蚕丝（15%~25%）大。

二、缫丝

天蚕丝由丝素、丝胶组成，此外，还含有少量的无机物等杂质。其中，丝素占 70%左右，丝胶占 30%左右，构成茧丝的主要成分为氨基酸。丝素中，丙氨酸、甘氨酸、丝氨酸、酪氨酸、天门冬氨酸的含量较高，约占丝素氨基酸总量的 77%。天蚕茧丝由两条单纤维并列而成一根茧丝，丝胶以无定形颗粒覆于丝素外围，将 2 根单纤维黏合在一起。一粒缫丝结果显示，天蚕茧丝纤度平均为 4. 44D，解舒丝长 60~70m。茧丝特性介于家蚕和柞蚕之间，丝质优良但缫丝困难，出丝率和缫丝生产率低。主要是因为天蚕茧层茧丝上附着有草酸钙晶片，数量从茧层的外层到内层逐渐递减。丝胶含量和分布与家蚕茧相似，耐酸性和耐碱性优于家蚕茧。天蚕丝精炼后可成为鲜艳的淡绿色或黄绿色。

（一）缫丝茧保护

天蚕茧采用 115℃鼓风干燥，后期采用 60℃恒温，经过 7~8h，即可达到杀蛹及干燥效果。也可采用微波干燥，微波干燥有加热均匀迅速、穿透力强等优点，有利于保护茧层。如果采用鲜茧缫丝，可采用-15℃低温冷藏。如果采用干燥的天蚕茧，则需放在干燥容器内，并加入干燥剂、防虫剂等保存。将薄茧、薄头茧、死笼茧、蛾口茧等茧选出来，加工制作成丝绵或作为绢纺原料，蛾口茧经处理也可缫丝，如在羽化口处涂上鸡蛋清，待晾干后即可缫丝。

（二）煮茧

煮茧前可先将天蚕茧放入压力容器内，送入高温水蒸气处理，温度为 110~120℃，可以提高茧层的溶解率。然后进行煮茧，将天蚕茧装入网袋中，投入 95~98℃的热水中浸渍约 30 s，进行高温置换；再移入 60~65℃的温水中浸 10s，进行低温渗透。将茧取出放置约 1min，再移入 98℃的热水中，并在上面不断洒水，使热水充分浸入茧腔内，至煮熟为止，取出放入 40℃左右的温水中备用。

刘冠峰等（1991）采用减压渗透法煮茧和缫丝，用 0. 05% $NaHCO_3$ 作解舒剂处理 2min，再在 0. 05% $NaHCO_3$ 溶液中以 ZD681 立缫机缫丝，汤温为 50℃，解舒率可达 39. 8%。堀米（1974）认为，使用亚硫酸氢钠比碳酸钠效果好，亚硫酸氢钠除具有茧层膨化作用外，还有低温阶段吸收作用，使茧层不过度膨化。高林（1980）采用马赛皂 0. 025%的溶液煮茧，可提高解舒率，丝类节小，解舒丝长长，即使是薄皮茧也可缫丝。也可用马赛皂长时间煮茧，即先用湿热处理，再用马赛皂长时间煮茧均能提高工效和缫丝率，中内层落绪少，操作方便。王建业等（1992）采用下列缫丝工艺效果较好，即汤煮→蒸煮→在同样水溶液中恒温渗透→并用同样水溶液缫丝，汤温 52℃±2℃。天蚕鲜茧出丝率约为40%，生丝回收率达42.91%以上，解舒率达28.33%，生丝绿度为-6.91，鲜艳度为23.54，其丝的品质指标达3A以上。

（三）缫丝

1. 索绪

用稻草或高粱扫帚在茧的周围扫动即可理出一个丝头，也可用手在茧柄部位剥下外层茧衣索取丝头，将索出的丝头拉出2~3m，得到正绪后缫丝。

2. 缫丝

缫丝采用手工缫丝机，可采用90℃的温水浸茧，边煮茧边缫丝，此时卷取速度为30~50m/min，如水温在50℃左右，可控制在80~90m/min。也可在0.05% $NaHCO_3$或0.05% $NaHSO_3$溶液中以ZD681立缫机缫丝，汤温为50℃。

3. 复摇

缫出的天蚕丝，需再次倒卷在大篗上，复摇后的丝可作为商品出售或织绸。

天蚕丝的颜色来自于其色素成分，为天然有机物。天蚕丝的颜色是由黄色和蓝色两种色素混合呈现出的，黄色和蓝色分别归因于其纤维中的类黄酮色素和胆汁色素。干热和湿热均会导致天蚕丝的黄光、绿光增加，干热条件下，110℃左右时天蚕丝黄变开始明显；湿热条件下，在90℃时天蚕丝开始出现明显黄变。相同温度下，湿热处理对天蚕丝的黄变影响大于干热处理。水洗会使天蚕丝颜色变浅，水洗5次后褪色现象开始明显，水洗后天蚕丝绿光增加，黄光减少，即天蚕丝越洗越绿，越洗颜色越浅。天蚕丝的耐日晒色牢度为3~4级，但长时间的日晒会使天蚕丝产生黄变（刘敏等，2018）。

第七节　天蚕病害与防治

天蚕病害主要有脓病、微粒子病、硬化病、软化病等。

一、脓病

天蚕脓病，即天蚕核型多角体病，在天蚕生产中危害十分严重，病原为核型多角体病毒，主要通过食下传染和创伤传染。小蚕期低温持续时间长或在多雨、日照时间少下饲养，蚕食下含水量过多的叶易发病；在高温季节，使用闷热窝风的蚕场或低洼多湿、柞叶茂密、通风不良的蚕场养蚕易发生脓病。

脓病的防治主要是采用卵面消毒并加强饲养管理，也可进行饲料树的消毒，在饲料树发芽前用二氯醋酸的30倍液喷洒。加强野外昆虫的防治，防止交叉感染。

二、微粒子病

天蚕微粒子病的病原是微孢子原虫，属微孢子虫纲（Microsporea）微孢子虫目（Microsporida）无多孢子芽膜亚目（Apansporoblastina）微孢子虫属（*Nosema*）。天蚕与柞蚕相互添食微粒子孢子能够相互经口传染，孢子的形态也相应随其寄主。传染途径有胚种传染和食下传染。

微粒子病的防治主要是严格选蛾和雌蛾显微镜检查，淘汰病蛾卵，严防胚种传染。

同时做好消毒工作，严格控制病蛾、病蚕及排泄物，以防传染蔓延。消灭蚕场内栖息的野外昆虫。

三、硬化病

天蚕硬化病是由真菌寄生引起的病害。营茧期多雨的年份发生较多，发病率在10%~50%。病原为球孢白僵菌（*Beauveria bassiana*）。

天蚕硬化病的传染途径为体壁接触传染。在多湿适温（温度24℃、湿度90%~100%）条件下，孢子发芽侵入蚕体。传染源是患病野外昆虫散落在环境中和病蚕的尸体上的分生孢子，或蚕室、蚕具消毒不彻底遗漏病原体。

硬化病的防治主要是保持窝茧场及蚕茧保护期干燥通风，室内饲养小蚕时，蚕座要干燥，注意排湿，及时淘汰病弱蚕。

四、软化病

天蚕软化病是天蚕生产中主要的传染性病害，其他还有有败血病、吐白水病和猝倒病。主要采取蚕卵、蚕室、蚕具严格消毒，适时出蚕，精工细放，良叶饱食，及时淘汰病弱蚕等方法防治。

第五章　琥　珀　蚕

第一节　概　　述

琥珀蚕（*Antheraea assamensis*）又称钩翅大蚕蛾，印度称之为阿萨姆蚕或姆珈蚕（muga silkworm），属鳞翅目（Lepidoptera）大蚕蛾科（Saturniidae）柞蚕属（*Antheraea*）的泌丝昆虫，其茧丝呈天然的金黄色，光亮如琥珀，故称琥珀蚕。琥珀蚕主要分布于印度东北部的阿萨姆邦雅鲁藏布江流域及毗邻的缅甸北部地区，此外中国、尼泊尔、孟加拉国、斯里兰卡和印度尼西亚等国家也有分布（Tikader 等，2013），在我国主要分布在云南（西双版纳）、广东、广西、四川（卢川县）等地。

野生琥珀蚕为一化性或二化性，是杂食性昆虫。在柞蚕属中琥珀蚕单倍染色体数目最少（$n=15$），进化上属于较原始的物种，性染色体系统为 ZZ/ZO 型。琥珀蚕目前主要在印度东北部的阿萨姆邦进行商业化养殖、开发和利用，其茧丝称"muga"丝。琥珀蚕丝具有天然的金黄色，光泽亮丽，持久耐用且抗紫外线辐射，有极好的力学性能和吸湿性能。琥珀蚕丝是高级的纺织材料，如用于织造高品位的纱丽、腰带和其他混纺织物，织品华贵精美，颇受消费者青睐。除了纺织和生物医学应用开发，琥珀蚕在印度当地还是传统的食用昆虫之一。

琥珀蚕目前主要是以半驯养的方式进行饲养，半驯养的琥珀蚕表现为多化性。半驯养是指在其一个世代中，除了幼虫期在树上放养，幼虫吐丝结茧及之后的蛹期、成虫期交配和产卵孵化等都在室内进行，蚕卵孵化后再放至树上饲养，而野生型整个生命周期都在树上度过。在印度琥珀蚕一年可饲养 6 批，其中 5—6 月和 10—11 月气候条件适宜，主要产丝茧，也是琥珀蚕茧的主要生产时期，其余批次主要繁育种茧或制种。幼虫主要以黄心树（*Persea bombycina*）和假柿木姜子（*Litsaea polyantha*）的叶为饲料。在印度有大约 260 万户家庭从事琥珀蚕养殖，2013—2014 年，阿萨姆邦琥珀蚕生丝总产量约 118 吨，占印度全国琥珀蚕生丝产量的 94%左右，目前琥珀蚕丝产量大体维持在每年 110~160 吨，并呈缓慢增长趋势。

琥珀蚕虽是一个单型物种，但其有 4 个变种，即体色为绿色、蓝色和橘黄色的半驯养型和一个野生型，野生型体色也是绿色（图 5-1）。各型幼虫的体重、茧色深浅、全茧量、茧层量、茧层率和化性也有差异（Saikia 等，2019 ）。因为商业开发活动、森林砍伐、环境污染和病敌害等导致琥珀蚕种群密度呈下降趋势，琥珀蚕的遗传多样性也受到威胁。利用不同的分子标记对野生型和人工饲养的琥珀蚕遗传多样性调查均表明，虽然收集到的琥珀蚕形态差异不大，但野生型的遗传多样性较高，人工饲养的不同地区琥珀蚕也有明显的遗传差异，半驯化的不同变型可能是由野生型进化过程中产生的，同一群体内个体间高度近交，且不同群体遗传与地理距离无关（Arunkumar 等，2012；Singh 等，2012）。

图 5-1 琥珀蚕幼虫的不同形态（Saikia 等，2019）

A. 绿色；B. 蓝色；C. 橘黄色；D. 野生型

琥珀蚕自然分布在相对狭窄的地理范围内，遗传多样性随着野生栖息环境的恶化和病虫敌害等侵染危害逐渐下降，受地理位置的限制被迫近亲繁殖，个体适应度下降，多种因素作用之下这一珍贵资源种群灭绝的风险在加大，对其保护和研究利用的压力也在增大。

第二节 琥珀蚕的生物学特性

一、琥珀蚕的生活史

琥珀蚕是多化性完全变态昆虫，1 个世代经历卵、幼虫、蛹和成虫 4 个变态期，1 年可发生多代，以蛹越冬。琥珀蚕 1 个世代（卵至成虫）在夏季（26～35℃）经过 52～55d，冬季（12～23℃）经过 90～95d（表 5-1）。我国云南西双版纳地区成虫首次出现在 3 月上中旬，3 月下旬至 4 月上旬为羽化盛期，第 1、2、3 代生命周期为 70～90d，其中卵期 10d，幼虫期 25～30d，蛹期 22d，成虫期 10d。自然条件下第 2 代幼虫出现在 6—7 月，7 月末至 8 月初羽化产卵，第 3 代成虫出现在 9 月中旬至 10 月初；第 4 代幼虫出现在 10—11 月，经过 30～40d 的幼虫期开始吐丝营茧，化蛹后滞育越冬，蛹期 130～160d，翌年 3 月中旬羽化。

表 5-1 琥珀蚕各虫态历期（钟健等，2013）

世代	各虫态历期/d			
	卵	幼虫	蛹	成虫
1 代	8~12	26~38	20~30	5~11
2 代	8~12	24~35	18~26	4~11
3 代	8~12	24~34	18~26	4~13

（一）卵

卵产下后，在温度 24~28℃、相对湿度 70%~90%条件下，经 8~12d 孵化，最长 16d 孵化。卵一般在白天孵化，7：00—9：00 和 13：00—15：00 两个时间段为孵化高峰期。

胚胎发生在卵受精后，产卵 2h 后雌雄原核形成合子，合子经过 12~13 次有丝分裂，产生约 5 000个子核，没有胞质分裂。卵裂的细胞核通过卵黄向卵的边缘迁移形成一层单细胞胚盘层。卵一侧的胚盘细胞开始扩大和繁殖，这个被称为胚带的区域是胚胎发育的地方。胚盘中其余的细胞成为形成卵黄膜的一部分。来自浆膜的细胞围绕胚带生长，将胚胎包裹在羊膜中。卵受卵壳保护，卵壳由雌蛾生殖系统的附属腺体在产卵前分泌的蛋白质构成。

胚带形成约在产卵后 24h，胚带内侧特定区域形成原始生殖细胞，胚带内陷，呈椭圆形板状。22~36h，胚胎已分化为头部和躯干区；36~60h，头尾及体节逐渐清晰可辨；68~72h，中胚层完成分化；72h 后，胚胎细长，头部和尾部轮廓分明，头部中间凹陷明显，中胚层清晰可见（这一时期卵对低温耐受性较强，为冷藏处理适期）；84~96h，头部及腹部附肢开始形成；108~120h，腹部弯曲向前，形状如英文字母“C”，前、后外胚层内陷延伸分别形成前肠和后肠；132h，头囊形成，口器成熟，3 个分节的触角具触角刚毛，下颌骨和唇部发育良好；144h 以后，口器分节清晰，胸足末端的钩爪明显，体表的刚毛初步形成；156h 左右，体表刚毛清晰可见，这一时期发生胚胎蜕皮，尾角出现；大约 168h 以后，上颚末端硬化着色，头部每侧 6 个褐色斑点即单眼出现，体躯两侧气门也已清晰可辨，头壳和头部附肢硬化着色，羊膜和浆膜破碎消失，此时胚胎对外界不利环境条件比较敏感。发育成熟的幼虫在产卵 8d 后咬破卵壳孵化。刚孵化的幼虫头壳呈褐色或黑，幼虫体淡黄色，具黑色横纹（Goswami 等，2013）。

（二）幼虫

幼虫 4 眠 5 龄，全龄经过约 30d（表 5-2），幼虫生长发育适宜温度为 22~31℃，在此温度范围内生长发育良好，蚕体健康少病。龄期经过受环境温度影响，温度低，发育慢，龄期较长；温度高，发育快，龄期较短，一般 30~35d，夏季 26~28d，冬季 50~65d。

在琥珀蚕的整个世代中，环境温湿度、饲料植物种类和叶质、病害等均可影响幼虫的健康，一旦健康状况不佳，则可能发育迟缓甚至死亡。

表 5-2 琥珀蚕幼虫各龄期发育历期

龄期	历期/d
1 龄	3~5
2 龄	3~4
3 龄	3~5
4 龄	5~7
5 龄	8~14

琥珀蚕是一种半驯养昆虫，保留了一定的野生性，在云南西双版纳生活在海拔 550~1 200m，一年发生 3~4 代，喜高温多湿环境。幼虫孵化后有啃食卵壳的习性，起蚕也会吃掉部分或全部蚕蜕。幼虫的逸散性较强，爬行较快，孵化后分散爬行到枝条上端取食嫩叶。野外条件下饲养，食叶顺序从枝条上端的嫩叶逐渐向下到成熟叶。幼虫单眼能够感光，有一定趋光性，会向光线强的区域爬行。幼虫头部有类型丰富的嗅觉和味觉感器，能够感知寄主植物挥发性的化学物质，决定其趋避和咬食行为（Dey 等，2011a；Goldsmith 等，2014）。幼虫腹足攀附力强，爬行能力较强。幼虫有许多毛状感器，遇惊扰会摇摆身体前端，避开干扰源。若是在取食时则会立即停止取食，身体收缩，静止不动，当受到强烈刺激时会应激性地吐出绿色消化液。5 龄幼虫休息时口器摩擦，常发出“吱吱”的声音。

琥珀蚕幼虫间歇性取食，除取食时间外，大多数时间静止休息。1 龄、2 龄幼虫常于叶背活动取食，食量小，活动范围也小，常在有缺刻叶片上见到虫体。3 龄以后食量增大，活动范围也增大，5 龄食叶量非常大，常将整个叶片连同叶脉啃食殆尽。大蚕休息时常以尾足和 2 对腹足抱紧枝条，其他腹足收缩，身体前端弯曲仰起，静止不动。

幼虫生长到龄期减食期则寻找一个隐蔽的地方，固定身体，不食不动，等待蜕皮。眠蚕头壳后面有一倒三角形区域，颜色呈褐色，异于体色。蜕皮时，幼虫蜕掉头壳，然后不断蠕动身体褪去旧皮。刚蜕皮的起蚕，头壳、足、身体及刚毛颜色较浅，身体柔软，休息一段时间后体色渐趋正常，然后开始活动。1~2 龄幼虫在叶片背面蜕皮，3~4 龄幼虫多在枝干上蜕皮。

5 龄后期，蚕体开始老熟，停止进食，身体慢慢缩短，到处爬行寻找合适的营茧场所。在营茧前，先吐少量丝，缠绕在枝条或叶柄上固定，然后将叶片卷曲或将 2~3 片叶片连缀起来支撑作茧。叶片包裹起来一来较为隐蔽可防天敌，二来可防紫外线伤害。营茧初期可见茧丝呈白色，经 60~72h 营茧完成，此时茧是湿润的，有颜色、较软。待茧干燥硬化后即可采收，茧上面有白色粉末状草酸钙晶体。采茧后茧的一端留下的是原来固定在枝条或叶柄上的丝，即茧柄。

（三）蛹

幼虫吐丝完成后，身体萎缩变得更短，开始化蛹。蛹体受到坚韧的茧壳保护，以抵抗不利的环境条件的冲击和天敌危害。蛹期一般为 18~28d，越冬代以蛹越冬，蛹期可持续 130~160d。蛹期有一定的耐冷藏能力，可在 5℃或 7.5℃冷藏 40~60d，这增加了养蚕时间的灵活性，可通过此方法对饲养时期进行调节。传统的 5℃冷藏对后期的羽化、交配和孵化率有一定的不利影响，另外一种较为安全的方法是采用分段冷藏的形式，具体是在 10℃±1℃先冷藏 20d，然后 12.5℃中温保存 2d、10℃±1℃再次冷藏 20d，总计 42d，这一处理对后期羽化、交配和幼虫孵化没有影响。如有需要，第二段冷藏时间可适当延长（Rajkhowa 等，2011）。

半驯养或室内饲养的琥珀蚕为多化性，可连续饲养，一年多达 5~6 代。然而野外的琥珀蚕一般为一化性或二化性，也有多化性。冬季环境温度低，寄主植物叶片凋落或者叶质不良，琥珀蚕在蛹期可能进入滞育状态，以规避不利环境条件的影响。大多数的鳞翅目昆虫在一定的环境条件下滞育的发生是全有或者全无，然而相当数量的琥珀蚕（60.5%）野生状态下，在自然环境中会进入蛹滞育期。滞育种群和非滞育种群杂交后，有少部分蛹（3.5%）会进入滞育期。冬季的低温（6~10℃）和短光照（9~10h）条件会诱导琥珀蚕进入滞育状态。因此琥珀蚕滞育可能主要受环境和遗传两方面因素的影响（Thangavelu 等，1987）。

（四）成虫

蛹期经 18~28d 后开始化蛾，成虫在我国云南西双版纳首次出现在 3 月上中旬，3 月下旬至 4 月上旬为羽化盛期。羽化时，蛾首先蜕去蛹皮，口器中吐出含有溶茧酶的液体，使茧壳一端的丝变的蓬松，然后从中钻出，慢慢爬行至高处等待翅膀展开。羽化一般在天黑后，19：00—21：00 较为集中。成虫口器退化，不再进食，这一阶段主要是进行交配完成繁衍下一代的任务，雄蛾寿命 5~7d，雌蛾需要产卵，寿命稍长，7~12d。成虫对光敏感，具有趋光性。

雌蛾活动范围小，通常选好产卵场所后释放性信息素静待雄蛾前来交配。雄蛾善飞行，观察到最远可飞行 20km 进行交配（Arunkumar 等，2012）。交配时雌蛾轻扇翅膀，雄蛾则快速扇动翅膀靠近，交配成功后雌蛾和雄蛾分别抓住支持物固定身体，翅膀展开，腹部腹面相对，生殖器勾索在一起，交配过程中非常安静。交配时间一般持续 12~16h，时间过长或受惊扰容易散对。室外微光是最好的交配条件，翅鳞有反射紫外线的特性，交配效率受紫外线影响较大，室内紫外线模拟条件下交配效率提高也印证了这一点（Dey 等，2011b）。

雌蛾产卵可持续几天，室内 25℃，相对湿度 70%~90%，避强光刺激，一般交配后 24h 产卵约占总量的 80%~90%，之后断断续续产下少量的卵。雌蛾产卵时喜爬行，分散产卵，会有部分卵粘在一起成团。刚产下的卵即呈固有的灰褐色。在野外，雌蛾一般产卵在寄主植物枝干上或者叶背，也是分散多处产卵，每处量不多，卵孔朝向一致。雌蛾产卵量受季节和健康因素影响，个体也有差异，多者可达 220~260 粒，少则 80~120 粒，成虫产卵时间长达 7d。雌蛾停止产卵后会有少量绿色遗腹卵。

二、琥珀蚕的形态特征

（一）卵

琥珀蚕卵一般为灰褐色，卵表面黏附黏液腺分泌物，通常呈黑色，偶见白色卵，一般是产卵后期所产，其卵色后期与初产下时无异，也能正常孵化。卵产下后即呈固有色，直至孵化，卵色未见明显变化。未受精卵与正常受精卵没有明显区别，初期难以区分，后因失水卵面凹陷成死卵。灰褐色的卵壳较为坚韧，破开后可见绿色内容物。

琥珀蚕卵为扁圆形或扁椭圆形，百粒卵重约 0.7g，卵长径 3.08mm±0.047mm，短径2.75mm±0.062mm，厚度 2.08mm±0.037mm。卵壳表面无条纹，一端有精孔，是受精过程中精子进入的通道。精孔周围有由滤泡细胞印迹形成的五角形或六角形的网状花纹，卵壳上分布许多小气孔，直径约为 1.9μm，主要功能是气体交换（Choudhury 和 Devi，2013）。

（二）幼虫

幼虫分头、胸、腹三部分，头位于身体最前方，胸部 3 个环节，腹部 10 个环节，环节间有节间膜，可折入前一环节后方，具有一定伸缩性，肛门开口在末节。幼虫头部有单眼、触角及各类嗅觉、味觉等感器以及口器及吐丝器等。胸部 3 个环节各有 1 对胸足，由 3 节组成，末端有骨质钩爪，主要起爬行、抓持和辅助进食作用。腹部第 3、4、5、6 节各有 1 对腹足，末节有 1 对尾足，腹足和尾足先端为可伸缩的肉质软垫，上面密布一圈钩爪，主要用于爬行及固定支撑作用。身体背部及两侧长有棘突，背部从第 1 胸节至第 9 腹节，除第 8 腹节为单独 1 个，其他每节 2 个，侧面除第 1 胸节及第 9 腹节每侧各有 1 个，其余各节每侧 2 个，从头至尾有 6 列棘突，棘突颜色因龄期而异，上有硬质短刺及较长的黑色刚毛数根。第 1 胸节及 1~8 腹节两侧各有 1 对气门，共计 9 对。气门为黑色，中缝呈红色，最后 1 对气门颜色较浅。身体两侧气门上缘各有一条黄色气门线，由第 1 腹节延伸至第 9 腹节。幼虫腹部发达的尾足和背部延伸部分三面围合成肛门，肛板颜色随龄期变化。除棘突外，幼虫的头部、胸足、腹足、尾足及体表分布有多种类型毛状感受器，其颜色因龄期和部位而不同。

刚孵化的幼虫，头壳呈黑色，体表黄色，间以黑色横条纹，刚毛密布呈白色，体重与单粒卵重相当或略轻，100 头 1 龄幼虫重约 0.66g，体长 6.5~12mm。幼虫孵化后即分散，向上爬到树枝顶端取食嫩叶。

2 龄幼虫头部呈黑褐色，体呈黄绿色，体长 13~20mm，体重 0.02~0.06g。第 1 胸节背部有 1 对黑斑，背侧的对棘突呈紫红色，其他棘突呈蓝色，棘突上有数根黑色短毛。刚毛较长，颜色较浅。幼虫背腹部有 5 条纵贯全身的线，尾部肛板有 3 个黑斑。

3 龄幼虫体长 25~40mm，身体显著增大，体重 0.8~1.2g，头部及胸足呈褐色，体呈绿色，刚毛黑色。第 1 胸节背部有 1 对黑斑，随着蚕体长大，身体背腹部的 5 条纵线变淡，身体两侧的黄色气门线已较为明显。肛板有 3 个黑斑，初期两侧的黑斑较大，后慢慢变小，仅为肛板一部分，另一部分为黄绿色。棘突在 3 龄初期为蓝色，后转为蓝紫色直至鲜艳的紫红色。

4 龄幼虫体长约 50mm，重 2~3g。第 1 胸节背部有 1 对黑斑，体表呈绿色，头和胸足呈褐色，体表纵线消失，身体两侧的黄色气门线及气孔特别明显，两侧肛板的黑斑褪为一圈黑色，围着黄绿色的斑块。棘突呈红色，中心黄色，上有硬质短刺和黑色较长刚毛，体表有黄色较短刚毛。

5 龄与 4 龄幼虫相似，体型更大，长度为 8~10cm，体重可达 16g，第 1 胸节背侧的 1 对黑斑消失，背部棘突颜色较两侧浅。5 龄幼虫食叶量大，经 7~8d 老熟。

（三）茧和蛹

老熟幼虫吐丝结茧，2~3d即可完成，茧呈长椭圆形。琥珀蚕茧一端有茧柄，一般长3~4cm，缠绕在枝条或叶柄上，营茧时用以固定。茧长4~6cm，宽2~3cm。饲养较好的情况下1kg茧颗粒数约200，全茧量雌为6~8g，雄为4~4.5g，雌茧茧层量0.45~0.75g，雄茧茧层量0.42~0.52g，茧层率雌为7%~9%，雄为8%~10%（表5-3）。茧的大小及重量因气候而异，与饲养条件有关。

表5-3 琥珀蚕茧成绩调查（钟健等，2013）

性别	蛹重/g	全茧量/g	茧层量/g	茧层率/%
雌	6.268±0.307	6.845±0.356	0.577±0.065	8.40%±0.007
雄	4.393±0.272	4.867±0.311	0.473±0.051	9.71%±0.01

琥珀蚕蛹与柞蚕蛹相似，体型较大，蛹的长度：雄蛹为2.5~3.5cm，雌蛹为3.5~4.5cm；宽度：雄蛹1.2~1.8cm，雌蛹1.5~2.8cm；重量：雄蛹3.0~5.2g，雌蛹4.5~8.2g。呈棕褐色，复眼和体色随时间增加而变深，将羽化时体色深黑而表皮松弛。雌蛹肥大，末端钝圆，雄蛹相对较小，尾部较尖。雌蛹触角较窄细长，雄蛹触角宽大突出。雄蛹尾部生殖器外形特征为一个小点，雌蛹尾部生殖器由于两环节纵线相连，外形略呈"Y"状线缝。

（四）成虫

琥珀蚕成虫分为头、胸、腹三部分，除节间膜外全身被有鳞片。头部有触角和复眼，胸部有3对发达的胸足，中胸和后胸各有1对翅，前翅呈三角形，后翅略呈圆形。琥珀蚕成虫为雌雄异型，雌蛾腹部肥大，体型较雄蛾大，翅展宽，雄蛾体色较深，触角较为宽大。

雄蛾体长35mm，前翅长72mm，后翅45mm，翅展125~150mm，翅及体表被锈红色鳞毛。触角羽状，长16mm，宽7.5mm。前翅较狭长，锈红色，亚外缘浅棕黄色。顶角显著外突较尖，并向下方弯曲呈钩状。肩板、前胸及中胸前缘与前翅前缘的深褐色线相接，前翅前缘深褐色杂以白色鳞毛，整体呈灰白色。翅脉明显，呈深褐色，间以白色鳞毛，无横脉。内线锈红色，较细长，内侧为白色，内线外侧靠近中室附近有一条锈红色较粗短斜线，内侧白色。亚端线深褐色，浅波浪状，线中间为白色，延伸至顶角有一深褐色三角形区域。前翅中室有一眼状斑纹，呈橘黄色，靠近内侧为一狭长黑斑，在其内侧边缘又有少许白色。后翅颜色和斑纹与前翅相似。内线锈红色较细，呈波浪状，后翅亚端线与前翅一样，前后翅展开后线条相接。中室有一个眼状斑纹，与前翅相似，不同之处是黑斑面积较大，约占1/3区域，眼状斑纹中间有一条狭小细缝，无鳞毛呈透明状。

雌蛾体长40mm，前翅长78mm，后翅56mm，翅展140~160mm，翅钝圆宽大。触角羽状，长17mm，宽3.5mm，较雄蛾细长。雌蛾翅鳞毛颜色较雄蛾浅，为棕黄色，后翅颜色与前翅颜色相当或略深，亚端线内外两侧颜色一致，斑纹与雄蛾相近，不同之处在于前后翅内线内侧白色区域较宽，亚端线深棕色，外侧和内侧有较宽的白色区域，顶角处的三角形区域呈白色或灰色（图5-2）。

图 5-2　琥珀蚕成虫（左：雄蛾；右：雌蛾）

琥珀蚕雄性生殖器阳茎端刀形，顶端有指形突，内侧有齿，长约 5.5mm（钟健等，2013）。雌蛾产卵器明显，圆形，其上被毛。

三、琥珀蚕线粒体基因组

琥珀蚕线粒体基因组序列全长 15 312bp（GenBank 登录号：KU301792），包含 13 个蛋白质编码基因、22 个 tRNA 基因、2 个核糖体 rRNA 基因和一段 332bp 的 A+T 富集区，呈现典型的鳞翅目昆虫线粒体基因组的核苷酸组成及基因排布顺序。琥珀蚕线粒体基因组中 A+T 含量为 80.18%，13 个蛋白质编码基因中除了 *COX*1 以 CGA 为起始密码子，其他均为典型的起始密码子 ATN（甲硫氨酸或异亮氨酸）。*COX*1、*COX*2 和 *ND*5 均以不完整的 T 为终止密码子，其余基因都是以典型的 TAA 或 TAG 为终止密码子。预测的 22 个 rRNA 二级结构中除 $tRNA^{Ser(AGN)}$ 缺乏 DHU 臂外，其他 21 个 tRNA 均能形成典型的三叶草结构。由线粒体蛋白质基因串联序列构建的 NJ 系统发育树表明，琥珀蚕与柞蚕、天蚕、明目大蚕蛾（*Antheraea frithi*）构成鳞翅目大蚕蛾科柞蚕属这一分支。琥珀蚕与柞蚕属的天蚕亲缘关系最近（钟健，2017）。

第三节　琥珀蚕饲养

一、卵面消毒

刚孵化的幼虫有啃食卵壳的习性，而卵面常有蛾尿及鳞毛等污染物，需要进行消杀病菌，以利蚕体健康。收集雌蛾产的卵，室温下用 3% 的甲醛水溶液浸泡 30min，即达到消毒效果。卵面消毒时期一般在产卵后 5~7d 或孵化前 1d，不同胚胎发育时段对消毒处理不敏感，对孵化率影响甚微。消毒后用清水冲洗残留的甲醛，晾干后保持温度 25℃、相对湿度 70%~90%的干净环境中，避强光。产卵后 8~12d 即可孵化，应及时收集孵化后的幼虫进行饲养，防止因饥饿影响健康。

二、饲料植物及幼虫饲养

（一）饲料植物

琥珀蚕幼虫是杂食性昆虫，在印度琥珀蚕幼虫取食植物种类多达15种，主要是樟科（Lauraceae）的多种植物，如黄心树（*Machilus gamblei* King ex J. D. Hooker）、假柿木姜子［*Litsea monopetala*（Roxb.）Pers.］、倒卵叶黄肉楠［*Actinodaphne obovata* Nees（Blume）］、香樟（*Cinnamomum glanduliferum*）、天竺桂（*Cinnamomum japonicum* Sieb.）等，此外还可取食的其他科植物，如木兰科（Magnoliaceae）含笑属（*Michelia*）的黄缅桂（*Michelia champaca* L.）、卫矛科（Celastraceae）南蛇藤属（*Celastrus*）的独子藤（*Celastrus monospermus* Roxb.）、唇形科（Labiatae）石梓属（*Gmelina*）的滇石梓（*Gmelina arborea* Roxb.）、鼠李科（Rhamnaceae）枣属（*Ziziphus*）的酸枣（*Zizyphus jujuba*）等（Neog等，2011）。生产上主要以半驯养方式进行饲养，即幼虫期在室外树上饲养。主要寄主植物是黄心树和假柿木姜子，其次是山鸡椒［*Litsea cubeba*（Lour.）Pers.］和黑木姜子［*Litsea salicifolia*（Roxburgh ex Nees）J. D. Hooker］。其中，生产丝茧多以黄心树作为饲料植物，种茧则用假柿木姜子。

琥珀蚕饲料植物不同，幼虫健康状况、茧重、蛹重等指标也不同，茧色也有差异，茧丝性能也有不同表现。以樟科3种寄主植物黄心树、假柿木姜子和山鸡椒为例，幼虫以黄心树叶片为饲料结的茧，全茧量明显比以假柿木姜子和山鸡椒为饲料的重，茧层量、丝重量蛹重、丝长等以幼虫取食黄心树组为优，蛹重和丝占比组间无显著差异，以黄心树叶为饲料，茧丝胶含量较高（表5-4）。

表5-4　琥珀蚕取食不同寄主植物茧、蛹、丝指标（Hazarika等，1998）

性状	黄心树	假柿木姜子	山鸡椒
茧重/g	4.463±0.32	3.459±0.23	3.765±0.16
蛹重/g	4.531±0.36	3.732±0.40	3.495±0.21
茧层量/g	0.359±0.01	0.247±0.04	0.274±0.01
丝重量/g	0.256±0.02	0.086±0.01	0.106±0.02
丝长/m	441.74±26.25	310.16±35.95	258.54±30.80
丝占比/%	7.39±0.62	5.52±0.42	7.20±0.38
丝胶含量/%	23.18±1.07	17.50±1.07	18.82±1.12

取食黄心树和假柿木姜子叶片的幼虫营金黄色茧，以山鸡椒为饲料的幼虫营白色茧。取食黄心树和假柿木姜子的幼虫营的茧颜色也有明显区别，前者呈深金黄色，有光泽，后者则相对黯淡。以不同寄主植物叶为饲料，茧丝蛋白的各主要氨基酸含量比率接近，具体含量略有不同（表5-5）。以黄心树叶为饲料的茧丝强度更高，而以假柿木姜子和山鸡椒为饲料的茧丝延伸率更高（Hazarika等，1998）（表5-6）。

表 5-5 琥珀蚕以不同寄主植物为饲料的茧丝丝素蛋白氨基酸组成及含量（Hazarika 等，1998） （单位：μg/100μg）

氨基酸	黄心树	假柿木姜子	山鸡椒
天冬氨酸	5.43	5.16	5.57
苏氨酸	1.17	1.53	1.49
丝氨酸	7.15	6.53	6.03
谷氨酸	1.62	1.77	1.90
脯氨酸	0.29	0.39	0.49
甘氨酸	10.55	9.28	7.81
丙氨酸	9.46	11.32	10.40
半胱氨酸	0.07	0.06	0.10
缬氨酸	0.44	0.40	0.48
异亮氨酸	0.32	0.36	0.32
亮氨酸	0.47	0.50	0.47
酪氨酸	6.10	5.38	5.92
苯丙氨酸	0.49	0.59	0.57
组氨酸	1.45	1.32	1.54
赖氨酸	0.34	0.48	0.40
精氨酸	3.51	2.95	3.64

表 5-6 琥珀蚕以不同寄主植物为饲料的茧丝物理性能（Hazarika 等，1998）

物理性能	黄心树	假柿木姜子	山鸡椒
纤度/旦尼尔	0.89	1.22	1.33
断裂强度/g	0.85	0.82	0.98
延伸率/%	1.54	1.75	1.53
韧度(g/旦尼尔)	3.562	2.415	2.460

（二）幼虫饲养

琥珀蚕幼虫可取食樟科多种植物叶片，幼虫主要有 2 种饲养形式，一种是室内饲养，另一种是在室外树上放养。一年可饲养琥珀蚕 5~6 次，以秋蚕的产量最高，质量最好，适合缫丝。野外饲养时，将带有蚁蚕的引棵挂或放在树上，蚁蚕自行上树觅食。当树上叶食尽后，蚕便沿树向下爬，收集后移到另一树上。饲养适温为 24~25℃，相对湿度为 75%~80%。熟蚕在傍晚或夜间沿树干爬下，收集熟蚕于室内营茧。

选留优质的茧作为种茧薄摊于容器中，傍晚成虫羽化后，将雌雄蛾捉出放到容器中交尾。一般夜间交尾，翌日天明离对，用细线将交尾后的雌蛾系在稻草等上产卵。

1. 室内饲养

(1) 蚕室蚕具消毒

琥珀蚕室内饲养所用蚕具、耗材及蚕室可参照家蚕饲养的消毒方法，蚕具用有效氯含量1%的漂白粉水浸泡30min以上，蚕室用有效氯含量1%的漂白粉或用3%甲醛溶液喷洒消毒，也可以用甲醛熏蒸消毒。

(2) 饲料准备及保鲜

以天竺桂（*C. japonicum* Sieb.），天竺桂为常绿乔木，叶卵圆状长圆形至长圆状披针形，叶片小，易于保鲜。

(3) 1~2龄小蚕饲养

由于幼虫喜爬散，具有向上性，饲料植物叶片离体后又很快枯萎，因此要采用带叶枝条模拟室外树上饲养的立体饲养方式。饲养琥珀蚕需要保水保湿，保持较少营养成分损失和叶片对于幼虫进食的适口性，将饲料植物枝条剪成长50cm左右，插入到盛满水的容器中饲养，每隔2d换一次插枝，或采用塑料盒、塑料薄膜覆盖饲养。钟健等采用插枝管保鲜方式室内饲养，即采集新鲜天竺桂枝叶，枝条下端削尖后插入装满水的插枝管，置入盆中，外面罩上塑料薄膜罩保湿，必要时可在叶子和罩上喷洒适量水，采用这种方式叶可保鲜4d以上。1~2龄温度保持25~28℃，相对湿度70%~90%。养蚕期间需注意补湿，捡起掉落的蚕，及时清理叶上的蚕粪，适时添加或更换新鲜嫩叶，加注插枝管中的水。由于幼虫抓附较紧，更换叶需转移蚕时应带叶或带枝进行，以免伤到蚕体，尤其眠期幼虫应带小枝条转移。2~3龄后可移至塑料桶中饲养，塑料桶去掉桶底放在铺有塑料薄膜的地面上，上面覆盖塑料薄膜保湿，底部架上篦子过滤蚕粪，枝条仍插管，竖直插入桶中。蚕保持适当密度，上盖薄膜以保鲜。4龄后可直接添叶，叶适当老些，幼虫食量增大，叶片保鲜压力较小，可不必插管，根据蚕多少决定饲喂量。

(4) 大蚕饲养

大蚕期温度22~25℃，每日需清除蚕粪，及时更换接蚕粪的薄膜，剪除枯叶和蚕吃掉叶所剩的枝条，添加新鲜叶，移蚕仍应带枝进行。5龄中后期蚕食叶较快，应及时给叶。大蚕期忌湿度大，环境宜通风。

1头幼虫平均取食70~75g叶，5龄后期蚕将营茧时，蚕体萎缩，腹足抓着力下降，操作应防止扯伤蚕体或使之跌落损伤。收茧时应待茧干燥定型后剪下，剥除裹在外面的叶，剪掉茧柄和浮丝，称重后或烘干缫丝或用于制种。

琥珀蚕室内饲养可以保持均匀一致且可控的温湿度条件，免受自然不利气候条件的冲击和蜘蛛、螳螂、寄生蜂、蝇蛆和鸟类等天敌的侵害。由于琥珀蚕驯化饲养历史较短，目前室内饲养病害发生比较严重，还需探索实用有效的饲养方法和技术。

2. 室外放养

印度目前主要是半驯养的方式，即幼虫期在树上放养。以假柿木姜子为例，假柿木姜子叶片为圆形或长圆形，大而肥厚，含水量高。室内饲养因叶片大，蒸发量大，叶片保鲜困难，并不适用，但室外饲养却非常适合。收集孵化的幼虫，转移至树上，幼虫即自行爬至适口嫩叶取食，也可在室内饲养1~2龄幼虫，3龄及以后室外放养，可适当降低幼虫死亡率，茧重、茧层量等指标也可得到提高。

树上饲养方式温湿度难以人为控制，饲养过程中人为干预较少，只需注意掌握虫口密度，使之分布均匀，虫量与整株叶片量相宜。及时匀蚕、移蚕，以防饥饿。室外饲养要防止虫害、鼠害和鸟类为害。

假柿木姜子是常绿乔木，自然状态下树形高大，生长超过6个月，部分叶片即出现老化，因此可根据养蚕计划，规划好时间适当剪伐，促发新枝叶。每年可重伐2次，养护树形，树冠维持适当高度。

室外饲养需及时清理树下杂草，清理病死蚕，可用1%有效氯含量的漂白粉液喷消地面，防止病原物滋生蔓延。另外饲料植物树种除正常养护外还应择期喷洒农药，杀灭害虫。琥珀蚕自然分布地属热带亚热带季风气候类型，雨量丰沛，高温多湿。寄主植物都是常绿树种，夏秋季时常受高温冲击，对高温环境有一定耐受力，低温下则发育迟缓，对其生长发育不利。

琥珀蚕室外饲养可参考本书第二章柞蚕的饲养方法进行。

三、制种

收获的琥珀蚕茧剥去外面包裹的叶，参照柞蚕茧制种的方法将蚕茧用线穿起来挂在茧架上，蛾羽化后展翅良好。蛾交配成功率在室外制种效率较高，因此制种一般在室外进行，可用防虫网罩起来防止蛾飞翔。

自然状态下同一批琥珀蚕，雄蛾出蛾早，雌蛾相对较晚，部分早出雄蛾和晚出雌蛾因没有交配对象不能参与制种而浪费，降低了制种效率。蛾羽化后从茧中钻出，待蛾翅干燥后即可飞翔，如翅不能展开无法飞翔则不能完成交配。为了提高制种效率需要调节羽化时间，使雌雄蛾羽化时间接近。目前还没有尝试过剖开蚕茧取出蛹，靠蛹的性别特征鉴别雌雄蛹而来调节羽化出蛾，而是根据茧形和茧重粗略区分雌雄，见雄蛾后可将其于7.5~10℃条件下短暂冷藏待雌蛾大量出蛾时交配，或者根据雌雄蛾羽化规律，将雄蛹在7.5~10℃条件下冷藏2~3d，再与雌蛹放到同一条件下使之羽化出蛾制种。

交配过程中蛾对比较安静，受干扰容易散对，交配需12~16h。拆对后将雌蛾翅膀1/2剪去，并将胸足剪去，置于80g牛皮纸上产卵，牛皮纸上放置高3cm、边长14cm×14cm的正方形产卵框，防止雌蛾爬出。适当喷水补湿，避强光，保持产卵室安静。

第四节 琥珀蚕病虫敌害防治

琥珀蚕饲养过程中常遭受细菌、真菌、病毒、微孢子虫等微生物病原侵染发生病害，被茧蜂科（Braconidae）、小蜂科（Chalalcididae）和蝇蛆寄生，此外还有肉食性敌害蚂蚁、螳螂、蜘蛛、老鼠、鸟类等危害。

一、细菌性病害

（一）病原

从病蚕中分离菌株，经鉴定为铜绿假单胞（*Pseudomonas aeruginosa*）AC-3的菌株，该菌株有极强的致病性，被认为是软化病的致病菌（Choudhury 等，2010），然而软化病的致病原因是复杂的，目前仍无法完全确定，其可能是由一种或多种致病菌混合感染引起。苏云金芽孢杆菌（*Bacillus thuringiensis*，Bt）仅见于病蚕，铜绿假单胞菌（*P. aeruginosa*）和金黄色葡萄球菌（*Staphylococcus aureus*）及其他一些菌株在病蚕和健康蚕中均能检出，然而病蚕中分离出来的这两种菌株比健康蚕中分离出来的菌株有更高的致死率，其他菌株的致病力与大肠杆菌无异。因此推论认为环境因素的变化导致同一细菌（铜绿假单胞菌和金黄色葡萄球菌）对宿主的致病性发生了变化（Ketola 等，2016），苏云金芽孢杆菌是软化病的主要致病因素，其次是铜绿假单胞菌和金黄色葡萄球菌的继发感染，病原菌之间的协同作用增加了幼虫的死亡率（Haloi 等，2016）。

（二）病症

琥珀蚕被致病细菌假单胞菌（*P. aeraginosa*）和金黄色葡萄球菌（*S. aureus*）等致病细菌感染后，肌肉无力，身体松弛，故形象地统称之为软化病。常见症状为生长迟缓、痢疾、乏力、体色红黑无光泽等，幼虫3龄明显可见，蚕病死后尸体绵软，挂在枝条上。

（三）防治

室内饲养可在饲料叶面喷洒硫酸链霉素溶液，对于控制细菌性软化病发病率有一定效果，幼虫的存活率和茧产量都有所提高（Barman，2011）。

二、病毒性病害

（一）病原

目前已知质型多角体病毒（Cytoplasmic polyhedrosis virus，CPV）侵染较为多见，夏季多发。CPV属于呼肠孤病毒科（Reoviridae）质型多角体病毒属（*Cypovirus*），能够感染双翅目、膜翅目和鳞翅目昆虫的中肠细胞。病毒感染的特点是在受感染细胞的细胞质中产生大量多角体，这些多角体是由病毒编码的蛋白质多面体结晶形成的，保护病毒粒子不受环境中物理化学失活的影响，并确保病毒颗粒准确地输送到中肠细胞，在中肠细胞中病毒粒子在消化道的碱性pH作用下从这些保护性的封闭体中释放出来。

（二）病症

软化病除了常见的细菌性软化病也有病毒性软化病，病毒侵染的蚕发病后外观症状与之相似。琥珀蚕被感染幼虫解剖后，幼虫的血淋巴呈乳白色，显微镜下可见大量的六角形多角体。

（三）防治

除环境条件外，饲料植物叶质较差也是易引起该病害发生的因素之一。饲养过程中应加强预防，用甲醛、高锰酸钾溶液进行卵面消毒可降低发病率（Tikader 等，2013）。

三、微粒子病

（一）病原

微孢子虫通过垂直传播和水平传播，可引起琥珀蚕微粒子病，并导致其他破坏性疾病的发生。琥珀蚕饲养的每个季节都可能感染微孢子虫，微粒子病造成的损失为20%~40%。纯化后的微孢子虫孢子呈卵圆形或长条状（600×），长约4.5μm，宽2.8μm，比感染家蚕的微孢子虫略大。根据小亚基核糖体 RNA 序列，琥珀蚕中分离到的微孢子虫被鉴定为小孢子虫属（*Nosema*），进化关系与感染其他大蚕蛾科的微孢子虫较为密切，推测可能来源于共同的祖先。根据 rRNA 基因序列，微孢子虫被划分为感染鳞翅目的真微孢子虫和感染鳞翅目及其他昆虫的微孢子虫或变形孢子虫，琥珀蚕病蚕中分离得到的微孢子虫属于前者（Subrahmanyam 等，2019）。大蚕蛾科昆虫之间通常发生共同的病害，有研究表明，琥珀蚕和蓖麻蚕之间微孢子虫能够发生交叉感染，因此在养殖期间应注意隔离。

（二）症状

感染微孢子虫的琥珀蚕幼虫的典型症状为发育迟缓，感染后期体表出现黑斑。这些黑斑是皮下细胞感染后变大，空泡化，因黑色素累积而变黑，幼虫多在 2~3 龄死亡。感染微孢子虫的病蚕结的茧颜色淡，无光泽，大小不一。病蚕的茧重、蛹重、茧层量显著降低。

（三）防治

微粒子病防治目前主要采取预防为主，加强消毒；制种过程中采用雌蛾显微镜检查，剔除带毒卵和蛾，蚕期进行预知检查，发现感染微粒子病则立即清除并销毁。

四、真菌性病害

琥珀蚕真菌性病害主要是白僵病，因感染真菌引起，蚕体僵硬、苍白，不活跃，虫体干燥、坚硬且易碎，发病较晚，幼虫能够完成吐丝结茧，会形成僵蛹，环境湿度大此病多发。

五、寄生病害

琥珀蚕还常受到寄生天敌为害，主要是双翅目（Diptera）寄蝇科（Tachinidae）追寄蝇属（*Exortsta*）追寄蝇（*Exorista bombycis*），以及膜翅目（Hymenoptera）茧蜂科（Braconidae）和小蜂科（Chalalcididae）寄生蜂的为害。

（一）寄生蝇病害

追寄蝇能够寄生为害鳞翅目 20 个科和膜翅目 1 个科的 95 种昆虫，冬春季寄生蝇害可造成琥珀蚕养殖业 50%~70%的损失（Eswara 等，2011），追寄蝇雌蝇通常在幼虫体节间产卵，幼虫体表白色小点即虫卵，蝇蛆孵化后在幼虫体内以寄主组织和脂肪体为食，然后从幼虫体内钻出在土中化蛹。幼龄期幼虫遭受寄生蝇为害后在吐丝前死掉，琥珀蚕 4 龄或 5 龄幼虫被寄生蝇寄生的，寄生蝇在蛹期从茧中钻出。蝇蛆咬破的茧难以缫丝，降低了其利用价值。追寄蝇为害多发生在幼虫 5 龄期，发病率最高可达 40%以上（Eswara 和 Rajan，2011）。幼虫身体上有卵或者黑斑，茧上面有蛆虫钻出留下的孔，说明琥珀蚕遭到了追寄蝇的侵害。

蝇蛆的防治措施主要是在饲养区翻土暴露蛆虫或蛹于强太阳光下，避免蝇蛆高发时期琥珀蚕连续饲养，琥珀蚕大龄期拉网防虫，结茧后及时杀蛹、利用追寄蝇的寄生蜂天敌（*Nesolynx thymus*）生物防治等（Choudhury 等，2014；Dutta 和 Das，2014；Eswara 等，2011）。

（二）绒茧蜂寄生性病害

寄生蜂能够寄生许多鳞翅目昆虫，寄生行为能够将寄主的数量控制在一定范围内，以维持自然界的平衡，常被用来防治鳞翅目害虫。但是寄生蜂病害也给养蚕业带来了很大的损失，一般应拉网预防。

1. 茧蜂科绒茧蜂属（*Apanteles* sp.）寄生蜂

茧蜂科绒茧蜂属能寄生鳞翅目多种昆虫，其中就有琥珀蚕。绒茧蜂通常寄生 2 龄和 3 龄幼虫，幼虫被寄生后，发育迟缓，身体虚弱，不太活跃。但是仍然取食发育，直到寄生蜂幼虫从寄主幼虫体内爬出来并成群结队在体表结茧。绒茧蜂生命周期的大部分都在寄主幼虫体内度过，只有在其离开寄主准备化蛹时才能观察到。幼虫为典型的蛆状，乳白色，茧也呈白色，通常成簇出现，可达 15 个。寄生蜂结茧后，琥珀蚕幼虫仍然能够存活相当长的时间（Barman，2010）。

2. 大腿小蜂属（*Brachymeria*）寄生性病害

小蜂科大腿小蜂属寄生蜂（*Brachymeria tibialis*）成虫在蛹体中发育，以蛹组织为食，后咬破蛹壳和茧壳钻出，在茧上面留下一个孔，影响缫丝。寄生蜂在蛹初期产卵，卵前端较长较宽，两端较圆，长度是宽度的 4~6 倍，卵 2~3d 即可孵化。1 龄幼虫有尾，寄生在蛹中，以后尾慢慢缩小消失，身体慢慢变大变强壮，5 龄期，幼虫外形呈椭圆形，身体分节清晰，颜色呈黄白色。寄生蜂寄生在蛹体内取食消耗部分组织，1 只蛹可以供几只寄生蜂寄生取食，但只有 1 只能够发育成熟。寄生蜂一般仅取食蛹体前部，寄主身体很快就会变干（Tikader，2012）。寄生蜂成虫的寿命较长，寄生的雌性寄生蜂会冬眠度过冬天，一部分已经孵化的也能度过冬天。寄生蜂一年的世代数决定于寄主的习性和是否能够觅得寄主。*B. tibialis* 能够寄生多种寄主，一年发生 2 代，部分可达 3 代。

六、其他敌害

琥珀蚕幼虫因为蛋白含量高，受到多种肉食性天敌的捕食为害，蚂蚁、蜘蛛、螳螂、老鼠、鸟类等均会取食幼虫。蚂蚁可投饵料毒杀，鸟类可拉网预防，其他敌害发现后应及时清理。

七、琥珀蚕病害的综合防控

（一）严格进行卵面消毒及养蚕环境消毒，减少环境中病原基数；饲养过程中蚕具、环境严格消毒。

（二）给予良好的饲养条件，如保种、保卵期间的温度、湿度等；良好的通风条件，避免湿热等。

（三）良好的饲料，饱食良叶。饲料植物的叶质也应得到保障，以使蚕体健康，增强抗病力。

第五节　茧丝及应用

一、茧色和茧形

琥珀蚕茧的颜色与饲料植物种类有关，不同的饲料蚕茧颜色深浅不同，幼虫取食黄心树叶茧丝金黄色，光泽亮丽，取食假柿木姜子、香樟叶、天竺桂等叶的茧色依次变淡；幼虫取食山鸡椒叶则营白色茧。茧色还受营茧环境湿度影响，湿度大颜色较深。

琥珀蚕茧的外观还受饲料植物种类影响，如天竺桂叶较小，表面蜡质层较厚，叶质较硬，蚕营茧时需用几片叶连缀包裹起来，茧表面常有叶片印痕。而假柿木姜子叶片较大，蚕营茧时仅用 1 片叶弯折或 2 片叶连缀起来即可为营茧提供支撑，茧表面较为圆润。

二、茧丝成分及结构

（一）茧丝成分

琥珀蚕丝由纤维状疏水性丝素蛋白（72%～81%）和胶状亲水性的丝胶蛋白（19%～28%）构成。琥珀蚕丝腺的结构与家蚕类似，分为前部丝腺（ASG）、中部丝腺（MSG）和后部丝腺（PSG），ASG 长约 5cm，约有 320 个细胞；MSG 长约 10cm，约有 550 个细胞；PSG 长约 15cm，约有 800 个细胞。丝素是后部丝腺分泌的主要结构蛋白，丝胶是在中部丝腺中合成的。在吐丝过程中，来自后部丝腺的丝素被来自中部丝腺的丝胶包裹，经过前部丝腺后从压丝区出来形成纤维。丝胶覆盖在丝素表面，丝胶蛋白是一种热水溶性糖蛋白，由 18 种氨基酸组成，其中含量较高的氨基酸为丝氨酸（31.99%）、天冬氨酸（15.74%）、甘氨酸（14.20%）、苏氨酸（6%）、谷氨酸（5%），占茧干重的 20%～30%，热降解温度为 363℃。丝胶中含有的次生代谢物质能够保护蛹不受紫外线辐射的伤害，可被热碱液溶解。每根丝素纤维由 2 根单丝组成，以丝胶黏合在一起。琥珀蚕丝素蛋白仅由重链构成，大小约为 230kDa 的同源二聚体蛋白形成丝素蛋白的主体结构（Gupta 等，2015）。

（二）茧丝的结构

琥珀蚕丝素蛋白主要由甘氨酸、丙氨酸、丝氨酸和酪氨酸等组成，其中丙氨酸的含量为 42.5%，高于家蚕丝（30.3%），天冬氨酸和精氨酸的含量也较家蚕丝高。家蚕丝、蜘蛛丝和其他昆虫丝素序列都有高度重复的结构域，琥珀蚕丝也主要是由聚丙氨酸基序和非聚丙氨酸区交替串联构成，这些聚丙氨酸基序主要形成 β 折叠结构，形成纤维的大部分结晶和半结晶区。琥珀蚕丝二级结构中 β 折叠结构低于家蚕丝，其余为转角及无规则卷曲结构。琥珀蚕丝的结晶度为 31.3%±1.5%，低于家蚕丝（45.6%±2.5%）。

丝的力学性能决定于其分子结构，琥珀蚕茧丝的抗拉强度、延伸率、杨氏模量、韧性平均值分别为 495MPa±48MPa、51.1%±6.4%、5.3Gpa±0.4Gpa、141MJ/m^3±28MJ/m^3，各指标与柞蚕丝相当。与家蚕丝相比，琥珀蚕丝因为较低 β 折叠结构构成，导致结晶度较低，而且分子链沿丝纤维轴取向不良，因此丝纤维的抗拉强度和杨氏模量较低。非晶结构域组分较高使其延伸性能优于家蚕丝，而琥珀蚕丝韧性和家蚕丝相当。此外，琥珀蚕丝与其他野蚕丝及蜘蛛丝一样在形变初始阶段都有应变硬化现象（Guo 等，2018；Fang 等，2016）。琥珀蚕丝胶含量比家蚕低，回潮率高，吸湿性能优异，色素在丝胶和丝素中都有分布，脱胶处理不容易脱色，茧丝对酸、碱和氧化剂有一定耐受力（邓婷婷，2017）。

琥珀蚕茧丝的结构、力学性能与其生活的环境相关。琥珀蚕在野外面对恶劣的自然环境，茧保护蛹的安全，丝的强度不必很高。然而，野生茧需要抵御风从树上吹落或防止动物咬伤或撕扯，所以丝最好具有很高的延展性。因此，在进化过程中，可能会选择低 β 折叠含量（或结晶度）的策略来实现这一目标，而大部分可拉伸的螺旋状无序结构，在紧急情况下具有很高的扩展性。

蚕丝形成过程涉及丝腺中液态丝无规则卷曲或螺旋结构向 β 折叠结构的构象转变，钾、钙、镁等金属离子可能参与了这一生理过程。中后部丝腺中高浓度的钙离子维持丝的无规则卷曲结构，伴随吐丝大量排出，形成草酸钙晶体，松散地沉积在琥珀蚕茧外表面或茧层间丝上。琥珀蚕茧有分层现象，草酸钙晶体虽然没有改善层间的断裂韧性，但增加了茧的结构强度，形成了抵御捕食者和不良环境攻击的第一层防御层。草酸钙晶体的存在也增加了琥珀蚕丝缫丝过程中茧丝解离的困难（Goswami 和 Devi，2020；Zhang 等，2013）。

三、茧丝应用

（一）缫丝及纺织

琥珀蚕丝胶含量虽比家蚕丝低，但比家蚕丝更难脱胶，传统的缫丝方法是将蚕茧在碳酸钠碱液中（10g/L）煮沸 1h，脱胶缫丝，碱液中通常会加入一定量肥皂，也有研究尝试加入其他植物源的表面活性成分，脱胶效果较好（Sarma 等，2012）。琥珀蚕茧丝长度为 500~800m，只有 55%~75%可用于缫丝，单粒可缫丝长度为 350~450m，纤度为 4.5~5.5 旦尼尔，缫丝 1kg 需要 4 500~5 500 粒茧（Babu，2019），生产上常将 8~10 粒茧合在一起，缫制纤度为 36~40 旦尼尔或 45~55 旦尼尔。

琥珀蚕丝呈金黄色，光泽亮丽，具有很高的柔韧性，可与羊绒、棉、家蚕丝以及其他非家蚕丝混纺编织，主要用于制作领带、围巾、印度纱丽、短裙和披肩等。由于其具有耐用、免染和吸湿的优点，还被广泛应用于床单、靠垫、枕套等家装面料。

（二）生物医药及其他

天然高分子生物材料与天然细胞外基质（extracellular matri，ECM）具有良好的相容性，在生物医学应用中显示出优越性。蚕丝具有较高拉伸强度、弹性、热稳定性、可调降解性和生物相容性等，成为一种应用广泛的生物材料，可用于植入型生物材料、药物输送载体和医疗器材等。琥珀蚕丝蛋白纤维是非细胞毒性的，炎症反应水平较低，相比家蚕丝有更优越的力学性能，更好的热稳定性，其细胞结合基序精氨酸-甘氨酸-天冬氨酸三肽，有利于细胞增殖和附着。琥珀蚕丝蛋白支架较大孔径的家蚕丝素支架有利于营养物质在支架内的扩散、细胞迁移和渗透。琥珀蚕丝蛋白可被制成薄膜、纤维、水凝胶、支架、纳米微粒、微球等多种形式，应用于不同的组织工程中如骨、软骨、肝脏等组织再生和用于药物输送等生物医学应用的微载体（Bhardwaj 等，2016；Singh 等，2016；Chaturvedi 等，2017；Singh 等，2018；Janani 等，2018）。此外琥珀蚕丝经过表面改性，以其为母体制成的复合材料也可被用于手术缝合线等，较轻的炎症反应，优异的机械强度、疏水性、抗菌性和显著的伤口愈合活性，使其成为一种很有前途的生物医用材料。

丝胶蛋白 30%的丝氨酸组成使其成为极好的保湿剂，因其氨基酸构成及关联的次级代谢产物具有抗氧化、抗衰老、抑制黑色素生成、抑制酪氨酸酶、弹性蛋白酶和透明质酸酶的活性和保护皮肤免受紫外线辐射引起的氧化损伤，可用于护肤品的添加剂（Deori 等，2016；Kumar 和 Mandal，2019a；Kumar 和 Mandal，2019b）。琥珀蚕丝胶蛋白与其中的多酚和类黄酮等混合物诱导的氧化应激反应抑制肿瘤生长，有潜在的抗癌活性（Kumar 和 Mandal，2019c）。此外琥珀蚕丝胶蛋白还可作为无血清培养基生长补充剂，能够支持细胞附着和生长（Sahu 等，2016）。

第六章　其他野生泌丝昆虫

第一节　柳　蚕

柳蚕（*Actias selene* Hubner.）又称燕尾蛾、水青蛾、绿翅天蚕蛾、飘带蛾等，属鳞翅目（Lepidoptera）大蚕蛾科（Saturniidae）尾蚕蛾属（*Actias*）的泌丝昆虫。

一、柳蚕的分布

柳蚕分布于中国、日本、朝鲜、印度及东南亚各国，我国吉林、辽宁、北京、天津、河北、山东、河南、江苏、安徽、浙江、江西、湖北、湖南、广东、广西、四川、台湾等地区均有分布。

二、柳蚕的生物学特性

（一）柳蚕的形态特征

1. 卵

扁球形，长2.2mm，宽1.8mm，厚1.4mm，初产时为淡绿色，后为米黄色，接近孵化时转为灰褐色，卵面附黏液可成卵块。每头雌蛾产卵200~300粒，最多可达480粒。电子显微镜观察，卵精孔呈漏斗状向外开口，卵精孔区附近的卵纹呈有规则的菊花状，一般有12片花瓣。自然条件下卵孵化不齐，通常5~7d，孵化率在70%左右。

2. 幼虫

1龄幼虫具有细刚毛，体长约6mm，头黑色，头宽1.1mm左右，体色为橙红色和黑色相间，胸部、腹部末节为橙红色，第1~4、7~8腹节体中线及上侧黑色斑点线的部分均为黑色，其中第1胸节背部有1个黑色斑；第1~8腹节体中线及上侧各有4个黑色斑点，每个腹节共8个黑色斑点，共有4条黑色斑点线，第1~4腹节及第7腹节背中线中央各有一暗黑色斑块，第6腹节背中线后2个斑点中间多出一个黑色斑点。

2龄幼虫体长约20mm，头黑褐色，头宽1.6mm左右，通体橙红色，着生毛瘤，前胸4个毛瘤，中胸至第7腹节每节着生6个毛瘤，第8腹节着生5个毛瘤，第9腹节着生4个毛瘤，毛瘤上着生刚毛和褐色短刺；第1~8腹节分别在背中线、体中线两侧，共有5条黑色斑点线，每个腹节共有10个黑色斑点，其中第8腹节背中线、体中线上侧为7个黑色斑点。

3龄幼虫体长约36mm，头青绿色，头宽2.7mm左右，通体嫩绿色，形状及色泽与柞蚕类似，但无红色腹中线。胸部、第9腹节背中线两侧、第8腹节背部中央有1个凸出的毛瘤为橘黄色，其他为棕红色，基部为黄色，毛瘤上有刚毛，胸足褐色，腹足棕褐色，尾足黑色。

4龄幼虫体长约56mm，头青绿色，头宽3.7mm左右，通体绿色，中胸、后胸毛瘤黄色，其基部黑色更加明显。毛瘤上着生6~8根短刚毛和1根长黑色毛。腹节上的毛瘤呈橘黄色，上面着生1~5根刚毛及1根长黑色毛，基部黑色。臀板与臀足呈放射三星状，颜色为黑色，周围橘黄色，尾足红棕色。

5龄幼虫体长可达95mm，体重为7~8g，头绿色，头宽6.2mm左右，通体绿色，覆白色细刚毛，体节背部有瘤状突起，前胸5个，中、后胸各8个，腹部每节6个，中、后胸突起6个及第8腹节背上1个突起特大，瘤突上有黑色、褐色、白色刚毛，其中1根黑色刚毛较长。中后胸及第8腹节背上毛瘤黄色，基部呈黑色，其他腹节上的毛瘤呈橘黄色，腹节气门线上赤褐色，气门线下为黄色，尾足较大，红棕色。老熟幼虫食欲减退，体色棕红，身体缩短。

3. 蛹（茧）

预蛹呈绿色，后逐渐变为栗色，蛹额区有一红褐色三角斑，蛹体长45~50mm，蛹重平均5.5g。茧椭圆形，棕褐色或深棕色，外观无羽化孔，茧长50~55mm，茧幅25~30mm，茧层薄，茧层率5%~10%，可缫丝长300~350m。

4. 成虫

雄蛾体长25~35mm，雌蛾体长28~38mm，复眼球形黑色，触角黄褐色双栉齿状，头部、胸部及腹部均有白色鳞毛，胸背肩板基部前缘有1条暗紫色横带。翅展105~175mm，翅淡绿色，有些个体翅略带紫色，基部具白色絮状鳞毛；翅脉灰黄色，前翅前缘为赤色，与胸部紫色横带相接，后翅尾角边缘具浅黄色鳞毛，后角尾状突出长40mm左右，成燕尾状，前、后翅中室端各具1个椭圆形眼状斑，斑中部有1条透明横带，从斑内侧向透明带依次由黑、白、红、橙黄4色构成。腹面色浅，淡黄色，足淡紫色。

（二）柳蚕的生活史

野生柳蚕在辽宁1年发生1代，可人工驯化1年发生2代，在山东、河北、天津、浙江、湖南、贵州、江苏等地1年发生2代，在安徽1年发生2~3代，在江西、上海1年发生3代，以蛹滞育越冬。幼虫期4眠5龄，少见5眠6龄，全龄经过30~41d，因取食不同树叶其龄期经过有差异。以辽宁年生1代为例，柳蚕以茧附着在树枝或地被物下越冬，6月下旬至7月上中旬羽化为成虫，卵期9~13d，幼虫期27~36d；8月中下旬营茧，仅有个别羽化，其余直接进入滞育期，越冬蛹期长达300d。柳蚕在山东1年发生2代，越冬蛹在翌年6月上旬羽化、交尾、产卵，下代幼虫6月中下旬孵化，老熟幼虫7月下旬化蛹，蛹期15~20d。第1代成虫8月上旬羽化产卵，幼虫8月下旬孵化，9月末至10月上旬老熟幼虫营茧化蛹，越冬蛹期达240d。

（三）柳蚕生活习性

柳蚕多为2化性和3化性，中国少数地区发现有4化性，以蛹态滞育，染色体n=31，2n=62，染色体形状呈颗粒状，其性型为XX-XY（或ZZ-ZW）型。野生柳蚕以茧附着在树枝或地被物下越冬，翌年6月羽化、交尾、产卵，成虫每日14：00—20：00羽化，白天极少活动，常日落后活动，20：00—23：00时最活跃，有趋光性，飞翔能力强，翅展后即可交配。成虫交配通常是在夜间进行，交配时间一般不超过6h，人为控制下雄蛾可二次交配，成虫羽化不整齐，同一暖茧条件下，羽化时间相差近 20d。成虫寿命 4～12d，雌蛾比雄蛾寿命长，且随温度的升高成虫寿命有缩短的趋势。

雌蛾产卵常在夜晚，产卵历期 4～7d，在 19～26℃条件下卵期 7～12d，野生状态下雌蛾通常将卵产在叶背或枝干上，偶见产在土块或杂草上，常数粒或数十粒卵产在一起，成堆或排开，有偶发性孤雌生殖现象，但产下的卵不能孵化。

柳蚕 1～2 龄幼虫具群集性，3 龄幼虫分散取食。营茧部位因越冬与否而不同，一般在枝叶间营茧，先吐丝拉叶成瓮，然后在茧衣内结茧。野外 1 代茧包在绿叶内，结于树枝上部，2 代茧包在褐色枯叶内，结于树枝下部或地面处。

（四）柳蚕的分子生物学

目前对柳蚕种质资源遗传背景的了解十分有限，科技工作者开展了分子生物学方面的研究，利用解析的柳蚕 DNA 条形码探讨了其与其他大蚕蛾科泌丝昆虫的系统进化关系，基于线粒体细胞色素酶 C 亚基 Ⅰ 基因构建的分子系统树表明各属间的亲缘关系与形态学的研究相一致（濮佳明，2009）。在 GenBank 数据库登录的有关柳蚕的基因和序列已有十几个，包括卵黄原蛋白基因、多巴胺脱羧酶基因、延伸因子、芳香基贮存蛋白、核型多角体病毒基因序列、线粒体 DNA 序列等。

1. 卵黄原蛋白

通过 SDS-PAGE 和 Westernblotting 鉴定，柳蚕的卵黄原蛋白是由大小 2 个亚基组成，分子量分别为 175kDa 和 45kDa，存在组织、时期、性别表达的差异性。柳蚕卵黄原蛋白的基因序列（GenBank 登录号：GU361974）全长 7 329bp，包含 6 个外显子，5 个内含子以及一段 206bp 的 5′端调控区序列，其中外显子的大小分别为 2246bp、205bp、982bp、879bp、184bp 和 863bp，内含子的大小分别为 107bp、84bp、626bp、706bp 和 230bp。柳蚕和柞蚕的卵黄原蛋白基因结构更为相似，它们均在起始密码子 ATG 后 31bp 处有一个大的内含子缺失。柳蚕卵黄原蛋白基因在 5 龄后 1d、4d、7d、11d 时未表达，预蛹期达到一个相当高的水平，随后又开始下降，直至滞育期其量又稍有上升；且在中肠、脑、马氏管中不表达，在血淋巴、脂肪体和卵巢中有所表达，但表达量无明显差异。说明柳蚕卵黄原蛋白的表达存在明显的时期和组织的特异性（钱岑，2010）。

2. 钙整合素结合蛋白

柳蚕钙整合素结合蛋白基因（Calcium and intrgrin binding protein，CIB）的开放阅读框（Open Reading Frame，ORF）序列全长 558bp，编码 185 个氨基酸，预测蛋白分子量约 21.26kDa，氨基酸序列中没有信号肽。系统进化树分析以及氨基酸序列比对结果表明，柳蚕 *CIB* 基因与家蚕和大红斑蝶等鳞翅目昆虫的同源性达 95%左右。荧光定量分析表明，柳蚕 *CIB* 基因在脂肪体中表达量最高，其他组织中也均有不同程度表达（李胜，2016）。

3. 免疫应答基因

柳蚕的 *defense* 基因全长包含 691 个核苷酸，预测的开放阅读框 498bp，编码 165 个氨基酸残基并有一个卷曲结构。*defense* 基因在脂肪体中有特别高的表达量，对柳蚕进行免疫刺激后表明，*defense* 基因可以被大肠杆菌、藤黄微球菌和核型多角体病毒刺激上调表达，并表现出对真菌、病毒和革兰氏阳性菌较强的敏感性，而对革兰氏阴性菌的敏感性较弱，说明 *defense* 基因在柳蚕的先天免疫应答中起着重要的作用。柳蚕的 *ApoLp*-Ⅲ 基因包含 660 个核苷酸，预测的开放阅读框 561bp 并编码 186 个氨基酸组成的蛋白，柳蚕 ApoLp-Ⅲ蛋白序列与柞蚕的 ApoLp-Ⅲ蛋白序列同源性很高。柳蚕 *ApoLp*-Ⅲ基因在脂肪体和表皮中表达量较高，在血细胞、性腺、丝腺、马氏管和中肠中很低。在抵御外源物如大肠杆菌、藤黄微球菌、球孢白僵菌和核型多角体病毒过程中，*ApoLp*-Ⅲ基因均被上调表达，对革兰氏阴性菌和真菌比对革兰氏阳性菌和病毒有更高的灵敏度（王芳，2016）。

三、柳蚕的饲料

柳蚕能取食多种植物的叶，主要取食榛（*Corylus heterophylla*）、旱柳（*Salix matsudana* Koidz.）、胡桃楸（*Juglans mandshurica*）等树叶，也取食枫杨（*Pterocarya stenoptera*）、枫香（*Liquidambar formosana* Hance）、雪柳（*Fontanesia fortunei* Carrière）、乌桕［*Sapium sebiferum*（L.）Roxb.］、喜树（*Camptotheca acuminate* Decne）、苹果（*Malus domestica*）、梨（*Pyrus* spp.）等植物的叶。不同地区柳蚕幼虫的食性略有差异，辽宁地区分布的柳蚕幼虫最为喜食的是榛、胡桃楸和旱柳等叶，不取食枫杨、银杏等叶；山东、江苏地区的柳蚕幼虫喜食柳树叶，也食枫杨、喜树叶。

四、柳蚕饲养

（一）饲育形式

根据大、小蚕期不同特点，采用全龄室内育、全龄野外育、小蚕室内育+大蚕野外育共 3 种形式饲育柳蚕幼虫，结果全龄室内育的收蚁结茧率最高，小蚕室内育+大蚕野外育次之，全龄野外育的收蚁结茧率最低，全龄室内育和小蚕室内育+大蚕野外育 2 种饲育形式均适用于柳蚕的人工饲养，但综合考虑人工及养蚕场地等其他生产要素的投入，小蚕室内育、大蚕野外育是一个经济实用的选择。山东主要采用全龄罩网野外育、小蚕期集中保护育（小蚕专用保苗场）、大蚕期放养的形式。

（二）制种

柳蚕成虫的蛾体大，羽化不齐，雄蛾羽化早而雌蛾羽化迟。雌雄蛾均有飞翔能力，一般情况下，交尾率很低，但通过给予遮光、低温、多湿、安静的环境条件，选择刚羽化的雌雄蛾按 1∶1 或 1∶2 的比例放入筐篮中遮光、保持安静，环境温度 22~24℃，相对湿度 85%~90%，空气新鲜，则有较好的效果。雌雄蛾交配 6h 后即可拆对，将雌蛾放入规格为 12cm×15cm 的塑料纱制成的产卵袋中产卵，产卵室温度为 19~23℃、相对湿度为 75%~85%，产卵 1~2 昼夜，卵保护在温度为 19~23℃、相对湿度为 75%~85% 的环境中，使胚胎顺利发育。

（三）暖卵

为促进柳蚕胚胎发育整齐，春季收蚁前需人工暖卵，在相对湿度 75%~85%的条件下，温度在 19~23℃范围内温度越高，卵孵化越早，并且这一温度范围内孵化幼虫的生命力、龄期经过、收蚁结茧率无显著差异。夏季柳蚕卵在自然温湿度条件即可孵化，但应避免28℃以上高温，做好通风换气。

（四）收蚁

室内收蚁在卵孵化前将柳蚕卵用2%的甲醛溶液在23~25℃条件下消毒30min，然后再用相似水温的清水冲洗除去甲醛残留。已消毒的卵放在铺有消毒吸湿纸的塑料盒里，为防止病蛾产卵孵化后代发病造成交叉感染，收蚁要单蛾分区处理，见苗蚁后将新鲜饲料叶片覆盖在卵上，待蚕爬到饲料叶片上后按适宜的密度分区饲养。

室外收蚁采用挂卵袋收蚁法，单蛾产卵并镜检合格的卵孵化前一日用2%的甲醛溶液消毒，然后于当日将卵袋挂在柳树枝条上或使之坐在树墩的中间，选用向阳避风和偏下方枝叶多处挂袋，可用大头针等固定卵袋，收蚁结束撤卵袋时，应及时调整袋口附近过密蚁蚕，使之分散均匀。

五、柳蚕病虫害防治

（一）柳蚕病害防治

在野外及室内饲育柳蚕均发现有软化病、白僵病发生。幼虫感染软化病的病症是厌食、行动迟缓或排稀粪后蚕体变软死亡，有的死后蚕体变红，收蚁前进行卵面消毒可有效减少柳蚕软化病发生。柳蚕感染白僵病表现为死后尸体变硬，长出白色菌丝，室内饲养柳蚕需注意通风、除湿，不喂食带水叶片，可减少白僵病发生。

（二）柳蚕虫害防治

室内和野外饲养的柳蚕均有寄生蝇寄生，寄生蝇幼虫在柳蚕蛹体内越冬后，翌年春天5—6月脱蛆、入土化蛹，约10d后羽化、交配。

卵的天敌有赤眼蜂，年寄生率可达11%以上。人工野外饲养和野生的柳蚕幼虫均发现有形态类似柞蚕绒茧蜂（*Apanteles* sp.）的寄生蜂寄生，在4~5龄时脱出并很快营茧、羽化。螽蟖、胡蜂、螳螂、益蝽、蜘蛛等也是柳蚕的捕食性害虫。

六、柳蚕的利用

柳蚕蛹体大，蛋白质含量高，营养丰富，作为营养保健食品开发利用价值高，也可作为繁育寄生蜂的中间寄主用于农林害虫的生物防治；茧丝纤维富有光泽、柔软且耐酸腐性强，可用于制作耐酸材料；成虫的翅艳丽，可作为观赏昆虫或用于制作工艺品。

七、柳蚕与其他经济昆虫的多元化应用

为增加经济昆虫的单位面积经济效益，山东省蚕业科学研究所构建了柳蚕-食用菌-蚱蝉-金龟子立体养殖模式，主要栽植垂柳（*Salix babylonica*）、竹柳（*Salix* spp.）等树种放养柳蚕，地表栽培食用菌（灵芝等），树基部及土壤饲养蚱蝉（*Cryptotympana atrata*），建腐食性金龟子养殖池消化菌渣、木渣，形成生物质循环，打造“一种三养”形式，“一种”指食用菌仿野生栽培，“三养”指养殖柳蚕、蚱蝉、金龟子，主要产出可食用的各类食用菌、柳蚕（蛹、蛾等）、蚱蝉，可观赏的柳蚕蛾及金龟子成虫等标本，可做饲料的金龟子幼虫，可做肥料的虫沙（柳蚕粪、金龟子虫粪）等。

第二节　樟　蚕

樟蚕（*Eriogyna pyretorum* Westood）又名枫蚕、鱼丝蚕，为大蚕蛾科樟蚕蛾属。我国主要产地有广东、广西、福建、江西、湖南、台湾等，主要分布在华南地区。其制丝方法为我国所独创，制成的丝也称天蚕丝。我国所产的樟蚕丝皆为粗制品，表面不平滑，且有丝腺细胞凝附在丝的表面，必须经过磨滑及除去附着物才能成为精制品。

我国各地区生产的樟蚕丝因食料不同，丝质优劣不一。江西省的樟蚕以樟树叶为食料，丝质最优，缺点是丝较细；湖南毗邻江西，丝质类似江西丝；海南所产樟蚕丝，蚕食枫树叶，丝质较差，丝粗细不均，细处易断，丝色乳白不透明。广西产的樟蚕丝品质又较广东差些。台湾的樟蚕由海南岛引入，每年樟蚕成熟时正值台风季节，蚕被吹落跌死，且天敌多，产量低。

一、樟蚕的分布

樟蚕主要分布于中国、越南、缅甸、印度、马来西亚和俄罗斯等国家。中国有3个亚种，*E. pyretorum* Westwood 分布于东北及华北一带，以蛹越冬；*E. pyretorum cognata* Jordan 分布于华东及江西一带，以蛹或卵越冬；*E. pyretorum lucifera* Jordan 分布于四川，以卵越冬。

二、樟蚕的饲料

樟蚕的饲料主要有樟树、枫、柜柳、野蔷薇、沙梨、番石榴、紫壳木、柯树、枫香等。取食樟树叶者，丝质优良；取食枫树叶者，丝质较差。

三、樟蚕的生物学特性

（一）樟蚕的形态特征

1. 卵

卵呈筒形，乳白色而微带蓝色，卵壳上端有一小圆孔，幼虫由此孔钻出。长径2mm，短径1mm，数粒排列成块，卵面覆盖一层灰褐色雌蛾尾部鳞毛。

2. 幼虫

1龄幼虫：蚁蚕黑色，头部黑色有光泽，头上丛生白色细毛，全身各环节周围均丛生深褐色细毛，各环节背面及两侧均着生瘤状突起，胸部各环节有8个，腹部第1~8节各着生6个，第9节4个，末节2个，各瘤状突起上着生细毛。

2龄幼虫：蜕皮后体色变深青色，头呈黑色有光泽，背线、亚背线及气门线均为深蓝色，背面的瘤状突起上均生有浅灰色硬刺。

3龄幼虫：体色较2龄为浅，体上出现稀少小黑点。头部深灰色，背线蓝色，亚背线及气门线青色。气门明显可见，为黑色卵圆形，略凹入体内。瘤状突起黄色，硬刺深灰色，各环节背线、亚背线均有黑点，尾节背面前方横列有3个黑点，在此黑点的后方有明显的“∵”形黑点。胸足黑色，腹足黄色，尾足两侧各有一大的圆形黑点。

4龄幼虫：与3龄相似，全身呈现青色，头部变黄色，胸、腹部的腹面黄色，胸足灰色，腹足上具有2条黄黑斑纹。气门线较宽，亚背线次之。

5龄、6龄幼虫：5龄、6龄幼虫长得很快，体色青黄，体上黑点明显。

7龄幼虫：全体背面变黄，腹面青色，尾节上的黑点开始消失，胸足青黄色，腹足浅青色，上仍有横列的2条横纹，瘤状突起黄色。

8龄幼虫：蜕皮时体色与7龄幼虫相同，但全身所被的细毛较其他龄为长，瘤状突起上的毛亦很长，老熟时瘤状突起上的硬刺均集团而向上，呈黑色，柔软而光滑，且失去分泌毒汁的能力，瘤状突起的基部柔软。全体略透明，浅青色，稍光滑，背线、亚背线和气门线均呈深蓝色，尤以背线色更深。熟蚕体重雌16g左右，雄13g左右。

3. 蛹

蛹纺锤形，初变蛹时，蛹体为浅青色，呈透明状；体壁硬化后，蛹体褐色，经11h后，蛹体坚硬，呈深褐色，腹部尾端有黑刺一排，蛹体重约3.8g。

4. 成虫

成虫翅展约10cm，蛾体灰褐色，前翅与后翅各有一眼状纹，中间为月形透明斑，前翅顶角外侧有紫红色纹2条，两侧有黑褐色短纹2条，内线棕黑色，外线棕色双锯齿形。

（二）樟蚕的生活史

樟蚕在我国有几个亚种，其中 *E. pyretorum pyretorum* 分布于东北与华北一带，*E. pyretorum cognata* 分布于江西与华东一带，*E. pyretorum lucifera* 是分布于四川的亚种，分布于北纬30°75′以南的江西、湖北、海南及台湾的亚种为 *E. pyretorum pearsoni* Westwood（邹钟琳，1980），均为一化性，以蛹滞育。

成虫羽化时期因各地气温条件而异，分布于台湾的樟蚕成虫羽化期自当年11月初至翌年1月下旬，历时70d，羽化盛期在12月间；分布于海南岛的樟蚕蛾在当年11月下旬至翌年2月中旬，历时80d，羽化盛期在1月中旬；分布于台湾北部的樟蚕因羽化期为12月及翌年1—2月，蛹、成虫和卵都有所见；分布于广州樟蚕蛾在1月初至3月下旬，历时约80d，羽化盛期在2月中旬；广西和江西的樟蚕蛾在2月下旬至4月下旬，羽化盛期在3月中旬。成虫羽化需要适当温度，20℃以上和10℃以下均极少羽化，16~17℃为羽化最适温度，最适湿度为60%左右。卵期经过约20d，幼虫一般为8龄，台湾的则为6~7龄，全龄经过80d左右，蛹期经过约253d。

（三）生活习性

1. 卵

卵乳白而微带淡蓝色，随着胚胎的发育卵色渐深，将孵化时呈浅灰黑色，蚁蚕孵出后，卵壳呈原来的白色。卵壳上端有一小圆孔，幼虫由此孔孵化出来。卵期保护温度为20℃，相对湿度80%，孵化率可达99%。

2. 幼虫

幼虫在黎明孵化，刚孵化的蚁蚕多静伏于卵壳上，经3~4h开始活动，找到嫩叶后活动停止。1~3龄有群集性，4龄起各自分散，当群集于一处时，同食同栖。各龄幼虫趋光性强。熟蚕行动迅速，多从树上沿树干向下爬，熟蚕多在10：00—14：00自动爬下树，此时在树下守捕，收集熟蚕。没有被捕捉的熟蚕又返回树上选定营茧位置后，休息3h左右即吐丝营茧。茧多结在树干或大树上，先咬去老残树皮，将茧粘在上面，贴靠树皮的茧层较薄，茧色与树皮色相同，一端有孔，呈纺锤形。

3. 蛹

初变蛹时全体柔软，头、胸、腹、翅、足各部分均为浅青色，颜色鲜艳，呈透明状，随后渐次硬化呈褐色。化蛹后经过11h左右，全体坚硬，呈深褐色，腹部尾端约有30根黑刺排成一排，蛹体重雌雄平均3.8g左右。

4. 成虫

每日羽化高峰为18：00—20：00，蛾由茧脱出后约经2h翅展平，再经3h开始交配，交配需7~13h。雌蛾产卵3d左右，产卵块于树皮上，产卵数500粒左右。

四、樟蚕丝的拉取

樟蚕茧丝丝胶含量高，缫丝困难。目前记载主要是采用“拉丝”技术将幼虫的丝腺拉出并加以利用。据屈大均在《广东新语》上的记载：“天蚕出阳江，其食必樟、枫叶。岁三月熟醋浸入，抽丝长七八尺，色如金，坚韧异常。以作蒲扇缘，名天蚕丝。”近代樟蚕丝的制作方法仍是原始的手工业经营方式，丝的优劣因当地气温、饲料种类不同、制丝方法及所用水质等相差很大。凡气温低，食樟叶的，其丝最佳；气温高，食枫叶的，丝质差。江西省气温较低，幼虫食樟树叶，水质好，故所产的丝较其他地区为优，丝质坚而韧。海南岛为我国最南部，气候特别热，以枫叶为食，产丝量多，但丝质较差。

（一）拉丝场地选择

选择无日光直射、场地土质松、离水源近的地方，搭盖一个通风良好、不漏雨的简易棚，内插竹竿若干根，每1节竹筒上刻3个缺口，也可在屋前走廊中进行拉丝。

（二）熟蚕浸水

将收集的熟蚕选除死蚕、病蚕、未熟蚕，将健康的熟蚕按大小分成大、中、小3个等级，用水洗干净后放入盛满水的缸中，缸口宜小，用水宜清凉洁净。每缸放蚕数量约为水量的2/5，以免水温升高，当水温升高时须另换清水。缸口用盖盖好，以防熟蚕爬出。浸水时间5h以上，直至樟蚕死亡为止。

（三）取丝腺

将大、中、小蚕分别以30头蚕为一组放在容器中，将蚕腹部向上，一只手拇指、食指捏住第2对腹足，另一只手拿住第3对腹足，轻轻撕开体壁，腹中丝腺露出蚕体外面，先取出丝腺的尾端，再取出全部丝腺，将30头蚕的丝腺排列整齐。注意操作时不要使丝腺沾染蚕的体液，否则丝腺变黄黑色。

（四）浸酸

将60条丝腺为1结浸入配好的醋酸中，醋酸的浓度根据拉丝时的温度而不同，温度为20~23℃时，醋酸浓度为3%，丝腺放入醋酸溶液中浸5~7min；如温度在23℃以上，则醋酸浓度为2.5%，丝腺浸15min左右；如醋酸浓度为2%，则浸30min。同时还要根据丝腺粗细、浸酸时间可增或减，丝粗者应多浸3~4min。江西省则直接用食用陈醋浸酸，不用稀释。

（五）拉丝

将前部丝腺（俗称丝头）拉长，缠绕于末端削尖、顶端分叉的竹片上 2~3 圈，使丝腺不致脱出，将竹片插入竹筒中，然后拿住丝腺的尾端并稍稍拉长，再迅速将尾端拉长的丝腺缚扎在竹签上（约 12cm，末端削尖），再拿住竹签匀速将其拉长，直至不能再拉长为止，将竹签插入土中。待丝腺阴干后，将 60 条拉长的丝腺在接近竹签处剪断，从竹片取下 1 结丝，每 3 结丝在丝头与丝身（中部丝腺）交接处，用废丝扎紧，卷成一丝圈。

（六）浸水

将捆扎好的丝圈投入盛有清凉洁净的水缸中浸水 48h 左右，最好浸于流水中，浸水 24h 后换水 1 次，浸水过程中在水中搓洗丝圈至丝质光滑无杂质。

（七）阴干、锤丝

经水洗后的丝悬挂于竹竿上阴干，樟蚕丝以直而不弯曲为佳，待丝阴干至含水率 20%~30%时，在丝中抽出 1 条，从中部起松开环缠 1 结之丝至尾端 30cm 左右处捆扎，然后用约 2kg 的重物缚扎在丝尾上，垂挂 2d 后至丝伸直，即可包装出售。

通常丝腺可拉长至 2m 左右，最长可达 2. 65m。雌蚕比雄蚕丝长，雌蚕每 1 600 头可拉丝约 1kg，雄蚕 2 400 头可拉丝 1kg。

五、樟蚕丝的用途

（一）钓鱼丝

樟蚕丝又名鱼丝，放在水里透明无影，坚韧耐水，每条樟蚕丝可钓 5kg 左右重的鱼，故是最佳的钓鱼丝。

（二）手术缝合线

樟蚕丝精制加工后，具有纯白、质轻、透明、拉力强、不沾水等特性，可加工成外科手术缝合线，药房出售的肠蚕线即是樟蚕丝制成的，具有在人体内耐久和被吸收的性能。

（三）制刷用

樟蚕丝的头、尾部分质量较差，可制作牙刷及其他各种刷子。

（四）丝绵

将樟蚕茧放在碱水中煮沸，使其丝胶溶解，茧软化后再经清水漂洗，风干弹松，制成丝绵。

据记载，1947 年江西全省约产樟蚕丝 50t，主产于泰和、遂川、吉安、吉水、兴国、赣县、南康、于都、会昌等地。20 世纪 50 年代以后，新纤维代替了樟蚕丝，这一产业遂告衰落。

第三节　樗　　蚕

樗蚕（*Samia cynthia* Walker et Felder）又名椿蚕或小乌桕蚕，为大蚕蛾科樗蚕属的泌丝昆虫。

一、樗蚕的分布

樗蚕主要分布于中国、日本、朝鲜、印度、印度尼西亚、柬埔寨、意大利、美国等。1860年前后曾传至英、法等国，并在苏联试养成功。在我国分布地区有山东、江苏、浙江、福建、广东、广西、四川、湖南、台湾以及华北诸省区。早在18世纪中叶山东省就已开始进行人工饲育或半人工饲育，以樗蚕丝织成的椿绸，历史亦很久。

樗蚕有许多地理上的亚种：东北、上海、浙江及华南一带的樗蚕（*Samia cynthia cynthia*）染色体数 $2n=26$，广西分布的为 $2n=28$，日本地方种樗蚕（*Samia cynthia pryeri*）染色体数 $2n=28$。蓖麻蚕的祖先在古代从印度北迁至我国，在不同自然条件下形成3个亚种（$2n=28$）：*Samia cynthia obscura* 分布于印度、中国海南岛，为蓖麻蚕的野生型；*Samia cynthia pryeri* Butler 分布于华南、长江流域，即为常见的樗蚕；*Samia enbouwina* Watson 为分布于华北的樗蚕（邹钟琳，1980）。

樗蚕食性很杂，喜食樗树叶，也食乌桕、樟、苹果、蓖麻、梧桐、泡桐、女贞等树叶。其中以食樗树叶所结的茧，茧丝量最多，丝质坚牢，且雌蛾产卵量多，繁殖力最强。

二、樗蚕的生物学特性

（一）樗蚕的形态特征

1. 卵

卵淡灰黄色，具有不规则的暗褐色斑点，卵长约1.5mm，1g卵约530粒。卵壳乳白色，因卵表附有黏液腺分泌物而呈暗灰褐色，卵钝端为精孔区。卵在适温适湿的条件下，经过8d左右卵色转青，次日孵化。在自然条件下，卵期经过10~20d。

2. 幼虫

幼虫外形上和蓖麻蚕相似，多为黄血蓝皮型，带细圆黑点。刚孵化幼虫为黑色，长约4mm。2龄起体色为黄绿色，经4次蜕皮后至第5龄呈绿色。4龄蚕体附有白色粉状物，5龄熟蚕白粉消失。各体节的亚背线、气门上线、气门下线部位各有一排枝刺状突起，亚背线上的突起大，熟蚕瘤状突起呈淡蓝色。亚背线与气门上线、气门后方、气门下线、胸足及腹足的基部散生有黑色斑点，熟蚕体长5.5~6.0cm。自第1节至第11节的各节上具有6个瘤状突起，其中生有短而细的毛，第12节上有4个突起，全龄经过30~40d。

3. 蛹

蛹棕褐色，长2.6~3.0cm，宽1.4cm。幼虫老熟后，营一个近似纺锤形的麻灰色或灰褐色茧，头端尖，顶端有孔，并有细长的茧柄，茧长约4.5cm，全茧量为3.0g，茧层量为0.3g，茧层率约10%。

4. 成虫

成虫翅展约为13.5cm，雌蛾体长3cm，雄蛾体长2.5cm。蛾体及翅具有黄褐、青褐和棕褐三色。头部周围、颈板前端、前胸后缘、腹部背线、侧线及末端为白色。前翅内线及外线均为白色，有棕褐色边缘。前后翅中央各有一透明的弦月形斑纹，后翅月形斑较小。外横线的外侧呈淡紫红色。前后翅均为淡黄褐色或黄褐色。外侧具有一条纵贯全翅的宽带。前翅顶端宽圆略突出，并具一黑色眼状纹，上方有弧形白色斑，外横线的外侧呈淡紫红色。成虫与蓖麻蚕相似，樗蚕腹部黄褐色鳞毛呈纵行排列，而蓖麻蚕腹部的褐色和白色鳞毛呈横行排列，二者杂交可育。

（二）樗蚕的生活习性

1. 化性

樗蚕有一化性、二化性和多化性，寒冷地区为一化性，台湾地区为四化性，樗蚕每年发生 1~4 代，以蛹滞育。江苏、浙江等地为二化性，偶有三化性；华南地区为三化。

2. 生活史

（1）卵

樗蚕卵产下后经 10~12d 即可孵化。樗蚕孵化酶基因（*PccHE*）（GenBank 登录号：MH119084）cDNA 全长为 964bp，由 5′-UTR、3′-UTR 和 885bp 的 ORF 组成，编码 294 个氨基酸。PccHE 蛋白序列含有孵化酶特征序列锌指结合基序和 Met-转角基序，基于 PccHE 氨基酸序列与 16 种动物孵化酶同源氨基酸序列构建的系统进化分析树显示，樗蚕与蓖麻蚕之间的亲缘关系最近。半定量 RT-PCR 检测 *PccHE* 在樗蚕胚胎发育早期的表达维持在较低水平，催青第 3 天小幅度增加，第 9 天时表达水平开始大幅上升，至孵化前达到最高水平。*PccHE* 在 5 龄 3d 幼虫中肠中高水平表达，在马氏管中也有表达，表明 *PccHE* 与樗蚕的胚胎发育和孵化密切相关，还可能参与幼虫期的食物消化、蛋白质代谢等生物学过程。在催青第 2 天，*PccHE* 的表达量并未受到热刺激诱导；催青第 5 天，*PccHE* 在热处理后 6h 表达量受到抑制；在催青第 8 天，*PccHE* 在热处理后表达量先下降，随后迅速上升，*PccHE* 在樗蚕卵胚胎发育过程中的表达量与温度密切相关，而且可能参与了胚胎发育等生物学过程；催青第 2 天、第 5 天和第 8 天对樗蚕卵进行热处理 1h，对樗蚕卵孵化率没有影响（张豪等，2020）。

（2）幼虫

幼虫 4 眠 5 龄，初龄幼虫有群集性，多成列群集于叶背面，排列成不规则的弧形或椭圆形，头部朝向同一方向。虫群常集体移动，尤其在白天移动频繁，夜晚较少移动。3 龄后分散于整株树上，并能离开原来取食的树而集体迁往邻近的树上，每一虫群在移动时分开数小群后，不会再次聚合起来。第 5 龄期食量大，会将整株树上的叶食尽，然后下树至地，到处爬行，迁往邻近的樗树上。起蚕有取食蚕蜕的习性，幼虫期为 30~40d，熟蚕吐丝营茧。

老熟后蚕体缩小，行动迅速，集合数叶营茧，有细长的茧柄系在枝条上。

（3）蛹及樗蚕细胞系

非滞育的蛹期约为 20d；滞育蛹的蛹期，二化性 5~6 个月，一化性 9~10 个月。樗蚕蛹精巢细胞经 2 年多时间的离体培养，已传至 100 代以上，堪称无限细胞系，命名为 PC-01。原代培养经 4 个月开始传代，细胞形态多为圆形，少数为长椭圆形或梭形。细胞悬浮生长，也有半贴壁现象，细胞群体倍增时间为 72h，细胞系对柞蚕核型多角体病毒（ApNPV）非常敏感，经同工酶测试该细胞系的酯酶、葡萄糖-6-磷酸脱氢酶活性较高（刘淑珊，1999）。

（4）成虫

樗蚕成虫羽化不齐，一化性的成虫于7月初羽化，雌蛾性引诱力很强，雄蛾能从3km外感应雌蛾的存在而飞向雌蛾交配，雌雄蛾交配经历12h以上，交尾后，雌蛾产卵5~6d，产卵于叶背成块状，排列呈弧形，上下堆砌多至5层，底层卵数较多，向上逐渐减少。单蛾产卵量为300粒左右，成虫寿命为5~10d。

第1代成虫5月出现（在浙江一带），5月中旬至6月初为卵期，卵期经过10~20d。幼虫出现于5月末至7月中旬，为期24~30d。第1代蛹不滞育，经40~50d茧期，于9月出现第2代成虫，成虫交配产卵后，于9月中下旬至11月为第2代幼虫，结茧化蛹后越冬，滞育蛹期长达5~6个月。

三、樗蚕的饲养

樗蚕的饲养方法可参照蓖麻蚕的饲养法。樗蚕的饲料主要有臭椿、乌桕、女真、含笑、泡桐、枫杨、樟、重阳木、芸香、花椒、三黄等植物的叶，也取食蓖麻叶。

四、樗蚕茧

樗蚕茧缫丝困难，可以纺丝，织成的绸称椿绸。用椿绸做成的衣服，坚牢耐久。如能在原有樗蚕地区扩大放养面积，可以增加纺织纤维原料。

目前，樗蚕茧的利用主要是手工捻线纺丝。将去蛹后的茧壳用清水浸透，晾至半干时，放入温热的碱液中，使茧壳变软，再放入锅中煮沸，每隔1h左右翻茧一次，约经4h，煮到用手易拉出丝时为止。用清水漂洗脱碱、晾干，可用其纺线织绸，织物称为椿绸，坚牢耐用。

浙江产樗蚕茧茧丝的氨基酸组成：丙氨酸33.44%、甘氨酸11.74%、丝氨酸6.96%、酪氨酸6.86%、天冬氨酸4.60%、精氨酸2.44%、谷氨酸1.34%、组氨酸1.04%、苏氨酸0.88%、缬氨酸0.76%、赖氨酸0.56%、异亮氨酸0.48%、亮氨酸0.48%、苯丙氨酸0.40%、胱氨酸0.36%（蒋猷龙等，1982）。

五、樗蚕的多元化利用

樗树、山花椒、黄檗的化学成分中均有具抗植物病原真菌活性的化合物，汪钰等（2019）从樗蚕蚕沙中分离纯化得到9种单体化合物，分别为吐叶醇、（3S，5R，6S，7E，9R）-5，6-环氧-3，9-二羟基-7-megastigmene、黄柏酮、neophellamuretin、黄柏苷、赪酮甾醇、赪酮甾醇3-*O*-β-D-葡萄糖苷和α-亚麻酸甲酯和叶绿醇，通过菌丝生长速率法测定化合物对4种植物病原真菌的抑菌活性，结果吐叶醇对玉米大斑病（*Exserohilum turcicum*）、瓜果腐霉病菌（*Pythium aphanidermatum*）、水稻纹枯病菌（*Thanatephorus cucumeris*）和向日葵菌核病菌（*Sclerotinia sclerotiorum*）均有较为明显的抑制作用；黄柏酮对水稻纹枯病菌（*Thanatephorus cucumeris*）和向日葵菌核病菌（*Sclerotinia sclerotiorum*）有较为明显的抑制作用。

六、樗蚕的敌害

辽宁省发现一种寄生蜂，经湖南农业大学游兰韶教授鉴定，该茧蜂依据 Mason（1981）分类系统确定为樗蚕盘绒茧蜂（*Cotesia dictyoplocae* Watanabe）。目前报道其主要寄生柞蚕、樗蚕、樟蚕等，分布于辽宁、云南、湖北、福建、浙江等省份，日本也有分布（戚利，2012）。

第四节　栗　蚕

栗蚕（*Dictyoploca japonica* Butler）又名银杏大蚕蛾、核桃楸天蚕、白毛太郎，分布于日本、朝鲜、中国。栗蚕在我国主要分布于辽宁、黑龙江、吉林、广西、江西、台湾等省区，以东北三省为多，多分布于银杏、板栗、核桃秋分布区。

栗蚕食性很杂，除食板栗、核桃楸叶外，还食银杏、枫杨、樟树等树叶，其中以食核桃楸叶的茧及茧层量较重，食板栗叶的较差。

一、栗蚕的生物学特性

（一）形态特征

1. 卵

卵为短圆柱状，长径 2.5mm，短径 1.9mm，厚 1.3mm，卵壳厚 50μm±2μm，1g 卵数约为 200 粒。初产下时为灰白色，几小时后变为灰褐色，卵较尖端有圆形灰黑斑，即为精孔区，受精孔区周围卵饰 5~8 轮，受精孔 7 个±2 个，呈环状排列。孵化时幼虫从此咬破卵壳而出。染色体数为 $n=13$。

2. 幼虫

蚁蚕为黑色，体长 5mm。胸腹部各节有 3 对瘤状突起，位于亚背线、气门上线、气门下线，瘤上有 4~8 根刚毛。气门线灰白色，腹部腹面呈黄绿色。2 龄幼虫刚毛较长，气门线为黄绿色。3 龄幼虫背部为灰白色，4 龄蚕头壳为绿色，体色为白色略带淡绿色，刚毛较长。5 龄头壳绿色并有“八”字形斑，体色为浅绿色，体生密而白色或淡绿色刚毛，盛食期体长可达 95mm。

3. 蛹

蛹为黄褐色，雌蛹长约 50mm，雄蛹长约 35mm，茧为网状，俗称灯笼茧，长椭圆形，茧长约 5.0cm，茧幅约 2.4cm。茧色淡褐色或褐色。

4. 成虫

翅展雌蛾 10~15cm，雄蛾 9.0~12cm；雌蛾体长约 3.8cm，雄蛾约 3.0cm。翅的颜色变化较大，有灰褐色、黄褐色、红褐色和橙黄色等。前翅内横线赤褐色，外横线暗褐色，中室端部有半圆形透明斑，周围有白色和暗褐色轮纹，前翅顶角有黑色斑，后角有白色半月形纹。后翅基部到外横线间有较宽的红色区，亚外缘线区橙黄色，外缘线灰黄色，中室端有一圆形眼状斑，后角有一半月形白斑。前、后翅的亚外缘线有 2 条赤褐色的波状纹组成。雌蛾触角栉齿状，雄蛾触角为羽状。

（二）生活史

1. 卵

栗蚕每年完成一个世代，以卵越冬。在广西，越冬卵 3 月下旬至 4 月上旬孵化，5 月下旬至 6 月中旬营茧化蛹；在辽宁省，越冬卵于 5 月初孵化。幼虫孵化高峰在 10：00，卵是赤眼蜂和黑卵蜂（*Teienomus* sp.）的天然寄主。

2. 幼虫

在辽宁省，幼虫于 5 月初孵化，6 月末至 7 月初营茧化蛹，幼虫期经过 50d 左右。1、2 龄幼虫具群集性，3 龄后分散取食；中午炎热时，常沿树干爬下到阴凉处。幼虫 4 眠 5 龄，偶有 5 眠 6 龄，老熟幼虫收缩变粗而微透明，这时长毛开始脱落，进而吐丝营茧，吐丝经过 2~3d，营茧后 3~5d 化蛹。

3. 蛹

蛹为栗色或棕色，蛹期 50~150d。

4. 成虫

成虫在辽宁省于 8 月下旬开始羽化，9 月上中旬大批羽化，羽化时间多在 17：00—20：00，当夜或隔夜交尾，交尾经过约 24h，产卵于树干离地面 1~2m 处的树皮缝隙中，聚集成堆，每蛾产卵量为 200~300 粒，成虫飞翔能力强、趋光性强，寿命约 6d。

（三）生活习性

1. 卵

卵先端有一个灰黑色小点，卵相互黏结成块状，每块卵数不一，少则数 10 粒，多则 100 余粒。初产卵为灰白色，数小时后变成灰褐色，并出现栗色斑纹。

2. 幼虫

小蚕期群集性很强，群集于叶的背面，3 龄以后渐渐分散于枝梢上。啮食树叶先从叶的上部尖端开始，咀嚼力很强，能吃去一部分叶脉。全龄期在外温 20℃左右，湿度 75%上下，经过 42~45d 老熟结茧。结茧前排出深棕色黏液状物。以后蚕体变粗短，微透明，蚕体上的长毛开始脱落。结茧时沿叶柄、小枝等纵向吐出透明的丝，做一丝质薄鞘，以后做成网格状的骨架，随后幼虫沿着已成的网格吐丝，使网格逐渐加粗，茧外观呈灯笼壳状，故又有灯笼茧之称，茧外表具有大小不等的网眼，茧长椭圆形，长 4.5~6.0cm，幅 2.1~2.7cm，刚结成的茧乳白色，后变为淡褐色或暗褐色，挂在树梢的小枝上，叶落时茧下落或不落。结成茧需 2d 左右，幼虫在茧内经常蠕动，使体毛逐渐擦落，结茧后经 3~5d 化蛹。

3. 蛹

由于茧呈网格状，茧层上有许多小孔，故能从外部透视蛹体。

4. 成虫

17：00—20：00 为羽化最盛时期，成虫白天不活动，夜间活动，3：00—7：00 为交配盛期，交配后约 14h 离对，再经 10h 左右产卵，一般产卵于树干基部离地约 1m 的树皮隙缝中，成卵块。每蛾产卵最多 300 粒。

二、栗蚕制种

（一）采茧或采卵

7月上旬结茧完毕，7中旬即可采茧，将茧穿成串挂在通风的室内。如需采集卵时，须在9月中下旬以后直接到有栗蚕的地方从树皮缝隙中采集卵块，采集的卵搓散放在铺有塑料纱的容器内，厚度为3~5粒卵厚为宜，放置于自然环境中保护。

（二）羽化、交配

将栗蚕茧穿挂在通风良好的室内，成虫羽化后，将雌雄蛾捉下放入筐中晾蛾，在自然温度下约经6h翅展并于当日11：00—12：00进行交配，将雌蛾放进雄蛾筐内（雄蛾应多于雌蛾20%左右），保持交配室黑暗，1h后提出未交配的雌雄蛾再次交配。

（三）拆对、产卵

翌日8：00左右拆对，选择健壮雌蛾放于塑料纱制成的产卵袋（14cm×18cm）中产卵2d，卵产下约20d后将卵剥下保护在适合的环境中，注意将卵块搓开，平铺于铺有塑料纱的容器中，厚度为3~5粒卵为宜。

（四）保卵

种卵夏秋季在自然环境中保护，冬季保护在-6~2℃的环境中，翌年4月下旬在18~20℃的环境中暖卵，5月上中旬蚁蚕孵化。

三、栗蚕放养

（一）栗蚕的饲料

栗蚕的饲料主要有银杏、核桃、枫杨、栗、榛、樟、梨、樱桃、苹果、李等植物的叶。

（二）栗蚕放养

将卵用3%的甲醛溶液在22~25℃消毒30min，用相同温度的清水漂洗干净并晾干，于孵化前将卵袋挂在饲料树上，任其孵化、觅食。或者蚁蚕孵化后用引枝引诱蚁蚕，即选择叶质嫩的2~5年生核桃楸作引枝，将带有蚁蚕的引枝放在树干中央，蚁蚕即自行上树觅食。当蚕在树上分布不均时，应进行匀蚕或移蚕。小蚕群集性强，可适当密放，即2~3年生的小树每墩放蚕200头左右，有利于保苗除害；3龄以后蚕开始散枝，可适当稀放，即2~3年生小树，每墩放蚕60头左右。当蚕食去整株树叶的2/3时，可剪移换树，剪移蚕时注意防止大蚕刚毛刺入人体，老熟幼虫有喜集于山荆子树上营茧的习性，可在饲育林中栽植适当密度的山荆子，以利营茧，7月中旬即可采茧。

四、栗蚕茧丝及蛹的利用

（一）栗蚕茧丝的利用

栗蚕茧壳网状，茧丝由14~20根单纤维构成，精炼后的单纤维直径为40~50μm。栗蚕丝质优良，染色性能良好，有鲜艳的光泽，可作为绢纺原料。也可参考樟蚕从熟蚕取出丝腺，浸酸后拉长作为钓鱼的丝线。

栗蚕茧丝外包盖着一种胶质，使茧丝相互之间黏结得比较牢固。纺丝时先把茧放在8%~10%的氢氧化钠与肥皂水溶液中煮沸2~3h，再用冷水冲洗除去碱液，就可以将蚕丝拉开。

茧丝扁平、透明，呈波状。茧丝较其他野蚕丝粗，最粗达 103μm。茧丝强力为 12. 8~16. 6g，伸度为 11%~16%。栗蚕茧丝含有 14 种氨基酸，其中，丙氨酸 15. 50%、甘氨酸 11. 50%、丝氨酸 11. 40%、天门冬氨基酸 5. 96%、酪氨酸 4. 60%、亮氨酸 4. 30%、苏氨酸 4%、谷氨酸 3. 54%、缬氨酸 2. 14%、组氨酸 2. 02%、精氨酸 1. 92%、脯氨酸 1. 38%、异亮氨酸 0. 74%、胱氨酸 0. 38%。茧丝适合和羊毛混纺，作为高级衣料；也可和人造丝交织成西服面料；还可织造各种美丽、坚固、耐用的织物。

（二）栗蚕蛹的利用

1. 栗蚕蛹蛋白的提取

笔者团队 2008 年研究了栗蚕蛹蛋白的最佳提取条件，即提取时间 3h、固液比 1∶20、提取温度 70℃、氢氧化钠溶液浓度 1. 5%，此条件下获得的栗蚕蛹蛋白为淡黄色或淡褐色粉状固体，蛋白含量最高达 84. 38%，水分含量为 7. 28%，灰分含量为 4. 54%，粗脂肪含量为 0. 85%，粗纤维含量为 1. 28%，蛋白得率平均为 53. 5%（侯庆君，2009）。

2. 栗蚕蛹油的提取

栗蚕蛹油的提取条件，以石油醚为提取剂，原料粒度 20~40 目、固液比 1∶20、提取温度 40℃、提取时间 2. 5h。此条件下获得的栗蚕蛹油为淡黄色黏稠状液体，水分含量为 0. 52%，灰分含量为 0. 64%，粗蛋白含量为 0. 40%，粗纤维含量为 0. 46%，蛹油提取率为 26. 01%。产物中均未发现含有砷和铅（侯庆君等，2009）。

第五节　大乌柏蚕

大乌柏蚕（*Attacus atlas* L.）又名大山蚕、乌桕大蚕蛾，因其成虫色彩美丽，故又称鸳鸯蛾或七彩蛾，是世界上最大的蛾类，属鳞翅目大蚕蛾科巨大蚕蛾属。大乌柏蚕于 2000 年 8 月 1 日被列入国家林业局发布实施的《国家保护的有益的或者有重要经济、科学研究价值的陆生野生动物名录》。

一、大乌柏蚕的分布

大乌柏蚕分布于中国、印度、日本、缅甸、越南、新加坡和印度尼西亚等国，我国主要分布于华南地区，以广东、广西、福建等地区为多，在广东、广西的云开大山两旁地带分布更集中，江西、四川、云南、台湾等地区也有发现。

利用大乌柏蚕茧丝织成水紬始见于宋代周去非的《岭外代答》，山区人民世代相传，作为当地一项重要副业流传下来。1940—1944 年，由于山区衣料来源短缺，曾以大乌柏蚕茧用土法织成粗绢，约用 1 000 粒茧可手工纺制成一套成人粗绢衣料，具有冬暖夏凉、耐汗、耐摩擦的特点，群众称之为“四季衣”。

二、大乌桕蚕的生物学特性

（一）大乌桕蚕的形态特征

1. 卵

卵为短椭圆形，稍扁平，卵色为棕褐色，精孔区在卵的钝端，肉眼可见为白色圆点状微凹陷，受精孔区周围卵饰5~9轮，受精孔7~12个，受精孔管呈辐射状伸向卵内，卵纹多为六角形、七角形。气孔圆形分布在卵纹交界处，孔径5.8μm，周围有圆形围壁。卵长径2.9~3.2mm，短径2.7mm，厚1.9mm，卵壳厚33μm±2μm。

2. 幼虫

1龄幼虫：蚁体及头部黑色，体长5mm，被着青黄色刚毛，体躯各环节黑色横线条在背部中断，在此横线侧面有与刚毛同色的芒刺共43条。疏毛期后，腹部及腹足呈青灰色，1龄蚕不活泼，分散于叶间取食，静止时常蜷伏如钩状，1龄就眠时体现青黄玉色。

2龄幼虫：体长11mm左右，头部呈栗黄色。蜕皮后体背部和两侧出现淡黄色的短刺毛，约10min后逐渐伸长变为带青黄色，再经2h后体上覆有光泽的蜡质白粉。第2、第3、第4、第9、第10环节侧面着生朱色斑点。刺毛伸长与体的宽度等长，刺毛上也着生蜡质白粉，因此体表只隐约露出黑色，而外表大部分为白色蜡粉所覆盖。

3龄幼虫：体长2.2cm左右，头部浅栗色，尾部外侧所着生的朱色斑点渐大，为小三角形。

4龄幼虫：体长4cm，头部由淡栗色变成青绿色，体壁青绿色，被覆蜡质白粉，尾足外侧所着生的朱色斑点扩大成小三角形朱斑，而中间则微露青绿色。

5龄幼虫：体长6cm，体绿色，气门下线两侧黑刺毛较硬，自卫作用显著。背及两侧均厚被着质蜡白粉。第1节及尾节的突起部有臭腺，偶因跌落地上和受到刺激时能分泌出淡绿色有臭味液体，尾足眼状朱斑内露出体壁大如芝麻粒。

6龄幼虫：盛食期体长约8.9cm，体重28g左右，个别重达40g，般雌大雄小，熟蚕约重17g。龄中尾足和腹足的附着力强，移蚕时容易导致体壁破裂流血淋巴，而尾足和第8节腹足却仍然抓附枝叶。尾足三角形朱斑内所露出的绿色体壁如绿豆粒大。

3. 蛹

茧为椭圆形、灰褐色，茧长约8cm，茧幅约3cm，有茧柄，在茧柄一端有羽化孔，但外观似封闭。蛹体较大，棕褐色，雌蛹大于雄蛹，触角则雄蛹比雌蛹宽。

4. 成虫

成虫体大，是蛾类中最大的种类型，有蛾王之称。为夜出性蛾，善飞翔。蛾体及翅呈赤褐色，雌蛾鳞毛颜色较浅，雄蛾较深。雌蛾翅展23~30cm，雄蛾翅展18~21cm。

前翅顶角显著突出，前、后翅的内线和外线白色，内线的内侧和外线的外侧有紫红色镶边，与棕褐线同行，中间杂有粉红色及白色鳞毛，中室端部有较大的三角形透明斑，雌蛾的透明斑略宽，外围有棕褐色轮廓，透明斑前方有一个长圆形小透明斑；外缘黄褐色，并有较细黑色波状线；顶角粉红色，内侧近前缘有半月形黑斑1块，下方土黄色间有紫红色纵条，黑斑与紫条间有锯齿状白色纹相连，后翅内侧棕黑色，外缘黄褐色并有黑色波状端线，内侧有褐色斑，中间有赤褐色点。

（二）大乌桕蚕的生活史

大乌桕蚕在江西、福建每年发生2代，广西、广东一年发生2或3代，以蛹在茧内越冬，蛹期经过长短不一，大致为5个月。每年3—11月为生产季节，三化性分春、夏、秋3期。据广东省农业科学院蚕业研究所调查，春、夏期幼虫全龄经过相差不大，秋蚕经过较长。二化性分春、秋两期蚕，每年4—11月为饲育季节，由于幼虫在野外生活，世代重叠。在广东省信宜县调查，春期4月中旬羽化交配，4月下旬至5月初蚁蚕孵化，6月初结茧；第2代7月初羽化，夏蚕7月中旬收蚁，8月下旬结茧。秋蚕9月末至10月初收蚁，11月中旬营茧。世代平均经过日数如表6-1所示。

表6-1　大乌桕蚕的经过时间（广东省农业科学院蚕业研究所）　（单位：d）

季节	成虫	卵期	幼虫期	蛹（茧）期	全期
春	3	10	35	32	80
夏	3	10	35	30	78
秋	3	10	40	49	102

注：室内饲养平均温度22.74~23.13℃，最高36℃，最低19℃，相对湿度77%。

1. 卵

雌蛾产卵量约200粒，一般产卵2昼夜，卵期为7~10d。

2. 幼虫

幼虫5眠6龄，偶有6眠7龄，春、夏季幼虫全龄经过为28~37d，秋季为40d左右。幼虫不群集，5龄幼虫更喜独栖，活动迟钝，腹及尾足的抓着力强。终龄幼虫的老熟时间多在早晨，常静止1~2d，然后缀叶吐丝营茧。

3. 蛹

非滞育蛹经过为30d左右，越冬滞育蛹期为150~170d。茧大，茧长约8cm，茧幅约3cm；全茧量6.5~14g，茧层量0.9~1.4g，茧层率约为10%。

4. 成虫

成虫在4—5月及7—8月羽化。夜间交尾，次日傍晚离对产卵。卵产于主干、枝干或叶上。产卵两昼夜，每蛾产卵数200粒左右，有时成堆，排列规则。研究查明，成虫磨碎液中含有保幼激素（JH1和JH2），羽化24h的雄体内，JH2的滴定度为15ng/g，而JH1的滴定度为0.4ng/g。

（三）生活习性

1. 卵

卵在孵化前用2%甲醛液进行卵面消毒，并保护于25℃、湿度80%的清洁环境中，孵化率达70%~90%，不受精卵较少。

2. 幼虫

幼虫在温度20~32℃、相对湿度70%~90%、昼夜温湿度变化不大和饲料鲜嫩的条件下均正常发育。腹足和尾足的附着力强，在气门下线有黑刺毛1对，作为幼虫期和外敌搏斗自卫的武器。食欲很强，食量大。在野外能忍受短暂36℃的高温，但不适18℃以下的低温及暴雨和闷热气候。幼虫行动缓慢，有取食蜕皮的习性；每龄将眠时均吐少量丝缕缠绕尾足，使之悬于叶部或枝条上。6龄盛食期体重比蚁蚕增长约5 000倍。

蚕老熟后需静止1~2d，然后在枝和叶柄间吐丝缠牢，在卷叶中营茧，茧的表面常有叶片背面痕迹，营茧后6~8d采茧。

3. 成虫

成虫飞翔力很强，早晨羽化，晚上在野外僻暗处树上交配，往往到第2夜才自行脱对，产卵块于主干、枝条上，排列规则。

三、大乌桕蚕饲养

（一）饲料

大乌桕蚕为杂食性，能取食的饲料种类很多，具有食用价值的有16科26种植物。饲料虽属多样性，但必须从收蚁时就饲育1种饲料叶，即全龄期食性有显著的单一性，如龄中转食其他树种饲料，则会影响食欲和生长发育，即使在饷食时转换不同的饲料也会引起减食。但不同的饲料种类，其影响程度也不同。例如，由原来取食珊瑚树叶转食乌桕树叶，则后果不良，取食乌桕树叶后转换至珊瑚树叶，则效果较好。大乌桕蚕的饲料主要有乌桕树（*Sapium sebiferum*）、珊瑚树（*Viburnum odoratissimum*）的叶，也可取食牛耳桐、冬青、樟、杨、柳、沙梨、枫香、千金榆、白桦、黑桦、依兰香、樟树、柳树、白兰花、毛枝坚夹木等树的叶。

1. 珊瑚树

忍冬科的阔叶常绿的灌木或乔木，适用于全芽叶育和直接放养树上，室内饲养时鲜叶可保鲜4~7d。

2. 乌桕树

大戟科的落叶灌木或乔木，适用于直接放养于树上。

（二）收蚁

1. 收蚁

经过雌蛾显微镜检查确认无微粒子病的蚕卵，卵面消毒后分成小包装（200~400粒）放入塑料纱袋或纸袋内，纸面产卵时的蚕连纸直接消毒即可，在收蚁前日将袋或蚕连纸系在枝梢间，孵出蚁蚕自行爬出取食，2~3d内收蚁完毕。如果蚕卵保护在纸盒内，则可采用叶引法，即用无毒、无臭、无刺的植物枝条，剪至20cm左右放在蚁蚕上，诱蚕达一定蚕数后移至饲料树（产区均用珊瑚树）上，每4~5枝珊瑚树梢放蚕150头左右。

2. 饲养

大乌桕蚕饲养有室内全龄鲜叶饲养、野外全龄放养及小蚕饲育于室内、大蚕移蚕在野外树上放养等3种。

（1）室内饲养

养蚕室先用3%的甲醛液体消毒，然后剪取饲料植物芽条，将其插入水中，保持饲料叶新鲜，将蚕饲养在枝条上。盛水的容器盛满湿沙后插上嫩枝，也可采用河滩或沙滩插枝条饲养。

换叶次数要根据蚕的大小、叶的老嫩、叶片多少和室温而定，小蚕期用嫩梢，每隔

3~4d 更换 1 次插枝；大蚕用成熟叶枝条，每日换 1 次插枝。插枝饲养 10 000 头蚕，需用珊瑚树枝叶 1 500~2 000kg，1~5 龄约用 20%，第 6 龄用 80%。饲养管理主要是保持饲料叶新鲜，不缺叶。大乌桕蚕喜食含水率高的叶，高温干燥可适当向叶面喷干净水饲养，水分不足时蚕会爬到容器中饮水。同时在饲养中经常清除蚕粪，室内保持清洁，注意通风换气。

(2) 野外放养

春蚕小蚕期选择阳坡饲养林地，夏、秋蚕宜择阴坡。放养前须清理场地，销毁林中及附近地面蚁、蜂等巢穴，可用网罩以防敌害为害。蚕成熟后，也可将熟蚕捉回室内放在插枝叶上营茧。

室内饲养营茧率高于野外放养，但野外放养蚕的强健性、全茧量、茧层量均高于室内饲养。

3. 采茧

大乌桕蚕营茧于树叶间，6 月初开始采春茧，8 月采夏茧，11 月采秋茧。采茧时选留一部分良茧作种茧用，其余茧经烘茧杀蛹晒干备用。也可将鲜茧茧孔撑开取出鲜蛹，然后将茧壳晒干贮藏。

四、大乌桕蚕制种

(一) 网室内制种

在养殖场地用塑料纱网建立封闭的网室，网室高度 3~4m，面积 20~30cm^2，以提供大乌桕蚕蛾成虫交配产卵用。

(二) 室外制种

选留的种茧或野外采集的鲜茧保护于室内通风、凉爽、阴暗、洁净、湿润的条件下，让其在室内自然条件下羽化。羽化后选择翅展良好、体态及色泽正常、腹节鲜明、鳞毛紧密的雌蛾用 0.5m 长的线一端系在蛾的胸部，另一端系在稻草把上或珊瑚树枝叶间，傍晚将稻草把放在屋檐等室外较高的地方，或用线系雌蛾于树上引诱野外雄蛾飞来交配，雄蛾围绕雌蛾不断振翅飞舞然后交尾，翌日午后或傍晚拆对，雌蛾排尿后放在草把或树枝上产卵，卵黏附于草把或枝叶上。每蛾连续产卵 48h，约产卵 250 粒左右。卵放在常温中 2~5d，然后将卵清洗干净经卵面消毒后，在自然温度中保护。在卵面上平铺 1~2 层珊瑚树鲜叶，利用叶蒸发水分或将卵盒放置于半湿的沙盘中进行补湿，经 10d 左右孵化。

西双版纳境内的大乌桕蚕蛾每年发生 2 代，成虫 4—5 月及 7—8 月出现。4—5 月这一代大乌桕蚕从蛹到成虫羽化需 15~20d，7—8 月这一代的大乌桕蚕以蛹越冬，翌年 4—5 月成虫羽化。

幼虫化蛹后将蛹放于通风、清洁的房屋内保存，为了避免寄生性昆虫危害，用纱网封闭门窗。室内温度保持在 25~30℃，保持室内相对湿度 75%左右，促进蛹的发育和蛾的羽化。

五、大乌桕蚕茧丝

（一）大乌桕蚕茧

茧为开口茧，呈椭圆形，茧外表缩皱粗糙，茧衣胶质多，茧型大，平均茧长7.26cm，茧宽2.79cm，全茧量约12g，茧层量1.2g，最高茧层量可达2.1g，茧层率约10%。茧色由灰褐至深褐色，以褐色为多。茧色深浅主要受饲料种类及营茧时的湿度影响，以珊瑚树叶作饲料的多营棕褐色茧，以乌桕为饲料的茧呈灰褐色。湿度高茧色深，干燥时茧色浅。

（二）大乌桕蚕茧丝

茧纺成丝后，其强度与柞蚕丝近似，比蓖麻蚕丝优良，伸度比家蚕丝好。茧丝纤度开差小。茧丝手触柔软，富有玻璃样的特殊光泽，解舒丝长为30~180m。精纺时断头率及纺成丝后的千米疵点表现较好。梳棉后纤维长短均匀，柔软富弹性，可纺细支纱。大乌桕蚕丝能纺160支纱，丝为天然黄褐色，有光泽，经日光、漂练、水洗、高热等作用而不褪色。

（三）纺丝

大乌桕蚕茧不易缫丝，可作为绢纺原料。茧经脱胶后可纺丝捻线，其丝质优良，强力、伸度均好，较耐用。

将茧壳用清水洗净浸透，晾至半干，再放入含草木灰的温热碱溶液中，待茧壳变软后移至锅中加水煮沸约4h，期间不断翻动至能拉出茧丝为止。茧煮好后，用清水漂洗至无碱，即可手工拉丝，将丝再用沸水蒸1次至完全脱胶，立即晒干备用。

第六节　印度柞蚕

印度柞蚕又名塔色蚕，学名为 *Antheraea mylitta*。印度柞蚕生活在印度东部、中部和南部的潮湿密林中，广泛分布在西孟加拉邦、比哈尔邦、北方邦、奥里萨邦、中央邦、安得拉邦、马哈拉施得拉和卡纳塔克邦。印度柞蚕染色体数 $n=31$，$2n=62$。

一、印度柞蚕的生物学特性

（一）印度柞蚕的形态特征

1. 卵

卵较大。

2. 幼虫

1龄幼虫为褐色，2龄为绿、黄、蓝、白等色。各体节有瘤状突起，突起上有刚毛。3龄幼虫腹部第2~11节各有一条黄褐色的侧线，背部的瘤状突起上有砖红色的辉点，侧面的瘤状突起上有银白色的辉点。老熟幼虫体重约50g，长12.5~15cm，宽约3cm。

3. 蛹

蛹似中国柞蚕蛹，茧椭圆形、黄褐色或灰色。茧长3.5~7cm，茧柄长约7cm。

4. 成虫

翅展 18~20cm，前、后翅中央各有一眼状纹，翅色为黄色、紫色或赤紫色。

（二）印度柞蚕的生活史

印度柞蚕因生态条件不同，化性有一化性、二化性和三化性，以蛹越冬。

1. 卵

在 30℃、湿度为 70%~80%条件下暖卵，孵化率较高，卵期约 10d。

2. 幼虫

幼虫 4 眠 5 龄，第 1 代全龄经过为 30~35d，第 2 代为 40~45d，第 3 代为 60~70d。老熟幼虫体长约 13.0cm，体重约 50g。幼虫在温度 34~35℃、湿度 90%~100%，以及温度 9~10℃、湿度 30%~40%的条件下，幼虫能够存活。但在 30℃的环境中，幼虫出现烦躁现象，在 20℃以下的环境中幼虫不活泼。

3. 蛹

茧层紧密，丝胶含量多，单纤维抱合差，丝质较差。

4. 成虫

第 1 代成虫于 5—6 月羽化，19：00—21：00 为羽化盛期，交尾从傍晚至翌日 2：00，经 10~22h 拆对产卵，72h 内可产下卵约 90%，每蛾产卵量 150~200 粒。

（三）印度柞蚕的化性

印度柞蚕受温度、湿度、饲料及地理隔离的影响而形成不同的生态宗，化性从一化到三化，但染色体数相同（$n=31$），能够相互交配产生可育后代，如改变饲料、地点，经过若干世代还会引起化性和茧质性状的改变。印度柞蚕可分为三大类群。

1. 一、二化宗

这一类群包括中央邦的 Raily，比哈尔邦的 Modia，奥里萨邦的 Modal 和 Nalia。这一类群的第一季用柳桉木饲养，产下的卵一部分越冬为一化性，另一部分继续孵化，孵化的第二代蚕用榄仁树饲养，这一类群的茧硬、茧层率高，茧色为棕黑色。

2. 二化宗

该生态宗分布在比哈尔邦、中央邦和奥里萨邦部分地区的 Daba，比哈尔高原 Bogaj、Laria、Moonga。第一季蚕为种茧生产，第二季蚕为丝茧生产。二化蚕的茧质好，可缫丝和绢纺。

3. 三化宗

三化宗的品种很多，如西孟加拉邦的 Jira（Tira）、比哈尔邦的 Sarihan、奥里萨邦的 Sukinda、马哈拉施得拉邦的 Bhandara、安得拉邦的安得拉地方种，卡纳塔克邦的 Belgumn 等。这些种年养三季，第一、二季为种茧生产，第三季为丝茧生产。第三季养蚕期从秋天到初冬，此时雨水少，温度较低，蚕发病少，收成好。三化蚕用榄仁树饲养，茧较小，茧层紧密，茧丝纤度细。

二、印度柞蚕的饲料

印度柞蚕主要饲料是榄仁树属的毛榄仁树（*Terminalia tomentosa*），约占饲料总量的 90%，榄仁树的特点是无论树龄多大，树势多高，一年四季都可养蚕。第二种饲料是阿江榄仁树（*Terminalia arjuna*），这种榄仁树树势不高，经适当修剪，养蚕效果好。第三种饲料是龙脑香科的柳桉木（*Shorea robsta*），用柳桉木养蚕，尤其是第二季和第三季难以成功。

三、印度柞蚕的饲养

在印度，一年饲养三代：第一代在 7—8 月，气温为 24~30℃，湿度为 75%~80%，全龄经过 30~35d；第二代蚕期在 9—10 月，气温为 20~30℃，湿度为 60%~80%，全龄经过 40~45d；第三代蚕期在 11 月至翌年 1 月，温度为 18~26℃，湿度为 40%~60%，全龄经过 60~70d。

幼虫期在低温（20~25℃）、低湿（55%~60%）条件下，易发生细菌性病害；在高温（30~38℃）、高湿（90%~95%）条件下，易发生病毒性病害。

小蚕可直接在树上饲养、插枝饲养或在室内饲养，大蚕移至柞林中饲养。小蚕喜食嫩叶，大蚕宜食成熟叶，1 头蚕食叶量约 300g。

四、印度柞蚕茧的加工

（一）缫丝

煮漂：蚕茧先在每升含 1g 碳酸钠和 1g 肥皂的溶液中煮沸 15~30min，再用清水在 1.2kg/cm^{2}的压力下蒸煮。然后，将茧浸泡在 0.5g/L 的 BioPrill-50 的水中 16~18h（开始时液温 45℃，以后为室温）。漂茧液用每升含 200mg 木瓜元酶、5g 硫酸钠或 1g 肥皂的溶液代替，效果相同。最后将茧干燥到半湿状态进行干茧缫丝。

印度柞蚕茧的丝胶含量少、茧丝之间胶合不紧，水缫时茧丝成片脱落，相互缠绕成团。因此，需在半湿状态下缫丝，印度柞蚕茧的性状见表 6-2。

表 6-2　印度柞蚕茧的若干性状（1982）

品种	全茧量/g	茧层量/g	茧丝长/m	纤度/D	上车率/%	千粒茧回收量/g	每千克丝茧数/粒
Daba	14	1.9	850	10	65	1 000	1 000
Raily	18	2.8	1 400	10	62	1 570	636
Sukinda	12	1.8	845	10	65	905	1 104
Bogai	10	1.4	700	8	63	750	1 333
Sarihan	8	1.1	570	8	61	440	2 272
Bhandara	8.5	0.9	670	7	59	450	2 220

（二）穿孔茧和薄皮茧的加工

煮茧工艺同缫丝茧，煮漂后用手拉出绢丝，再在湿的平板上搓出丝条，即“Chicha”丝，纤度为 10~30D。也可用纺车纺成“Katia”丝，纤度为 15~30D。“Katia”丝条比“Chicha”丝条优越，因为经过烙绞之后粗细比较均匀，可用作经线。

（三）茧蒂的加工

印度柞蚕茧蒂又长又硬，“Balkal”的黑色纺丝就是茧蒂加工成的。先用碱水和肥皂水煮沸，再敲打使茧蒂裂开，经过梳理后纺成纺丝。

第七节 波洛丽蚕

波落丽蚕（*Antheraea proylei* Jolly）是利用生活在印度喜马拉雅山西北部的一种野生柞蚕——洛丽柞蚕（*Antheraea roylei*）（又称喜马拉雅柞蚕）与中国柞蚕杂交的固定种。

一、波洛丽蚕的分布

波落丽蚕分布在印度东北区和西北区，年产茧约10 000t，中国西藏边界也有少量饲养。

二、波洛丽蚕生物学特性

经选育固定的有一化和二化两种，具有中国柞蚕的优良特性，同时也具有热带柞蚕的抗高温特性，有温带柞蚕之称，单蛾产卵量为100~150粒。

Pashupati和Joshi（2015）在印度的赫尔德瓦尔采用温度20~25℃、相对湿度60%~65%的条件饲养波洛丽蚕，饲料为枹栎（*Quercus serrata* Thunb），1龄、2龄、3龄、4龄和5龄幼虫的龄期经过分别为4. 8d、4. 0d、4. 8d、8. 0d、11. 5d，全龄经过为35. 0d。1龄、2龄、3龄、4龄和5龄每头幼虫每天的摄食量分别为0. 612g±0. 33g、1. 05g±0. 155g、1. 405g±0. 238g、3. 212g±0. 789g和5. 923g±1. 38g。2龄幼虫近似消化率为97. 5%，5龄幼虫的近似消化率为85. 7%。

三、波洛丽蚕的饲料

波洛丽蚕以壳斗科的栎属植物为饲料，优良的饲料有*Q. serrata*、*Q. dealbate*、*Q. himalayana*、*Castinea sativa*。

四、波洛丽蚕的饲养

波洛丽蚕有3种饲养形式，即室内盒内饲养、柞树插枝饲养、柞林内饲养。由于波落丽柞蚕具有独特的生物学特性，饲养比较困难。

1. 化性不稳定

波洛丽蚕既不是真正的一化性也不是真正的二化性，印度西北地区第一季在4月上旬至6月初饲养，收茧以后，如任其发育羽化，到翌年春天其损失率可达50%以上。

采用光照处理蛹可使每年8—9月进行第二次养蚕。每天光照16h，20~25d内约有95. 5%的蛹羽化。

2. 第二季蚕不稳定

目前印度西北地区饲养的第二季蚕死亡率高，主要是因为*Q. incana*、*Q. dealbate*生长迅速，秋季叶质很硬，不适宜养蚕。

五、波洛丽蚕病虫害防治

波洛丽蚕发病率通常为10%~15%，蝇蛆对其为害较严重，特别是第一季蚕受害率达 30%~40%。

六、波洛丽蚕茧的加工

(一) 煮茧

先用水煮茧 1~10min，再在 1.2kg/cm^{2}的压力下蒸煮 50min，然后用 0.02%~0.05% Bioprill-50 的解舒液浸泡漂解 18~22h。开始时水温为 44℃，以后保持室温。用 0.2% 的 Anilozyme-P 代替 Bioprill-50，其煮漂效果一样，解舒率达 90%。

(二) 缫丝

采用干缫，同印度柞蚕。每台机械 8h 缫丝约 180g，回收率为 60%，8~10 粒缫丝，生丝纤度 30~40D（表 6-3）。

表 6-3 波洛丽蚕茧的性状

全茧量/g	茧层量/g	茧丝长/m	纤度/D	上车率/%	千粒茧回收量/g	每千克丝粒数/粒
4.5~6.0	0.4~0.6	550	0.45	60	225	4 400

(三) 穿孔茧、刀口茧和薄茧的加工

利用穿孔茧、刀口茧和薄茧生产绢纺丝的煮漂工艺同缫丝茧一样，用手拉出丝在湿平板上搓成 10~20 支粗的“Ghicha”丝，或纺成 15~30 支粗的“Katia”丝。“Katia”丝优于“Ghicha”丝，粗细比较均匀，能够用来做经线。

第八节 多音天蚕

多音天蚕（*Antheraea polyphemus*）是唯一生活在美洲的柞蚕属泌丝昆虫，因此又称为美洲天蚕。多音天蚕蛾有着棕色的前翅和 2 个类似于猫头鹰眼的眼状斑点位于后翅，其名字来源于荷马史诗中的独眼巨人波吕斐摩斯（Cyclops Polyphemus）。多音天蚕与天蚕（*A. yamamai*）之间杂交能产生可育后代，杂交后代染色体数目呈现出多型现象，多数与父本或母本单倍染色体数相同，其中 $n=30$ 或 $n=31$ 占 91.2%；F_1 代胚胎发育成蚁蚕后进入滞育状态，以卵越冬（朱有敏等，2002）。

一、多音天蚕的分布

多音天蚕主要分布于美国，除亚利桑那州和内华达州外，有 48 个州都发现其存在（Tuskes 等，1996）。但其分布向北也能延伸到加拿大境内，向南延伸到墨西哥的部分边境区域。宾夕法尼亚以北地区分布的多音天蚕为一化性，俄亥俄州以南分布的为二化性，而佛罗里达州几乎每个月都有成虫羽化（Heppner，2003）。

二、多音天蚕的生物学特性

(一) 卵

卵为扁平的球状，卵表面的一侧具有黑色黏液能够使卵附着在物体表面，另一面为

白色，侧边环绕2圈棕色的环，卵大小为2.4mm×2mm×1.52mm。雌蛾通常产5粒卵于地面、树枝或2~3粒卵于叶面上，卵的发育期约10d（图6-1）。

图6-1　多音天蚕卵、幼虫、茧、蛹及成虫（雌）形态

（二）幼虫

1龄幼虫体长5~6mm，2龄幼虫体长14~15mm，3龄幼虫体长20~25mm，4龄幼虫体长40~45mm，5龄幼虫体长60~75mm（图6-1）。1龄幼虫略呈白色，以后各龄期逐渐转变为黄绿色。幼虫的典型特点是黄色的线条连接了靠近背部上半侧疣状凸起和侧面下部的疣状凸起，中间靠近气门一侧分布于2~7腹节。幼虫口器能发出“滴答”的声音，能连续发出持续50~55次/min，平均每次敲击的声音持续时间为24.7ms，约58.1~78.8dB，介于8~8kHz。研究认为这种声音是对捕食者的一种威胁（Sarah等，

2007)，幼虫期35~42d。

（三）茧和蛹

茧较薄呈椭圆形，茧的大小比柞蚕茧小，也没有那么圆润。蛹红褐色（图6-1），二化性蛹夏天不滞育，冬天以蛹滞育。

（四）成虫

成虫翅展10~15cm，翅的颜色变化较大，后翅眼状斑点内部黑色核心的周围分别是黄色圈、白色半圈以及大片黑色环，前翅及后翅的后部有粉红色和白色组成的边缘，并镶嵌黑色条纹（图6-1）。成虫的寿命约4d。

雄蛾触角存在2种长短不同的毛形感器，即长毛感器和短毛感器，而毛形感器是性信息素的接收器。多音天蚕雌蛾腺体中信息素有2个组分，即反-6，顺-11-十六碳二烯醇醋酸酯（E-6，Z-11-16：Ac）及反-6，顺-11-十六碳二烯醛（E-6，Z-11-16：Al）（Kochansky等，1975）。而且在长毛感器中存在2种类型的感受细胞，分别对E-6，Z-11-16：Ac及E-6，Z-11-16：Al具有特异敏感性（Kaissling等，1980），在雄性多音天蚕触角中发现了对E-4，Z-9-14：Ac敏感的第三种感受细胞（吴才宏，1988）。雌蛾腺体中信息素各组分间的比例与雄蛾触角的接收系统中不同类型感受细胞的数量分布及组合状态，对昆虫种内和种间的化学通信起重要作用。

三、多音天蚕的饲料

多音天蚕为杂食性，据报道有50多种植物可以用于饲养幼虫（Tuskes等，1996；Heppner 2003），但主要为栎属（*Quercus*）植物，目前已知的种类有加州栎（*Quercus agrifolia*）、加州黑栎（*Q. kelloggii*）、俄勒冈栎（*Q. garryana*）、沼生栎（*Q. palustris*）等。同时取食槭属（*Acer*）、桦属（*Betula*）、柳属（*Salix*）、李属（*Prunus*）的部分种类。

四、多音天蚕的饲养

多音天蚕可采用北美地区栎属植物沼生栎等饲养，将滞育蛹加温或自然条件下蛾羽化后交配产卵，经过一定的积温孵化出蚁蚕，用幼嫩树叶室内饲养后放养于野外或在室内插枝饲养，营茧后收集包裹于树叶中的茧室温保护，蛾羽化并交配产卵。二化性地区夏季可以饲养第二代，营茧后以蛹滞育越冬。多音天蚕幼虫具有观赏价值并且个体较大，但由于其发达的嗅觉感受器，更多的被用于昆虫生理学研究。第一个昆虫气味结合蛋白（odorant binding protein，OBP）、感受神经膜蛋白（sensory neuron membrane protein，SNMP）和气味降解酶（odorant degradation enzyme，ODE）基因在多音天蚕中被鉴定（Rogers等，1997；Vogt和Riddiford，1981）。短光照（8~12h）能够促进蛹滞育，长光照（>17h）能够解除滞育（Mansingh和Smallman，1967）。温度也是滞育解除的重要条件（Mansingh和Smallman，1971）。

五、多音天蚕的天敌及病害

多音天蚕的幼虫能够被胡蜂、蚂蚁、鸟类、浣熊和松鼠捕食，也能被蝇类或黄蜂寄生。多音天蚕绿色的幼虫和棕色的成虫具有一定的伪装性，成虫翅膀上的眼斑也具有一定的震慑天敌作用（Cook，2004；Day，2007）。幼虫在自然界中还会受到真菌、细菌和病毒的感染。

参考文献

邓婷婷,2017. 家蚕丝、野家蚕丝及琥珀蚕丝的结构和性能研究[D].重庆:西南大学.
胡萃,1990. 天蚕研究论文集[M].上海:上海科学技术出版社.
黄君霆,等,1996. 中国蚕丝大全[M].成都:四川科学技术出版社.
黄伶,孙良振,王勇,等,2016. 柞蚕蛹解除滞育过程中海藻糖合成酶基因的表达变化[J].昆虫学报,59(9):938-947.
贾平骜,姜义仁,任淑文,等,2012. 柞蚕核型多角体病毒 PCR 检测方法的建立[J].蚕业科学,38(4):694-699.
姜义仁,秦玉艳,石生林,等,2012. 柞蚕大型茧黄蚕新品种“沈黄 1 号”的选育[J].沈阳农业大学学报,43(4):472-477.
姜义仁,宋佳,秦玉璘,等,2012. 柞蚕感染微孢子虫后血淋巴免疫应答蛋白质的分离与鉴定[J].昆虫学报,55(10):1119-1131.
井上元,徐世清,1991. 家蚕贴壁培养细胞系的建立和其特性[J].中国蚕业(4):30-32.
李俊,杨瑞生,聂磊,等,2007. 柞蚕杂交 F_1、F_2代的 ISSR 分析[J].蚕业科学,33(1):113-116.
李树英,秦利,2015. 柞蚕病理学[M].沈阳:辽宁科技出版社.
李彦卓,王勇,王伯阳,等,2011. 柞蚕滞育蛹与非滞育蛹蛋白质表达差异初步分析[J].蚕业科学,37(4):666-670.
林英,陈冬妹,代方银,等,2007. 家蚕化学诱变剂及诱导突变体的筛选[J].昆虫学报(5):435-440.
刘微,李慧君,王勇,等,2016. 2 个柞蚕诱导型 *HSP*70 基因的克隆及热应激表达特征[J].蚕业科学,42(6):83-91.
刘彦群,鲁成,秦利,等,2006. 利用 RAPD 标记分析柞蚕品种资源的亲缘关系[J].中国农业科学,39(12):2608-2614.
吕鸿声,2008. 栽桑学原理[M].上海:上海科学技术出版社.
聂磊,钟鸣,李俊,等,2006. 柞蚕杂交 F_1代的 RAPD 分析[J].沈阳农业大学学报,37(1):61-64.
秦利,姜德富,2011. 柞蚕蚕种学[M].北京:北京师范大学出版集团.
秦利,李树英,2017. 中国柞蚕学[M].北京:中国农业出版社.
汝玉涛,王勇,王德意,等,2017. 柞蚕己糖激酶基因的组织表达特征及在解除滞育和蛹发育期的表达与酶活性变化[J].蚕业科学,43(5):773-781.
汝玉涛,王勇,周敬林,等,2017. 蜕皮激素受体和超气门蛋白基因在柞蚕发育过程及激素诱导后的表达模式[J].蚕业科学,43(4):594-602.
商翠芳,秦利,赵振军,等,2011. 应用16rRNA基因序列鉴定柞蚕空胴病病原菌[J].蚕业科学,37(5):931-936.
沈孝行,李玉修,1996. 天蚕夏眠蛹控光解除滞育的最适时期选择[J].蚕业科学,22(1):63-64.
宋佳,姜义仁,王勇,等,2013. 不同微生物诱导柞蚕溶菌酶基因的表达分析[J].蚕业科学,39((4):695-701.
苏伦安,1993. 野蚕学[M].北京:农业出版社.
孙良振,王国宝,朱绪伟,等,2019. 不同光照处理对柞蚕蛹滞育解除及糖代谢的影响[J].蚕业科学,45(1):75-80.
孙影,姜义仁,秦利,2019. 柞蚕分子生物学研究进展[J].蚕业科学,45(5):746-758.
王伯阳,姜义仁,杨瑞生,等,2011. 柞蚕微孢子虫3种孢壁蛋白的提取与鉴定[J].蚕业科学,37(2):330-336.
王德意,汝玉涛,王勇,等,2018. 柞蚕蛹滞育和滞育解除过程中海藻糖酶基因表达模式及酶活力分析[J].昆虫学报,61(7):784-794.
王晓慧,黄伶,姜义仁,等,2014. 柞蚕丝氨酸蛋白酶基因 *ApSP*13 的克隆及序列与表达分析[J].蚕业科学,40(2):235-240.
王勇,姜义仁,王斌赫,等,2014. 柞蚕微孢子虫孢壁蛋白基因 *SWP*1 的克隆及序列分析与原核表达[J].蚕业科学,40(4):688-693.
王勇,姜义仁,王晓慧,等,2014. 柞蚕微孢子虫全长cDNA文库的构建及EST分析[J].蚕业科学,40(2):265-271.
王勇,李彦卓,王伯阳,等,2011. 柞蚕胚胎发育期蛋白质的2D-PAGE图谱分析[J].蚕业科学,37(4):658-665.
王勇,刘薇,王斌赫,等,2015. qRT-PCR检测柞蚕中肠热休克蛋白基因 *ApHSP*70 对微孢子虫入侵的响应[J].蚕业科学,41(2):300-307.
夏庆友,向仲怀,2013. 蚕的基因组[M].北京:科学出版社.
向仲怀,1995. 中国蚕种学[M].成都:四川科学技术出版社.
曾军,王国宝,王德意,等,2017. 柞蚕丝氨酸蛋白酶抑制剂6基因 *Apserpin* 6 的克隆及功能分析[J].蚕业科学,43(5):764-772.
张雅林,2013. 资源昆虫学[M].北京:中国农业出版社.
中国农业科学院蚕业科学研究所,1991. 中国养蚕学[M].上海:上海科学技术出版社.
钟伯雄,危浩,庄兰芳,2011. piggyBac转座子介导的转基因家蚕丝腺生物反应器研究进展[J].中国农业科学,44(21):4488-4498.
钟健,董占鹏,江秀均,等,2013. 琥珀蚕的生物学特性[J].应用昆虫学报,50(3):800-806.
周匡明,2009. 中国蚕业史话[M].上海:上海科学技术出版社.
Abe H, Kanehara M, Terada T, et al, 1998. Identification of novel random amplified poly-

morphic DNAs (RAPDs) on the W chromosome of the domesticated silkworm, *Bombyx mori*, and the wild silkworm, *B. mandarina*, and their retrotransposable element-related nucleotide sequences[J].Genes & Genetic Systems, 73(4):243-254.

Arakawa T, 2002. Promotion of nucleopolyhedrovirus infection in larvae of the silkworm, *Bombyx mori* (Lepidoptera: Bombycidae) by flufenoxuron[J].Applied Entomology and Zoology, 37(1):7-11.

Barman H, Das R, 2011. Development of a new indoor rearing polythene device and its performance in Early stages indoor Rearing of *Antheraea assamensis* (Lepidoptera: Saturniidae) [J].Elixir Bio. Phys. (36) :3148-3152.

Barman H, Rana B, 2011. Early stage indoor tray rearing of Muga silkworm (*Antheraea assamensis* Helfer) -a comparative study in respect of larval characters [J]. Munis Entomology & Zoology, 6(1):262-267.

Bhardwaj N, Rajkhowa R, Wang X, et al, 2015. Milled non-mulberry silk fibroin microparticles as biomaterial for biomedical applications [J]. International Journal of Biological Macromolecules, 81:31-40.

Bhardwaj N, Singh Y P, Devi D, et al, 2016. Potential of silk fibroin/chondrocyte constructs of muga silkworm *Antheraea assamensis* for cartilage tissue engineering [J].Journal of Materials Chemistry B Materials for Biology & Medicine, 4:3670-3684.

Bora D S, Deka B, Sen A, 2012. Host Plant Selection by Larvae of the Muga Silk Moth, *Antheraea assamensis*, and the Role of the Antenna and Maxillary Palp[J].Journal of Insect Ence(1):52.

Chaturvedi V, Naskar D, Kinnear B F, et al, 2017. Silk fibroin scaffolds with muscle-like elasticity support in vitro differentiation of human skeletal muscle cells [J]. Journal of Tissue Engineering & Regenerative Medicine., 11:3178-3192.

Choudhury P, Devi D, 2013. Follicular Imprints of Egg Shells of *Antheraea assamen* Helfer [J].Asian J. Exp. Biol. Sci., 4(3):495-498.

Das K, Das R, Bora A, et al, 2014. Studies on cross infectivity of pebrine disease from muga to eri silkworm[J].Munis Entomology & Zoology, 9(1):518-520.

Deori M, Devi D, Kumari S, et al, 2016. Antioxidant Effect of Sericin in Brain and Peripheral Tissues of Oxidative Stress Induced Hypercholesterolemic Rats [J].Front Pharmacol, 7:319.

Dey S, Singh S, Dey S, et al, 2011. UV-reflecting wing scales in the silk moth Antheraea assamensis: its biophysical implications [J]. Microscopy Research and Technique, 74: 28-35.

Dong Z Q, Long J, Huang L, et al, 2019. Construction and application of an *HSP*70 promoter-inducible genome editing system in transgenic silkworm to induce resistance to *Nosema bombycis* [J]. Applied Microbiology and Biotechnology, 103 (23 - 24): 9583-9592.

Dong Z Q, Qin Q, Hu Z, et al, 2020. CRISPR/Cas12a Mediated Genome Editing Enhances *Bombyx mori* Resistance to BmNPV[J]. Frontiers in Bioengineering and Biotechnology, 8:841.

Dutta P, Das R, 2014. Study on the scanning electron microscopy of *Nesolyx thymus* a hyperparasitoids of Uzi Fly in Muga Culture[J]. Munis Entomology & Zoology, 9(1): 54–57.

Eswara Reddy S G, 2011. New report of Coleopteran beetles on Muga food pants in Assam (India)[J]. Munis Entomology & Zoology, 6(2): 1012–1013.

Fang G, Sapru S, Behera S, et al, 2016. Exploration of the tight structural–mechanical relationship in mulberry and non–mulberry silkworm silks [J]. Journal of Materials Chemistry B Materials for Biology & Medicine, 4: 4337–4347.

Gogoi D, Choudhury A J, Chutia J, et al, 2014. Development of advanced antimicrobial and sterilized plasma polypropylene grafted muga(*Antheraea assama*) silk as suture biomaterial[J]. Biopolymers, 101: 355–365.

Goldsmith A, Dey S, Kalita J, et al, 2014. Ontogeny of mouthpart sensilla of Muga silkworm: a scanning electron microscopic study[J]. Microscopy Research and Technique, 77: 120–132.

Goswami A, Devi D, 2020. Variations in the Metallic Ion Concentration in the Silk Gland and Cocoon of Silkworm *Antheraea assamensis* helfer [J]. Biol Trace Elem Res., 196: 285–289.

Goswami D, Singh N I, Ahamed M, 2013. Embryonic evelopment in Muga Silkworm, *Antheraea assamensis* Helfer(Lepidoptera: Saturniidae) [J]. Munis Entomology & Zoology (2): 852–857.

Grace T D, 1962. Establishment of four strains of cells from insect tissues grown in vitro [J]. Nature, 195(4843): 788–789.

Guo C C, Zhang J, Jordan J S, et al, 2018. Structural comparison of various silkworm silks: an insight into the structure–property relationship [J]. Biomacromolecules, 19(3): 906–917.

Gupta K A, Mita K, Arunkumar K, et al, 2015. Molecular architecture of silk fibroin of Indian golden silkmoth, *Antheraea assama*[J]. Sci Rep., 5, 12706.

Haloi K, Kalita M K, Nath R, et al, 2016. Characterization and pathogenicity assessment of gut–associated microbes of muga silkworm *Antheraea assamensis* Helfer(Lepidoptera: Saturniidae) [J]. Journal of Invertebr ate Pathology, 138: 73–85.

Imanishi S, Inoue H, Kawarabata T, et al, 2003. Establishment and characterization of a continuous cell line from pupal ovaries of Japanese oak silkworm *Antheraea yamamai* Guerin–Meneville[J]. Vitro Cellular & Developmental Biology Animal, 39(1–2): 1–3.

Inagaki Y, Matsumoto Y, Kataoka K, et al, 2012. Evaluation of drug–induced tissue injury by measuring alanine aminotransferase(ALT) activity in silkworm hemolymph[J]. BMC Clinical Pharmacology, 13(1): 13.

Isobe R, Kojima K, Matsuyama T, et al, 2003. Use of RNAi technology to confer enhanced resistance to BmNPV on transgenic silkworms [J]. Archives of Virology, 149 (10): 1931–1940.

Janani G, Nandi S K, Mandal B B, 2018. Functional hepatocyte clusters on bioactive blend silk matrices towards generating bioartificial liver constructs[J]. Acta Biomaterialia, 67: 167–182.

Jiang L, Wang G, Cheng T, et al, 2012. Resistance to *Bombyx mori* nucleopolyhedrovirus via overexpression of an endogenous antiviral gene in transgenic silkworms[J]. Archives of Virology, 157(7): 1323–1328.

Jiang L, Xia Q, 2014. The progress and future of enhancing antiviral capacity by transgenic technology in the silkworm *Bombyx mori*[J]. Insect Biochemistry and Molecular Biology: 1–7.

Kaito C, Akimitsu N, Watanabe H, et al, 2002. Silkworm larvae as an animal model of bacterial infection pathogenic to humans[J]. Microbial Pathogenesis, 32(4): 183–190.

Ketola T, Mikonranta L, Laakso J, et al, 2016. Different food sources elicit fast changes to bacterial virulence [J]. Biology Letters, 12 (1): 20150660 doi: 10. 1098/rsbl. 2015. 0660.

Kim S R, Kim M I, Hong M Y, et al, 2009. The complete mitogenome sequence of the Japanese oak silkmoth, *Antheraea yamamai* (Lepidoptera: Saturniidae) [J]. Molecular Biology Reports, 36(7): 1871–1880.

Kim S R, Kwak W, Kim H, et al, 2018. Genome sequence of the Japanese oak silk moth, *Antheraea yamamai*: the first draft genome in the family Saturniidae[J]. Gigascience, 7 (1): 1–11. DOI: 10. 1093/gigascience/gix113.

Kumar J P, Mandal B B, 2019a. The inhibitory effect of silk sericin against ultraviolet-induced melanogenesis and its potential use in cosmeceutics as an anti-hyperpigmentation compound[J]. Photochem Photobiol Sciences, 18: 2497–2508.

Kumar J P, Mandal B B, 2019b. Inhibitory role of silk cocoon extract against elastase, hyaluronidase and UV radiation-induced matrix metalloproteinase expression in human dermal fibroblasts and keratinocyte [J]. Photochem Photobiol Sciences, 18: 1259–1274.

Kumar J P, Mandal B B, 2019c. Silk sericin induced pro-oxidative stress leads to apoptosis in human cancer cells [J]. Food Chemical Toxicology, 123: 275–287.

Liu Q, Liu W, Zeng B, et al, 2017. Deletion of the *Bombyx mori* odorant receptor co-receptor (BmOrco) impairs olfactory sensitivity in silkworms[J]. Insect Biochemistry and Molecular Biology, 86: 58–67.

Liu W, Wang Y, Leng Z, et al, 2020. Nitric oxide plays a crucial role in midgut immunity under microsporidian infection in *Antheraea pernyi*[J]. Molecular Immunology (126): 65–72.

Liu W, Wang Y, Zhou J, et al, 2019. Peptidoglycan recognition proteins regulate immune response of *Antheraea pernyi* in different ways[J]. Journal of Invertebrate Pathology, 166:107204.

Li X S, Wang, G B, Sun Y, et al, 2016. Transcriptome Analysis of the Midgut of the Chinese Oak Silkworm *Antheraea pernyi* Infected with *Antheraea pernyi* Nucleopolyhedrovirus[J]. PloS One, 11(11):e0165959.

Matsumoto Y, Ishii M, Hayashi Y, et al, 2015. Diabetic silkworms for evaluation of therapeutically effective drugs against type Ⅱ diabetes[J]. Scientific Reports, 5(1):10722.

Matsumoto Y, Miyazaki S, Fukunaga D H, et al, 2012. Quantitative evaluation of cryptococcal pathogenesis and antifungal drugs using a silkworm infection model with *Cryptococcus neoformans*[J]. Journal of Applied Microbiology, 112(1):138-146.

Mozhui L, Kakati L N, Kiewhuo P, et al, 2020. Traditional knowledge of the utilization of edible insects in Nagaland, North-East India[J]. Foods, 9(7):E852.

Nakade S, Tsubota T, Sakane Y, et al, 2014. Microhomology-mediated end-joining-dependent integration of donor DNA in cells and animals using TALENs and CRISPR/Cas9[J]. Nature Communications, 5(1):5560-5560.

Okazaki S, Tsuchida K, Maekawa H, et al, 1993. Identification of a pentanucleotide telomeric sequence, (TTAGG)n, in the silkworm *Bombyx mori* and in other insects[J]. Molecular and Cellular Biology, 13(3):1424-1432.

Osanaifutahashi M, Suetsugu Y, Mita K, et al, 2008. Genome-wide screening and characterization of transposable elements and their distribution analysis in the silkworm, *Bombyx mori*[J]. Insect Biochemistry and Molecular Biology, 38(12):1046-1057.

Osanaifutahashi M, Tatematsu K I, Futahashi R, et al, 2016. Positional cloning of a *Bombyx pink-eyed white egg* locus reveals the major role of *cardinal* in ommochrome synthesis [J]. Heredity, 116(2):135-145.

Sahu N, Pal S, Sapru S, et al, 2016. Non-mulberry and mulberry silk protein sericins as potential media supplement for animal cell culture[J]. Journal of Biomedicine and Biotechnology:7461041.

Saikia M, Nath R, Devi D, 2019. Genetic diversity and phylogeny analysis of *Antheraea assamensis* Helfer (Lepidoptera: Saturniidae) based on mitochondrial DNA sequences [J]. Journal of Genetics., 98:15. doi. org/10. 1007/s12041-019-1072-7.

Sakudoh T, Sezutsu H, Nakashima T, et al, 2007. Carotenoid silk coloration is controlled by a carotenoid-binding protein, a product of the *Yellow blood* gene[J]. Proceedings of the National Academy of Sciences of the United States of America, 104(21):8941-8946.

Shimizu T, Shiotsuki T, Seino A, et al, 2010. Identification of an Imidazole Compound-Binding Protein from Diapausing Pharate First Instar Larvae of the Wild Silkmoth *Antheraea yamamai*[J]. Journal of Insect Biotechnology & Sericology, 71:35-42.

Sun Y, Jiang Y R, Wang Y, et al, 2016. The toll signaling pathway in the Chinese oak silkworm, *Antheraea pernyi*: innate immune responses to different microorganisms[J].PLoS One, DOI:10. 1371/journal. pone. 0160200 August 2.

Sun Y, Li X S, Wang G B, et al, 2016. Genome sequence of *Enterococcus pernyi*, a pathogenic bacterium for the Chinese oak silkworm, *Antheraea pernyi*[J].Genome Announc, 4(3):01764-15. doi:10. 1128/genome A. 01764.

Suzuki K, Minagawa T, Kumagai T, et al, 1990. Control mechanism of diapause of the pharate first-instar larvae of the silkmoth *Antheraea yamamai*[J]. Journal of Insect Physiology, 36(11):855-860.

Tabunoki H, Bono H, Ito K, et al, 2016. Can the silkworm(*Bombyx mori*) be used as a human disease model[J].Drug Discoveries and Therapeutics, 10(1):3-8.

Teule F, Miao Y, Sohn B, et al, 2012. Silkworms transformed with chimeric silkworm/spider silk genes spin composite silk fibers with improved mechanical properties[J].Proceedings of the National Academy of Sciences of the United States of America, 109(3):923-928.

Tomita M, Munetsuna H, Sato T, et al, 2003. Transgenic silkworms produce recombinant human type Ⅲ procollagen in cocoons[J].Nature Biotechnology, 21(1):52-56.

Wang G B, Na S, Qin L, 2019. Uncovering the cellular and humoral immune responses of *Antheraea pernyi* hemolymph to *Antheraea pernyi* nucleopolyhedrovirus infection by transcriptome analysis[J].Journal of Invertebrate Pathology, 166:107205.

Wang Y, Liu W, Jiang Y R, et al, 2015. Morphological and molecular characterization of *Nosema pernyi*, a microsporidian parasite in *Antheraea pernyi*[J].Parasitol Research, 114(9), 3327-3336.

Xia Q, Cheng D, Duan J, et al, 2007. Microarray-based gene expression profiles in multiple tissues of the domesticated silkworm, *Bombyx mori*[J].Genome Biology, 8(8):1-13.

Xia Q, Guo Y, Zhang Z, et al, 2009. Complete Resequencing of 40 Genomes Reveals Domestication Events and Genes in Silkworm (*Bombyx*) [J]. Science, 326(5951): 433-436.

Xia Q, Zhou Z, Lu C, et al, 2004. A draft sequence for the genome of the domesticated silkworm(*Bombyx mori*)[J].Science, 306(5703):1937-1940.

Xu J, Chen S Q, Zeng B S, et al, 2017. *Bombyx mori* P-element somatic inhibitor (BmPSI) is a key auxiliary factor for silkworm male sex determination[J]. PLoS Genetics, 13(1): e1006576

Xu J, Dong Q L, Yu Y, et al, 2018. Mass spider silk production through targeted gene replacement in *Bombyx mori*[J]. Pnas, 115(35): 8757-8762

Yamada H, Kato Y, 2004. Green colouration of cocoons in *Antheraea yamamai*(Lepidoptera: Saturniidae): light-induced production of blue bilin in the larval haemolymph [J].Journal of Insect Physiology, 50(5):393-401.

Yang P, Tanaka H, Kuwano E, et al, 2008. A novel cytochrome P450 gene

(CYP4G25) of the silkmoth *Antheraea yamamai*: Cloning and expression pattern in pharate first instar larvae in relation to diapause[J].Journal of Insect Physiology, 54(3):636-643.

Zhang Z, Aslam A F, Liu X, et al, 2015. Functional analysis of *Bombyx Wnt*1 during embryogenesis using the CRISPR/Cas9 system[J]. Journal of Insect Physiol, 79:73-79.

Zhang Z J, Niu B L, Ji D F, et al, 2018. Silkworm genetic sexing through W chromosome-linked, targeted gene integration[J]. Pnas, 115(35): 8752-8756.

Zhang Z J, Zhang S S, Niu B L, et al, 2019. A determining factor for insect feeding preference in the silkworm, *Bombyx mori*[J].PLoS Biology, 17(2):e3000162.

Zhang Z, Teng X, Chen M, et al, 2014. Orthologs of human disease associated genes and RNAi analysis of silencing insulin receptor gene in *Bombyx mori*[J]. International Journal of Molecular Sciences, 15(10):18102-18116.

附 图

图1　桑树品种（桂桑优62号、强桑1号、果桑）及桑园机械化设备

图2　家蚕幼虫及不同突变体

图3 家蚕蛹、茧和蛾

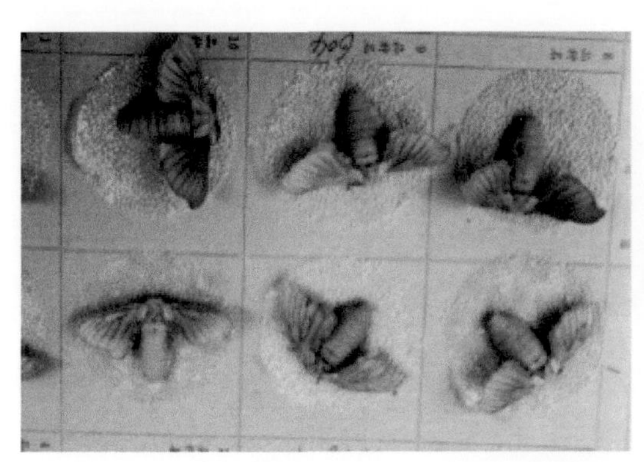

图4 家蚕产卵及商品化蚕种

图5 家蚕雌蛾显微镜检查研磨器和群体磨蛾机

图6　家蚕彩色茧及彩色蚕

图7　家蚕上簇（方格簇、折簇）

图8 小蚕共育、机械化养蚕及方格簇自动上蔟、机械化采茧设备

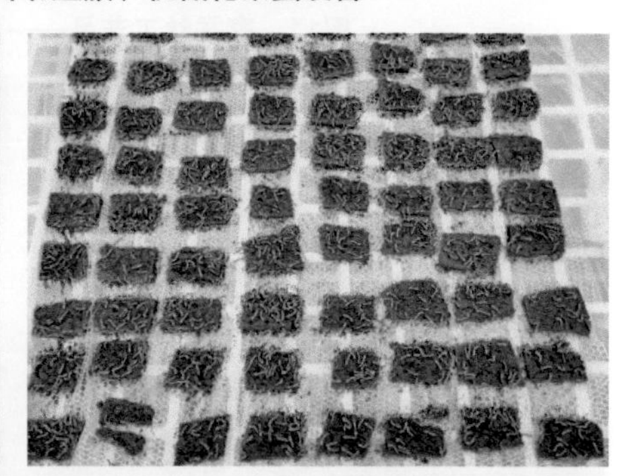

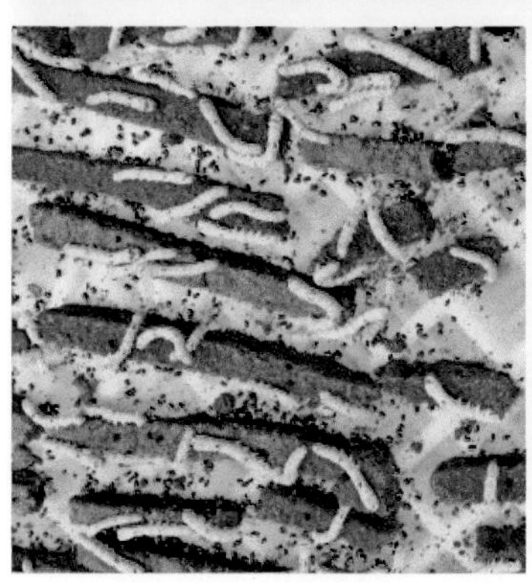

图9 家蚕人工饲料养蚕（饲育不同龄期）

图10　家蚕丝

图11　家蚕丝工艺品——四大名绣（苏绣、湘绣、粤绣、蜀绣）

图12　柞园及中干树型

图13　柞蚕的主要饲料树种（辽东栎、蒙古栎、麻栎）

图14　柞蚕不同体色幼虫

图15　柞蚕泌丝营茧

图16　柞蚕羽化、成虫与交配

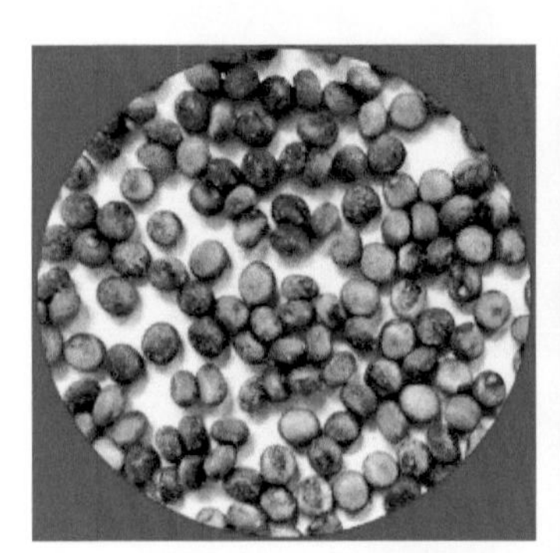

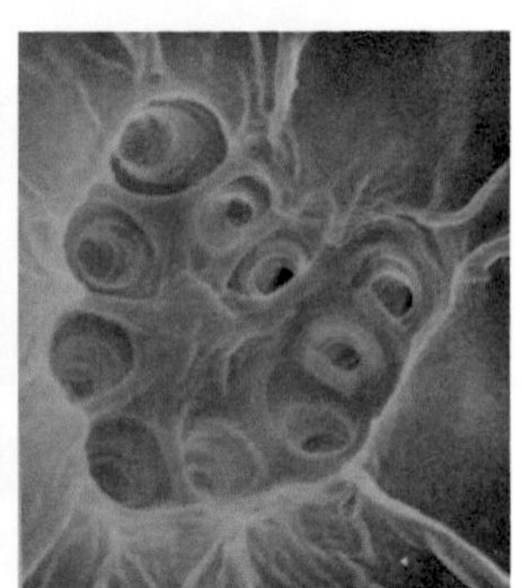

图17　柞蚕卵、卵精孔区纹饰及精孔管

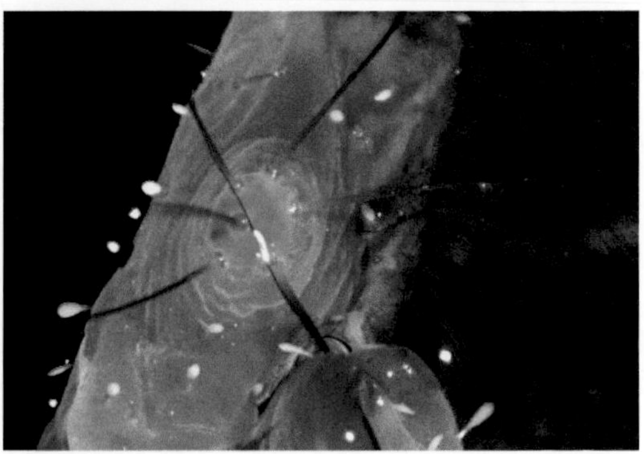

图18　柞蚕幼虫和刚毛显微形态

图19　柞蚕蛹（左：黑体色；右：黄体色）

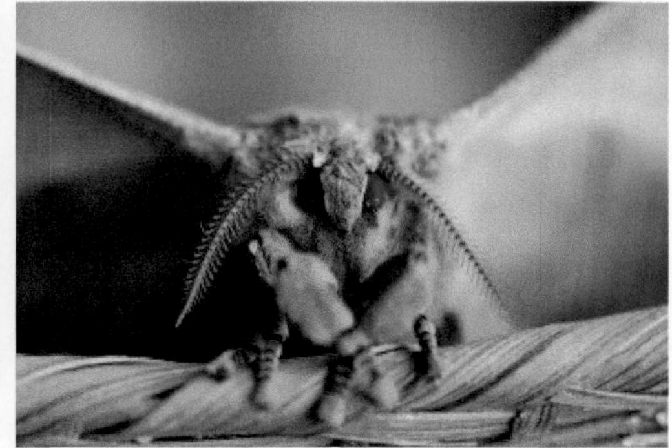

图20　柞蚕蛾头部正面（左：雄蛾；右：雌蛾）

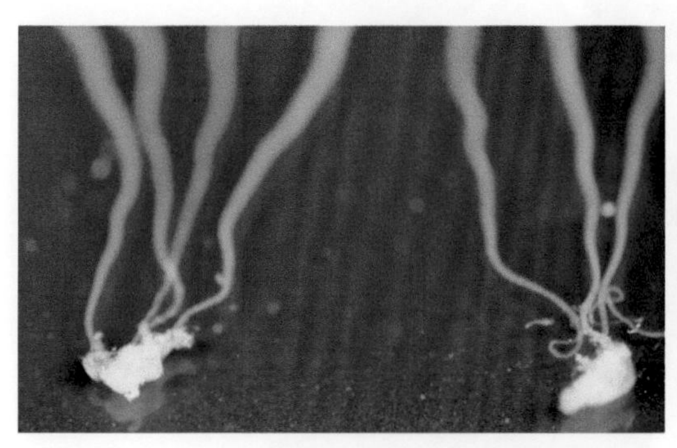
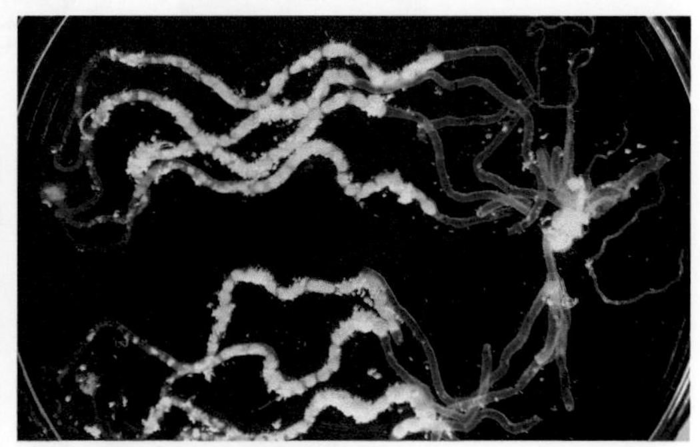

图21　柞蚕雌蛾卵巢及卵巢管（左：初期；右：卵巢管中卵粒）

图22　柞蚕春季小蚕室内合成袋饲养与秋季野外绑把收蚁

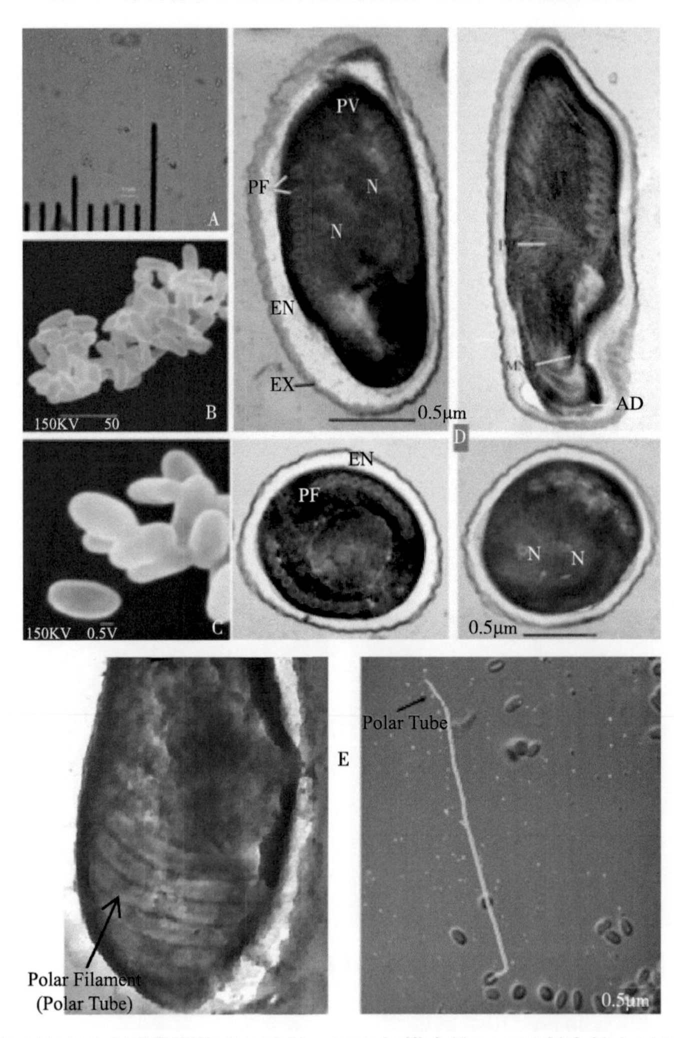

图23　柞蚕微孢子虫形态结构（A.光镜、B/C.扫描电镜、D.透射电镜）及极管（E）

注：横切面和纵切面显示了孢子外壁（EX）、孢子内壁（EN）、细胞核（N）、极丝（PF）、锚定盘（AD）、极质体（PP）和后极泡（PV）；极管电镜图及光镜下弹出的极管（Polar Tube）。

图24 柞园害虫

图25　柞蚕丝、纱线，柞蚕丝绵被、地毯等，柞蚕丝刺绣作品——鞣鞨绣

图26　柞蚕蛹虫草、蛹虫草胶囊、蛾油及柞蚕蛹免疫活性蛋白

图27 蓖麻、木薯及不同品种蓖麻蚕

图28 天蚕幼虫、茧、成虫（雄）及丝

图29　栗蚕幼虫和茧

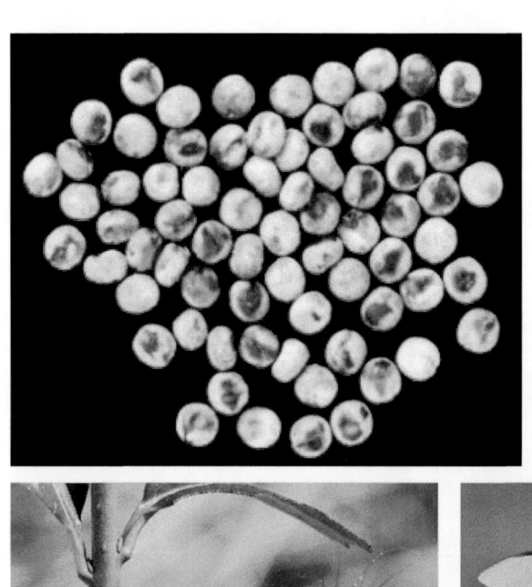

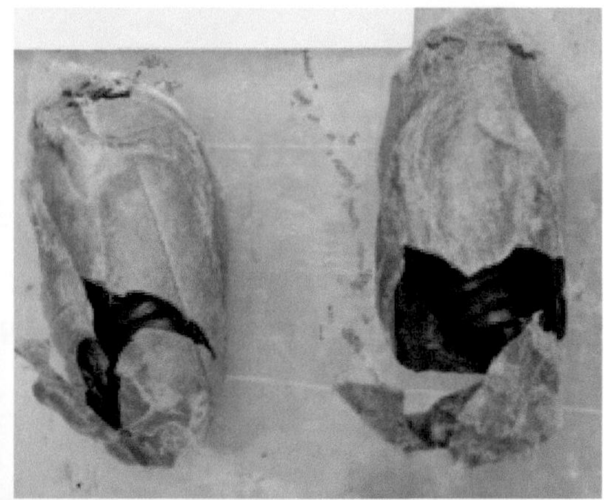

图30　柳蚕卵、茧、幼虫和成虫

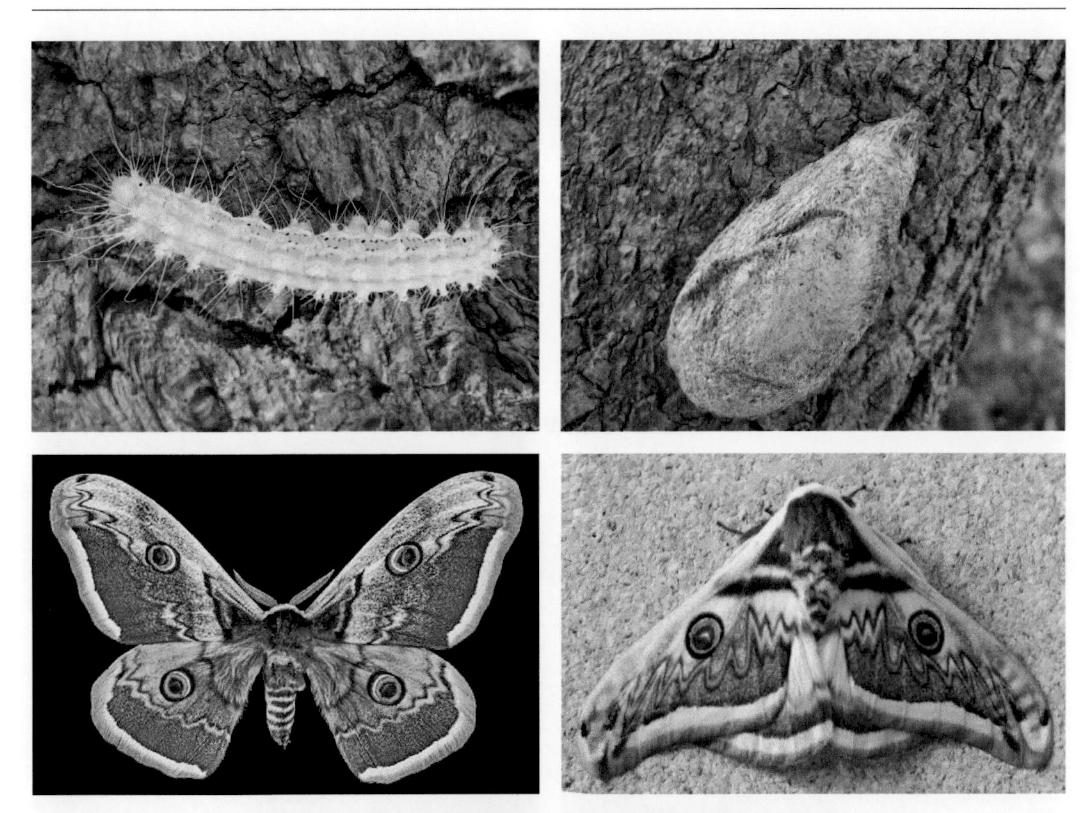

图31 樟蚕幼虫、茧和成虫不同形态

图32 樗蚕幼虫和成虫

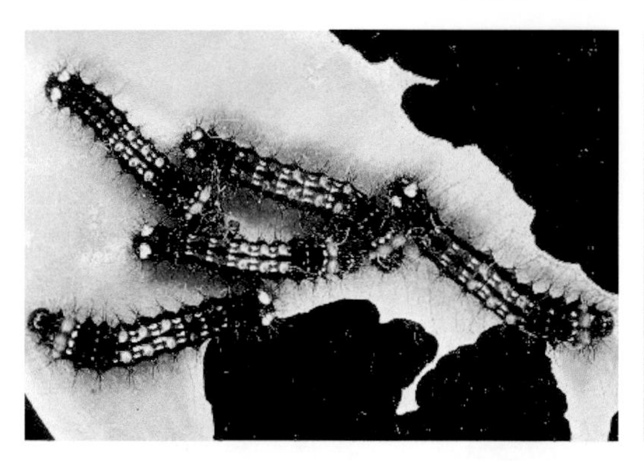

图33　琥珀蚕1龄幼虫和茧

图34　大乌桕蚕幼虫和成虫

图35　多音天蚕幼虫和成虫（雄）